迈向韧性国土空间的城市内涝防治规划研究

桂明 王乃玉 任丹 等◎著

中国经济出版社
CRPH
CHINA ECONOMIC PUBLISHING HOUSE

·北京·

图书在版编目（CIP）数据

迈向韧性国土空间的城市内涝防治规划研究／桂明
等著 . -- 北京：中国经济出版社，2024. 10. -- ISBN
978-7-5136-7906-0

Ⅰ . P426.616

中国国家版本馆 CIP 数据核字第 2024N2J059 号

策划编辑　姜　　静
责任编辑　王西琨　　马伊宁
责任印制　马小宾
封面设计　任燕飞设计工作室

出版发行　中国经济出版社
印 刷 者　北京富泰印刷有限责任公司
经 销 者　各地新华书店
开 　 本　710mm×1000mm　1/16
印 　 张　16.5
字 　 数　295 千字
版 　 次　2024 年 10 月第 1 版
印 　 次　2024 年 10 月第 1 次
定 　 价　78.00 元

广告经营许可证　京西工商广字第 8179 号

中国经济出版社 网址 http://epc.sinopec.com/epc/ 社址 北京市东城区安定门外大街 58 号 邮编 100011
本版图书如存在印装质量问题，请与本社销售中心联系调换（联系电话：010-57512564）

伴随气候变化和城市化进程的加快，全球各地极端天气尤其是极端降雨事件发生频率增大，威胁城市安全。应急管理部发布的 2023 年度国际十大自然灾害事件反映出国际自然灾害形势复杂、极端灾害事件多、影响程度大等特点，暴雨—洪涝和暴雨—地质灾害链的影响巨大。在这个背景下，内涝灾害成为众多城市面临的严重的自然灾害之一，给城市造成巨大经济损失和人员伤亡，严重影响城市安全运行。习近平总书记指出，要把治理内涝作为保障城市安全发展的重要任务抓实抓好。党的十九届五中全会明确提出要增强城市防洪排涝能力，党的二十大报告进一步强调了"加强城市基础设施建设，打造宜居、韧性、智慧城市"的重要性，明确要求提高城市治理水平，以应对自然灾害带来的挑战。城市内涝治理已成为关系经济社会大局和民生福祉增进的重要工作。

韧性城市被认为是当今风险社会背景下城市安全发展的战略导向和崭新范式。2016 年 10 月，第三次联合国住房和城市可持续发展大会将"韧性城市"作为《新城市议程》的创新内容，北京、上海、广州等城市在其至 2035 年的城市总体规划中都提到要建设韧性城市。《中共中央关于制定国民经济和社会发展第十四个五年规划和二〇三五年远景目标的建议》明确提出建设韧性城市，提高城市治理水平，加强特大城市治理中的风险防控。2024 年习近平总书记在重庆考察时强调："全面推进韧性城市建设，有效提升防灾减灾救灾能力。"

安全是城市发展的前提，也是城市文明和经济发展的重要表征。不同于传统的城市发展模式，韧性城市治理理念更加强调城市系统自身在应对环境变化上的控制能力、组织能力和适应能力。伴随国家"韧性城市建设"目标的提出，城市内涝治理也迎来了前所未有的变革与发展机遇。在新发展理念的指引下，将内涝治理融入韧性城市建设中，构建韧性防涝体系，对提升城市韧性安全水平、推动城市高质量发展、增强城市综合竞争力具有十分重要的意义。

本书把城市内涝治理与韧性建设相结合合作为出发点，对当前城市防涝韧性研究的趋势及面临的挑战进行梳理，系统性地探讨了韧性防涝体系的构建，提出城市韧性防涝规划的基本模式，同时汇编了具有代表性的3个不同自然条件城市内涝防治规划案例，不仅丰富了城市防涝治理的理论知识，还为城市的决策者和管理者提供了具有可操作性的城市韧性防涝治理策略，旨在帮助规划设计人员、城市管理者从更加科学、客观、理性和长远的视角审视城市内涝安全治理问题，以期能为韧性城市建设的发展起到积极的引导和推动作用。

本书是在团队过往研究与项目成果基础上提炼而成的，是团队集体努力的结果，书中的实践案例借鉴和运用了浙江省水利河口研究院刘立军团队、四川大学山区河流保护与治理全国重点实验室刘兴年教授团队在与本团队项目合作中形成的部分成果，在此表示由衷的感谢。本书还参考了国内外专家学者的研究成果，并对所引用文献作者表示诚挚的谢意！相关参考文献已在书后尽最大可能都一一列出，但仍恐有遗漏之处，如有缺失，敬请告知我们，以便再版时予以补充完善。由于时间仓促，加上笔者才疏学浅，对城市内涝治理的认知水平以及学术能力有限，书中一定存在错漏与不当之处，恳请广大读者批评指正。

作　者

2024 年 7 月于浙大城市学院

CONTENTS 目 录

1 绪论 ·· 001

  1.1 研究背景 ·· 001

    1.1.1 国家发展的新要求：统筹发展和安全 ·········· 001

    1.1.2 城市发展的新趋势：从安全到韧性 ············ 001

    1.1.3 防涝安全的新需要：从单一到复合 ············ 002

  1.2 研究目的与意义 ···································· 003

    1.2.1 研究目的 ···································· 003

    1.2.2 研究意义 ···································· 003

  1.3 研究内容 ·· 004

  1.4 研究方法 ·· 005

    1.4.1 文献分析法 ·································· 005

    1.4.2 调查法 ······································ 005

    1.4.3 模拟法 ······································ 006

    1.4.4 案例分析法 ·································· 006

2 理论篇：国土空间规划与城市内涝防治规划 ············ 007

  2.1 国土空间规划 ······································ 007

    2.1.1 国土空间规划的基本认识 ···················· 007

    2.1.2 韧性理念在国土空间规划中的演进 ············ 015

  2.2 城市内涝防治规划 ·································· 017

    2.2.1 城市内涝防治规划概述 ······················ 018

    2.2.2 城市内涝防治规划的发展趋势 ················ 021

    2.2.3 城市内涝防治规划面临的挑战 ················ 028

2.3　韧性国土空间下的内涝防治规划 ······················· 032

2.3.1　韧性与防涝安全的关系 ······················· 032

2.3.2　国土空间与防涝安全的关系 ······················· 033

2.3.3　多要素集成、多维度协同、全过程闭环的韧性防涝体系 ······ 033

3　方法篇：韧性防涝规划编制指引 ······················· 036

3.1　编制步骤 ······················· 036

3.2　编制要点及主要内容 ······················· 038

3.2.1　编制要点 ······················· 038

3.2.2　编制主要内容 ······················· 041

3.3　编制成果 ······················· 058

4　实践篇一：平原城市内涝防治规划 ······················· 059

4.1　城市本底要素详查 ······················· 059

4.1.1　现状详查 ······················· 059

4.1.2　成因初步分析 ······················· 077

4.2　模型构建与风险评估 ······················· 077

4.2.1　雨型构建 ······················· 077

4.2.2　模型构建 ······················· 082

4.2.3　模型参数分析 ······················· 088

4.2.4　模型率定与验证 ······················· 089

4.2.5　风险评估 ······················· 090

4.3　防涝特征与面临的问题 ······················· 093

4.3.1　防涝特征 ······················· 093

4.3.2　防涝面临的问题 ······················· 095

4.4　防治目标 ······················· 099

4.4.1　总体目标 ······················· 099

4.4.2　防治标准 ······················· 099

4.5　实施策略 ······················· 099

4.5.1　控源头 ······················· 100

4.5.2　强河网 ······················· 100

4.5.3　提管泵 ······················· 100

4.5.4 保低洼 ·· 101

4.5.5 优管理 ·· 101

4.6 韧性提升措施 ··· 101

4.6.1 多要素集成 ··· 101

4.6.2 全过程闭环 ··· 105

4.6.3 多维度协同 ··· 112

4.7 实施效果 ··· 115

5 实践篇二：丘陵城市内涝防治规划 ························· 116

5.1 城市本底要素详查 ··· 116

5.1.1 城市概况 ··· 116

5.1.2 历史内涝调查与积水点调查 ······························ 118

5.1.3 防涝工程体系 ··· 122

5.1.4 防涝管理现状 ··· 125

5.2 模型构建与风险评估 ······································· 126

5.2.1 模型构建 ··· 126

5.2.2 规划标准制定 ··· 134

5.2.3 风险评估 ··· 139

5.3 问题与成因分析 ··· 141

5.3.1 自然层面 ··· 141

5.3.2 城市层面 ··· 142

5.3.3 设施层面 ··· 144

5.3.4 管理层面 ··· 144

5.4 防治目标 ··· 145

5.5 实施策略 ··· 146

5.5.1 总体要求 ··· 146

5.5.2 规划策略 ··· 147

5.6 韧性提升措施与效果 ······································· 148

5.6.1 多要素集成 ··· 148

5.6.2 全过程闭环 ··· 168

5.6.3 多维度协同 ··· 170

5.7 实施效果 ··· 175

6 实践篇三：山地城市内涝防治规划 ··························· 176

  6.1 城市本底要素详查 ······························· 176

    6.1.1 城市概况 ······························· 176

    6.1.2 流域防洪系统现状 ······················· 179

    6.1.3 降雨与下垫面分析 ······················· 180

    6.1.4 排水防涝设施现状 ······················· 182

    6.1.5 防洪防涝管理现状 ······················· 184

  6.2 问题与成灾初步分析 ····························· 187

    6.2.1 防涝面临的问题 ························· 187

    6.2.2 成因分析 ······························· 189

  6.3 规划标准制定 ································· 193

    6.3.1 防洪标准 ······························· 193

    6.3.2 雨水管渠设计标准 ······················· 194

    6.3.3 内涝防治设计重现期 ····················· 194

  6.4 模型构建与风险评估 ····························· 195

    6.4.1 模型构建 ······························· 195

    6.4.2 模型参数选取 ··························· 205

    6.4.3 模型率定与验证 ························· 205

    6.4.4 风险评估 ······························· 206

  6.5 防治目标 ····································· 208

  6.6 实施策略 ····································· 208

  6.7 韧性提升措施 ································· 210

    6.7.1 多要素集成 ····························· 210

    6.7.2 全过程闭环 ····························· 242

    6.7.3 多维度协同 ····························· 243

  6.8 实施效果 ····································· 246

    6.8.1 山洪不进城情况下 ······················· 246

    6.8.2 山洪进城情况下 ························· 246

结语 ··· 247

参考文献 ··· 249

1

绪 论

◆

1.1 研究背景

1.1.1 国家发展的新要求：统筹发展和安全

随着时代的演进，国家的发展愿景逐渐演化，从单一的经济增长转变为更为综合、可持续、注重安全的高质量发展。习近平总书记在党的二十大报告中对全面建设社会主义现代化国家、全面推进中华民族伟大复兴作了战略部署，要求做到"统筹发展和安全"，以高质量发展为全面建设社会主义现代化国家的首要任务，以国家安全为民族复兴的根基，这为实现高质量发展和高水平安全的良性互动提供了根本遵循[1]。《中华人民共和国国民经济和社会发展第十四个五年规划和 2035 年远景目标纲要》提出必须坚持系统观念，要统筹办好发展与安全两件大事，着力固根基、扬优势、补短板、强弱项，注重防范化解重大风险挑战，要不断健全防范化解重大风险体制机制，提升自然灾害防御水平，实现发展质量、结构、规模、速度、效益、安全相统一[2]。

安全是发展的前提，发展是安全的保障。习近平总书记在中央国家安全委员会第一次会议中指出，当前我国国家安全内涵和外延比历史上任何时候都要丰富，时空领域比历史上任何时候都要宽广，内外因素比历史上任何时候都要复杂。统筹城市的安全和发展，是新时代国家发展的新要求，也是城市规划方面重要的研究内容。

1.1.2 城市发展的新趋势：从安全到韧性

传统理念上的城市发展强调的是防御性和脆弱性管理，即通过规避、抵御和控制策略来应对风险。然而，近年来随着城市化进程的加快和外部环境的不断变化，各类要素持续集聚，城市系统遭受的风险和冲击也表征出显著的多样化与不确定性特点[3]，内涝、台风、地震等灾害越发频繁，破坏力也越发强大，以强化城市物质系统刚性为导向的"抗灾"的治理理念和行为，已经难以很好地应对灾难带来的损害和风险，因此以"耐灾"为核心的韧性治理思路应运而生[4]。

韧性城市治理思路强调城市在遭遇风险和冲击后，具有较强的韧性，能够充分利用城市自身的动态平衡、冗余缓冲和自我修复等特性，在应灾全过程中保持较好的抗压、存续、适应和可持续发展的能力，确保快速分散风险、自动调整以恢复稳定，从而有效抵御外来冲击和减缓内部灾害。

为有效应对城市洪涝灾害，提高城市韧性，有关部门在理念、技术、方法、路径等方面开展了大量探索与实践[5]，措施包括《国务院办公厅关于推进海绵城市建设的指导意见》《国务院办公厅关于加强城市内涝治理的实施意见》，以及住房和城乡建设部、国家发展改革委、水利部共同印发的《"十四五"城市排水防涝体系建设行动计划》。此外，中共北京市委办公厅和北京市人民政府办公厅印发《关于加快推进韧性城市建设的指导意见》等，引入并发展了"海绵城市""韧性城市"等先进治水理念。2020年1月，自然资源部发布的《省级国土空间总体规划编制指南（试行）》首次提出要主动应对全球气候变化带来的风险挑战，提升国土空间韧性。

总体来说，复杂的外部与内部风险叠加冲击及其可能产生的复合型次生、衍生灾害正倒逼城市发展从安全转向韧性。

1.1.3 防涝安全的新需要：从单一到复合

内涝灾害的频发性和受灾严重性要求我们必须将其作为国土空间规划和管理中的一个重点问题来处理。防涝安全在国土空间安全统筹中起到关键的支撑性作用，要提升国土空间安全韧性，必须重视城市内涝防治规划。

城市内涝防治规划通常是由单一部门负责编制的单一专业规划，关注点往往集中在防涝系统本身，空间整体安全的思维还不完整，例如，城建部门主导下的内涝安全专项规划较多地注重城市排水防涝系统自身的防御标准、防御措施等方面的问题与提升策略，而对于由内涝引起的诸如城市断电、道路阻断、通信失效等其他次生灾害关注较少。受限于管理职责的不同，在单一系统规划思维主导下的城市内涝防治规划，不可避免地产生应对措施覆盖不全、资源配置不合理、政策执行不一致等问题。

随着全球气候变化和快速城市化的推进，极端天气事件更加频繁，新形势下城市防涝系统面临更多不确定性风险与未知扰动。传统内涝治理规划的单一性与局限性，将导致规划的适应性和前瞻性不足。在这样的现实背景下，城市内涝防治规划如何实现由原单一专业规划到复合型综合治理规划的转变，如何在规划设计中充分体现国土空间整体安全思维，进而构建多要素耦合下的韧性防涝体系，需要深入研究。基于此，在总结韧性理念在国土空间规划与城市内涝防治规划的发展与挑战上，我们对国土空间治理背景下的韧性防涝规划展开研究，以期将韧性防涝建设融入国土空间治理体系，有效夯实城市发展的安全基石。

1.2　研究目的与意义

1.2.1　研究目的

在内涝防治规划领域，本书将城市韧性建设与城市内涝防治相结合，在厘清韧性理念、国土空间规划和城市内涝灾害治理的内涵基础上，尝试梳理韧性理念在国土空间规划和内涝防治规划逐步深入过程中的发展趋势以及面临的挑战，提出多要素耦合下的韧性防涝治理体系框架，从理念构建到方法指引再到具体的实践探索，以期给出"多要素集成—多维度协同—全过程闭环"的韧性防涝实践范式，加速迈向韧性国土空间。

1.2.2　研究意义

本书尝试对韧性国土空间的城市内涝防治规划展开研究，通过转变理念，建构了韧性防涝体系框架，并对理念转变下的编制步骤、规划要点、主要内容等进行了探索与剖析，选取了自然地理条件与城市特征不同的城市作为研究对象，探究在上述体系框架下城市防涝韧性治理的具体提升策略，其理论意义与实践意义主要表现在以下几个方面。

（1）梳理研究趋势与挑战

通过对现有文献的深入分析，在厘清韧性理念、国土空间规划及城市内涝灾害治理的内涵基础上，尝试系统性地梳理韧性理念在国土空间规划和城市内涝防治规划逐步深入过程中的发展趋势以及面临的挑战，有助于学者理解韧性国土空间的城市内涝防治规划领域内的知识结构和发展历程。

（2）提出韧性防涝治理体系新框架

研究提出了"多要素集成—多维度协同—全过程闭环"的韧性防涝治理体系新框架，多角度剖析城市内涝灾害的演化过程，且考虑到生态、经济、社会等多个方面的因素，可实现跨领域、多尺度的协同治理，为后续的研究提供可借鉴的理论基础与方法指引，有助于丰富内涝灾害领域与韧性领域的研究范畴。

（3）完善城市内涝灾害应对体系建设

构建多要素耦合下的韧性防涝治理体系新框架，可完善城市内涝灾害应对体系，切实有效提升城市对内涝灾害的应对能力。例如，通过多元主体治理、整合水资源管理、智能预警系统等多个方面的资源和策略，实现更精准的风险管理和资源配置，增强城市防涝韧性，形成综合、动态的防灾减灾体系。

总体来说，将韧性理念融入国土空间规划和城市内涝防治规划，不仅能够提升城市的防灾减灾能力，还能促进社会经济的可持续发展。这一过程中的理论与实践探索，对构建迈向韧性国土空间的现代化城市防涝安全体系具有重要的指导意义。

1.3 研究内容

本书共四个部分，分为六个章节。

第一部分，即绪论。该部分从国家发展的新要求、城市发展的新趋势和防涝安全的新需要三个层面出发阐述了探索迈向韧性国土空间的城市内涝防治规划的研究背景，旨在将城市韧性建设与城市内涝防治相结合，构建韧性防涝治理体系框架，以期为"多要素集成—多维度协同—全过程闭环"的韧性防涝实践范式提供背景支持。

第二部分，即理论篇。该部分阐释了对国土空间规划与内涝防治规划的基本认识，对韧性理念在国土空间规划中的演进进行了深刻剖析，叙述了城市内涝防治规划的相关情况与发展趋势，进一步对当前内涝防治规划面临的挑战进行了梳理识别，最后提出了要转变传统内涝防治规划理念，构建韧性防涝治理体系新框架，为后续方法指引与具体案例实践分析提供系统性的理论支撑。

第三部分，即方法篇。该部分首先基于韧性理念传导下的韧性防涝治理体系框架，对规划要点、编制内容、技术手段等进行了探讨和研究，明确了韧性内涝防治规划的三大编制要点。其次，立足内涝防治规划的编制过程，提出了规划编制的主要内容指引，包括明确规划目标、开展城市本地要素详查、进行防涝韧性评估、给出韧性内涝防治规划措施、提出规划实施与保障。最后，对规划编制的成果提出了建议。

第四部分，即实践篇。该部分主要为实践案例分析，结合笔者实际开展的城市内涝防治规划编制项目，分别聚焦于以东部沿海某区为代表的平原城市、以东部沿海某市为代表的丘陵城市以及以西南山区某县为代表的山区城市在内涝防治规划上的思路方法，对照韧性防涝体系新框架，详细阐述了以上不同特点地区的内涝防治规划方案的重难点、创新点和实施效果。

1.4 研究方法

本书遵循从理论研究到实例验证的研究路径，在编写过程中综合运用了多种理论和分析方法，具体包括以下几部分。

1.4.1 文献分析法

通过知网、谷歌学术、图书馆搜索等方式对国内外相关文献、相关规划项目和纸质资料进行收集与梳理。本书对国内外关于国土空间规划与城市内涝防治规划的发展与内涵、城市内涝灾害的防控与治理、韧性理论实践等方面进行了梳理，并对具有典型性的韧性防涝城市实践案例进行了分析。通过对国内外的理论与实践成果进行多角度比较分析，对相关理论与方法、城市内涝灾害的规律与特征进行总结，借鉴比较成熟的经验做法和前沿的方法，本书提出了有重点、有针对性的城市韧性内涝防治规划方法与策略。

1.4.2 调查法

调查法是科学研究中最常用的方法之一，是一种有目的、有计划、有系统地收集有关研究对象现实状况或历史状况的材料的方法。本书综合运用历史法、观察法等方法以及谈话、问卷、个案研究等科学方式，对城市在内涝灾害应对方面进行有计划的、周密的和系统的了解，并对调查收集到的大量资料进行分析、综合、比较、归纳，从而为研究提供关键信息。

1.4.3　模拟法

模拟法是先依照原型的主要特征，创设一个相似的模型，然后通过模型来间接研究原型的一种方法。本书采用层次分析法、控制变量法等建立数学模型，运用 ArcGIS、Excel 等软件进行综合技术分析，形成城市内涝的时空动态演变过程分析，在规划中以定量分析为基础进行策略支持。同时本书还采用内涝数学仿真模型进行仿真模拟与运算，为研究提供技术支撑，使其更精准、更科学。

1.4.4　案例分析法

选择不同城市特征的典型城市作为实践对象，本书针对不同自然地理条件类型城市的具体情况，梳理和剖析了案例城市内涝的主要原因、面临的主要问题、采取的治理措施和成效等，进一步细化延伸，提出格局、规模、功能和要素齐全的综合规划方法和多元治理策略。

2

理论篇：国土空间规划与城市内涝防治规划

◆

近年来，受全球气候变化和人类活动的影响，我国气候形势越发复杂多变，内涝灾害的突发性、异常性、不确定性更为突出，局地突发强降雨、超强台风、区域性严重干旱等极端事件明显增多。2012年，北京"7·21"特大暴雨最大小时雨量110.3mm，局部降雨量接近500年一遇；2016年，河北省邢台市发生强降雨，降雨量突破历史极值；2021年，河南省郑州市"7·20"特大暴雨最大小时雨量达201.9mm，打破1951年郑州气象站建站以来的历史纪录；2023年9月7日晚至8日早晨，受台风"海葵"残余环流等因素影响，深圳市普降极端特大暴雨，全市最大累计雨量469.0mm（罗湖区东湖街道），有最大2h（195.8mm）、3h（246.8mm）、6h（349.7mm）、12h（465.5mm）四项超过了深圳市1952年有气象记录以来的历史极值。城市内涝灾害对人民生命财产安全、城市基础设施运行、生态环境和经济发展构成了严重威胁，城市内涝问题已成为我国城市化进程中面临的严峻挑战。

本章从国土空间规划和韧性理念的演变历程出发，通过分析我国城市内涝治理在上述演变过程中的发展趋势和挑战，总结经验与教训，尝试提出防涝治理体系新框架，以期为城市内涝治理与韧性城市建设提供有益参考。

2.1 国土空间规划

2.1.1 国土空间规划的基本认识

2.1.1.1 国土空间规划的发展过程

（1）国土空间规划实践：从理念转变到体系建设

中华人民共和国成立以来，我国已建立了一套具有中国特色的规划体系，它在推动城镇化、优化国土空间利用和保护方面发挥了关键作用。然而，随着时代的发展，这套规划体系逐渐暴露出规划类型繁杂、内容重叠、审批流程烦琐等问题，未能形成权责清晰、有序衔接的空间规划体系，影响了空间资源的有效开发[6]。为了响应生态文明建设的迫切需求，习近平总书记在中共中央政治局第六次集体学习时指出，要按照人口资源环境相均衡、经济社会生态效益相统一的原则，整体谋划国土空间开发[7]。2013 年的中央城镇化工作会议提出了建立空间规划体系的任务，为规划体制改革指明了方向。

随后，我国制定了一系列改革措施，探索经济社会发展规划、城乡规划、土地利用规划、生态环境保护规划等"多规合一"的具体思路。在此期间，海南、宁夏等省份先后被中央列为全国省域"多规合一"改革试点，国务院发布了首部全国性国土开发与保护规划，公布机构改革方案并成立了自然资源部，为国土空间规划体系的建立创造了良好条件。

《中共中央　国务院关于建立国土空间规划体系并监督实施的若干意见》的出台标志着国土空间规划体系在我国正式建立。这一文件将主体功能区规划、土地利用规划、城乡规划等空间规划融合为统一的国土空间规划，逐步建立"多规合一"的规划编制审批体系、实施监督体系、法规政策体系和技术标准体系，实现了"多规合一"的目标。此后，我国全面启动国土空间规划编制，并逐步完善相关标准的制定，近年来多个省市的国土空间规划获得批复，为规划的后续实施奠定了坚实基础。

梳理国土空间规划体系建立的全过程，总体来说，国土空间规划的发展经历了从理念变革到体系建立的全面进程，为城乡发展打造了稳固的基石，为实现资源的科学配置和优化利用奠定了重要基础。国土空间规划发展阶段相关文件如表 2-1 所示。

表 2-1　国土空间规划发展阶段相关文件一览表

所处阶段	阶段内容	代表文件		
		文件名称	类型	级别
理念转变阶段	曾经的规划体系存在各种问题，在生态文明建设要求下，逐步意识到需要重构空间规划体系以加强自然资源开发与保护、提升空间治理效能	《中共中央关于全面深化改革若干重大问题的决定》，2013 年 11 月	重要决定	国家级

所处阶段	阶段内容	代表文件		
		文件名称	类型	级别
试点探索阶段	这一时期，我国开展了一系列"多规合一"试点改革，发布了首部全国性国土开发与保护规划，提出了机构改革方案，逐步明确国土空间规划体系建立的具体思路	《关于开展市县"多规合一"试点工作的通知》，2014 年 8 月	工作要求	部级
		《生态文明体制改革总体方案》，2015 年 9 月	顶层设计	国家级
		《省级空间规划试点方案》，2017 年 1 月	工作要求	国家级
		《关于印发全国国土规划纲要（2016—2030 年）的通知》，2017 年 2 月	顶层设计	国家级
		《深化党和国家机构改革方案》，2018 年 3 月	顶层设计	国家级
		《关于统一规划体系更好发挥国家发展规划战略导向作用的意见》，2018 年 12 月	顶层设计	国家级
体系重塑阶段	我国正式建立国土空间规划体系，逐步建立"多规合一"的规划编制审批体系、实施监督体系、法规政策体系和技术标准体系。在这一时期，我国全面启动国土空间规划编制，并逐步完善相关标准的制定	《关于建立国土空间规划体系并监督实施的若干意见》，2019 年 5 月	顶层设计	国家级
		《关于全面开展国土空间规划工作的通知》，2019 年 5 月	工作要求	部级
		《关于建立以国家公园为主体的自然保护地体系的指导意见》，2019 年 6 月	工作要求	国家级
		《关于在国土空间规划中统筹划定落实三条控制线的指导意见》，2019 年 11 月	工作要求	国家级
		《省级国土空间规划编制指南》（试行），2020 年 1 月	技术标准	部级
		《关于加强国土空间规划监督管理的通知》，2020 年 5 月	工作要求	部级
		《资源环境承载能力和国土空间开发适宜性评价指南（试行）》，2020 年 1 月	技术标准	部级
		《市级国土空间总体规划编制指南（试行）》，2020 年 9 月	技术标准	部级
		《国土空间规划"一张图"实施监督信息系统技术规范》，2021 年 3 月	技术标准	部级
		《城乡公共卫生应急空间规划规范》，2023 年 4 月	技术标准	部级
		《国土空间用途管制数据规范》，2023 年 9 月	技术标准	部级
		《主体功能区优化完善技术指南》，2023 年 10 月	技术标准	部级
		《省级国土空间规划编制技术规程》，2023 年 9 月	技术标准	部级
		《国土空间历史文化遗产保护规划编制指南》，2023 年 11 月	技术标准	部级
		《国土空间综合防灾规划编制规程》，2024 年 1 月	技术标准	部级
		《都市圈国土空间规划编制规程》，2024 年 4 月	技术标准	部级

注：表格内容为作者自行整理。

（2）国土空间规划研究：从快速增长到多元热点

1）2018年以来发文量直线上升

对中国知网2004—2023年以"国土空间规划"为关键词的期刊论文进行了汇总分析，核心期刊发文量总体呈直线上升的态势。特别是2018年中共中央公布机构改革方案并首次正式提出国土空间规划后，相关的发文量呈突发性增长（见图2-1）。

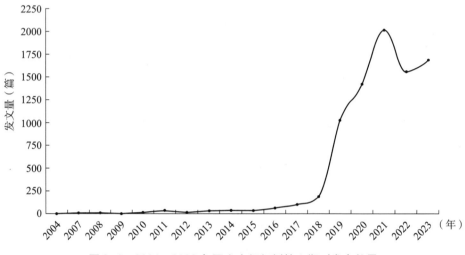

图2-1　2004—2023年国土空间规划核心期刊发表数量

2）研究热点呈现多元化态势

近年来国土空间规划的研究热点不断深化和多样化，学者们分别从内涵与逻辑构建、多维空间综合治理、全要素统筹、编制体系等方面对国土空间规划展开了深入研究，呈现多元化态势[8]。

在内涵与逻辑构建方面，学者们认为国土空间规划的本质是对人地关系以及人际关系的解构与重组，体系建立需要考虑时代发展需求，统筹行政和技术等方面。例如，曹小曙[9]认为国土空间重塑的科学目标是阐明以国土空间为载体的人地耦合系统驱动机理，包括国土空间全域整治、国土空间系统修复、国土空间综合治理三项内容；赵民[10]认为统一的国土空间规划体系建立有着行政和技术的双重逻辑，需要契合新发展理念以及国家治理现代化的需求，编制过程需要强调多专业融合。

在多维空间综合治理方面，学者们从数据治理、流域空间治理、韧性城市、可持续发展、碳达峰、碳中和等多角度展开了研究，并不断呈现多学科交叉的发展态势。例如，鲁仕维等[11]以水为人地耦合系统的切入点，从横向衔接、纵向传导、政策保障三个维度提出流域综合治理融入国土空间总体规划的实施路径和保障；曾源等[12]基于"多规"的碳约束框架和国土空间规划碳约束治理的需求，构建了从"蓝图式"规划到以空间治理为核心的碳约束治理框架。

在全要素统筹方面，学者们对全要素的内涵和如何统筹全要素进行了一系列研究。例如，靳利飞等[13]强调空间资源与自然资源的要素耦合是国土空间规划的重要前提；候勃等[14]认为海陆统筹是调整沿海地区海陆空间开发失序的一种空间治理方式，并从空间、生态、经济和管治四个维度探讨了国土空间规划下的海陆统筹实施路径。

在编制体系方面，学者们对如何更好地开展国土空间规划编制工作和传导国家意志等方面进行了思考。例如，严金明等[15]提出构建"1+X"的空间规划体系；张小东等[16]从博弈关系引发的国土空间规划编制角度进行了思考，并提出应处理好新老规划、多方规划体系之间的权力问题。

2.1.1.2　国土空间规划的概念与内涵解读

（1）国土空间规划概念

国土空间规划可以理解为对国土空间进行合理布局和战略安排，以实现空间资源的最优利用和整体发展的一系列规划活动。官方文件中明确，国土空间规划是对一定区域国土空间开发保护在空间和时间上作出的安排，是国家空间发展的指南、可持续发展的空间蓝图，是各类开发保护建设活动的基本依据。

国土空间规划体系呈"五级三类四体系"的架构。依规划层级分为"五级"，国家、省、市、县和乡镇级；依规划内容分为"三类"，总体规划、详细规划和相关专项规划；依规划管理运行体系，分为编制审批、实施监督、法规政策、技术标准四个体系[6]。

（2）国土空间规划内涵解读

目前，国土空间规划在我国已经全面展开，国内学者们对国土空间规划的内涵也提出了自己的认识（见表2-2）。例如，董祚继[17]认为，国土空间规划的内涵是在综合考量区域人口、资源、经济、社会、环境等全要素的基础上，为提升国土空间质量、转变国土开发利用保护模式而对区域空间格局进行的整体谋划，体现国家意志。孙施文[18]认为，国土空间规划是对未来发展作出整体谋划和安排，并约束各类开发保护建设活动，同时在统筹社会、经济、环境等各方面的基础上，对未来的空间使用，即生产、生活、生态空间作出科学布局。岳文泽等[19]认为，国土空间规划是一项具有明显层级性的公共政策，其内涵包括实现人口、经济的高效空间集聚，实现国家粮食安全的有力空间保证，实现国家生态安全的切实空间保障，提升区域联系的空间效率四个方面。

　　基于国内学者们的研究，本书对国土空间规划的内涵作进一步解读并认为其内涵主要包括三个方面：一是体现国家意志的公共政策。国土空间规划是政府层面的战略决策工具，通过规划来协调不同部门和地区的利益，促进区域协同发展，具有明显层级性。二是统筹全域全要素。国土空间规划全面考虑区域内的各类要素，包括人口、资源、经济、社会、环境等，涉及多个政府部门的协调与合作，通过综合分析和科学规划，实现空间要素的高效配置和利用。三是协调保护与开发。稳定的粮食生产和良好的生态环境对社会稳定和国家经济发展具有战略意义，国土空间规划可以协调农业、生态、建设之间的关系，统筹人口分布、经济布局、自然资源利用与生态环境保护，更好地支撑经济社会高质量发展，实现经济、社会、生态效益的统一。

表2-2　国内学者们对国土空间规划内涵解读一览表

序号	内涵解读	来源
1	在综合考量区域人口、资源、经济、社会、环境等全要素的基础上，为提升国土空间质量、转变国土开发利用保护模式而对区域空间格局进行的整体谋划，体现国家意志	新时代国土空间规划的十大关系，董祚继，2019
2	国土空间规划是一项具有明显层级性的公共政策，其内涵包括四个方面：第一，实现人口、经济的高效空间集聚，为统筹人口、产业在空间上的组织运行提供基本框架；第二，实现国家粮食安全的有力空间保证，强化以基本农田保护区、高标准基本农田建设等为核心的基本保障，在保证数量安全的前提下，提高耕地产能，保障国家粮食安全底线；第三，实现国家生态安全的切实空间保障，以不同类别的国家级生态保护区为基本保障，构建国家级生态屏障；第四，提升区域联系的空间效率，建设高效的美丽国土，推进各区域之间的要素流通，加强不同空间之间的联系互动	资源环境承载力评价与国土空间规划的逻辑问题，岳文泽等，2019
3	市县国土空间总体规划是一定时期内对市县域范围内国土空间开发保护格局作出总体安排和综合部署的综合性空间规划，其核心内涵是全域全类型空间用途的整体管控	论市县国土空间总体规划的基本内涵，陆学等，2021

序号	内涵解读	来源
4	国土空间规划是对未来发展作出整体谋划和安排，并约束各类开发保护建设活动；同时，在统筹社会经济环境等各方面的基础上，对未来的空间使用，即生产、生活、生态空间作出科学布局	《国土空间规划的知识基础及其结构》，孙施文，2020
5	国土空间规划是在调查评价自然资源的基础上，为优化空间布局，提升空间利用效率，协调资源需求和经济发展和谐共生，提高空间品质，对动态变化的国土空间布局、秩序、所涉及人类活动等要素所做的整体部署和战略安排	《国土空间规划》，吴次芳，2019

注：表格内容为作者自行整理。

2.1.1.3 国土空间规划的主要内容

为确保国土空间规划的科学性和可操作性，我国在国土空间规划编制、实施、监督等层面先后出台了一系列技术文件（见表2-3），涵盖了总体规划、专项规划、详细规划等不同类别和层级规划的具体编制要求。这些文件的出台旨在统一规划标准，规范国土空间的保护、开发、利用和修复，协调各级规划的内容和要求，确保规划的连贯性和一致性。

（1）总体规划的编制内容

在编制内容上，总体规划强调的是综合性，是对一定区域（如行政区全域范围）内的国土空间保护、开发、利用与修复作出全局性的安排，包括国土空间开发保护格局、土地利用结构、基础设施和公共服务设施布局等。从纵向上看，全国层面的国土空间规划，是指导所有规划的政策性纲领文件，对全域全要素作出统领性的安排；省级国土空间规划，是对全国国土空间规划纲要的落实，包括明确省域主体功能定位，提出国土空间发展战略、目标和阶段性任务，明确省辖各市的国土空间发展定位，提出规模、结构、布局等指导性指标和规划要求；市、县级以及乡（镇）国土空间规划是对上一层级规划的具体落实，主要内容包括落实主体功能定位、明确空间发展目标战略、优化空间总体格局、强化资源环境底线约束、优化空间结构、完善公共空间和公共服务功能、保护自然与历史文化、完善基础设施体系、推进国土整治修复与城市更新、建立规划实施保障机制等。

（2）详细规划的编制内容

详细规划强调的是实施性，是对上位规划的进一步具体落实，强调对具体空间建设活动的安排。一般由市、县以下相关部门组织编制，主要内容是对具体地块用途和开发强度等作出实施性安排，如用地性质、建筑高度、容积率、绿化率等具体指标，是实施国土空间用途管制、核发城乡建设项目规划许可，进行各项建设的法定依据。

（3）专项规划的编制内容

专项规划强调专门性，针对某一特定领域或问题进行规划，如交通、水利、环保、综合防灾、历史文化等，具有较强的专业性和针对性。通常由自然资源部门或者相关行业部门组织编制，可在国家级、省级和市级、县级层面进行，特别是针对特定区域或流域，以体现其功能而对空间开发与保护利用进行专门安排。

表 2-3　已出台的国土空间规划技术文件及编制内容一览表

类型	文件名称及实施时间	主要编制内容
总体规划	《省级国土空间规划编制指南（试行）》，2020 年	明确省域主体功能定位，提出国土空间发展战略、目标和阶段性任务；明确省辖各市的国土空间发展定位，提出规模、结构、布局等指导性指标和规划要求
	《省级国土空间规划编制技术规程》，2023 年	落实全国国土空间规划纲要的目标任务，做好规划传导，明确省域国土空间保护、开发、利用、修复的战略目标；统筹明确"三区三线"控制要求；提出优化国土空间开发保护布局和土地利用结构的方案，优化人地关系和多元空间形态；明确省域内国家遗产保护的空间框架和总体方案；强化市政、防灾等支撑体系建设
	《都市圈国土空间规划编制规程》，2024 年	包括都市圈国土空间现状特征与问题分析、都市圈国土空间重点规划单元识别、国土空间发展目标和布局优化、公共服务设施和居住空间布局、蓝绿空间网络与生态保护修复、综合交通体系布局、文化与自然景观资源保护利用、市政基础设施布局、统筹安全韧性空间等方面
	《市级国土空间总体规划编制指南（试行）》，2020 年	落实主体功能定位，明确空间发展目标战略；优化空间总体格局，促进区域协调、城乡融合发展；强化资源环境底线约束，推进生态优先、绿色发展；优化空间结构，提升连通性，促进节约集约、高质量发展；完善公共空间和公共服务功能，营造健康、舒适、便利的人居环境；保护自然与历史文化，塑造具有地域特色的城乡风貌；完善基础设施体系，增强城市安全韧性；推进国土整治修复与城市更新，提升空间综合价值；建立规划实施保障机制，确保一张蓝图干到底
	《县级国土空间总体规划编制指南》	由各省因地制宜单独编制
	《乡镇级国土空间总体规划编制指南》	由各省市因地制宜单独编制

续表

类型	文件名称及实施时间	主要编制内容
专项规划	《国土空间综合防灾规划编制规程》，2024 年	重点规制综合防灾相关的空间、用地和设施等布局安排以及相应的空间管控要求，在规划编制中聚焦于对各类主要灾害风险区、灾害风险控制线、防灾空间、防灾设施和灾害防治项目的规划安排和管控要求
	《国土空间历史文化遗产保护规划编制指南》，2023 年	结合各级各类国土空间规划的编制重点和技术方法，从保护名录、历史文化保护线、地域特色分区、遗产本体及其环境安全韧性、非物质文化遗产、基础设施、地上空间地下空间统筹等方面给出了技术性建议
	《社区生活圈规划技术指南》，2021 年	确立了社区生活圈规划工作的总体原则和工作要求，并规定了城镇社区生活圈和乡村社区生活圈的配置层级、服务要素、布局指引、环境提升，以及差异引导和实施要求等技术指引内容
	《城乡公共卫生应急空间规划规范》，2023 年	明确城乡公共卫生应急空间构成、规划布局原则，规定各级各类城乡公共卫生应急空间的配置标准。公共卫生应急空间包括疾病预防控制应急空间、医疗救治应急空间、平急结合空间、公共卫生应急保障空间，可分为国家级、省级、市级、县级、街道（乡镇）级、社区（村）级
详细规划	《村庄规划编制指南》	由各省因地制宜单独编制
其他	《国土空间用途管制数据规范（试行）》，2021 年	规定了国土空间用途管制的数据编码等规范要求
	《主体功能区优化完善技术指南》，2023 年	规定了主体功能区优化完善方向和技术方法指导
	《国土空间规划城市时空大数据应用基本规定》，2023 年	规定了国土空间规划城市时空大数据的定义与数据内容要求、数据采集要求、数据处理与质量控制基本要求、应用技术流程、典型场景与指标及业务服务要求
	《城区范围确定规程》，2021 年	确立了城区实体地域范围及其对应的城区范围的相关术语和定义、基本原则和技术方法
	《国土空间规划"一张图"实施监督信息系统技术规范》，2021 年	规定了国土空间规划"一张图"实施监督信息系统的总体要求、数据要求、功能要求、环境要求和安全运维要求

注：表格内容为作者自行整理。

2.1.2　韧性理念在国土空间规划中的演进

2.1.2.1　韧性理念由工程韧性向演化韧性转变

韧性（resilience）从词源上最早出自拉丁语"resilio"，意为"恢复到原始状态"，这一词源揭示了其动态过程的特征，而非静态的概念[20]。韧性的概念从最初的机械弹性形变发展为更具隐喻意味，用以描述系统在承受压力后恢复或动态适应的能力。基于对相关研究的梳理，韧性理念的演进大致经历了两次较大的转变。

在梳理上述转变的过程中我们发现，工程韧性源自工程学领域，代表着最传统的韧性类别，用于表示系统在受到外界扰动后，吸收扰动且恢复到原有平衡状态的能力，此时的"韧性"简言之是一种"弹性"，特别强调效率和稳定性[21]。随后，生态学家霍林将韧性引入生态学领域，他在工程韧性和生态韧性的比较中，阐述了自然生态系统存在多重稳态，此时的"韧性"被视作复杂系统吸收干扰的能力，不过，由于复杂系统的动态变化和风险的不可预测性，其稳态不再唯一，而是存在多个稳态[22]；在此基础上，皮特克等将韧性引入社会系统，提出了社会—生态韧性这一概念（又称演化韧性），将人类和自然视作相互影响、相互依赖的社会—生态系统，强调人类与自然系统是不可分割的整体，此时的韧性指系统能够为社会发展提供自然资本、人类活动等的承载能力，强调系统的更新、修复和可持续发展[23]。

因此，我们认为，目前韧性理念已从强调"单一稳态"的工程韧性[21]向"塑造新的多重稳态"的生态韧性[22]转变，进而向"非均衡、跨尺度交互"的社会—生态韧性，即演化韧性演进[23]。

2.1.2.2 韧性理念逐步深入国土空间规划体系

我国早期的政策文件已经出现了与韧性相关的词，但具体内容还不够深入。随着城市灾害的增多，近年来与韧性相关的概念已经在《安全韧性城市评价指南》（GB/T 40947—2021）中得到了统一和明确，安全韧性的目标要求已经被纳入各级国土空间规划编制的战略要点和重要内容。例如，《省级国土空间总体规划编制指南（试行）》首次提出要主动应对全球气候变化带来的风险挑战，提升国土空间韧性；《市级国土空间总体规划编制指南（试行）》也将增强城市安全韧性作为重要内容。相较于以往的规划体系，现行的国土空间规划体系明确提出了建设韧性城市、提高国土空间安全韧性的规划目标。韧性规划作为我国国土空间规划体系的重要组成部分，已在政策中得到充分体现。

在理论与政策的推动下，上海、北京、深圳等一大批特大或超大城市纷纷提出推动"韧性城市"建设的计划，这些城市在探索和实践韧性城市建设方面走在了全国前列，为其他地区提供了宝贵的经验并起到示范作用。例如，北京市近期批复实施的《北京市韧性城市空间专项规划（2022—2035年)》提出了构建安全可靠、灵活转换、快速恢复、有机组织、适应未来的首都韧性城市空间治理体系。这一规划是国土空间规划体系下国内首个韧性城市空间专项规划，标志着我国在韧性城市建设方面迈出了重要一步。同时，北京市还发布了《城市韧性评价导则（征求意见稿)》和《社区韧性评价导则（征求意见稿)》，这些文件从城市和社区两个层面出发，分别针对城市整体和社区单元制定了具体的韧性评价标准，涵盖了防灾减灾、应急响应、基础设施建设、社会治理等多个方面，进一步细化了韧性城市在不同地区的评价标准。

总体而言，在理论和政策的双重指导下，各地通过制定和实施具体的韧性规划，正在逐步构建起一套适应当地需求的韧性城市建设体系，不断推动着我国韧性城市建设标准体系的完善，为我国整体的国土空间规划提供了坚实的支撑和保障（见表2-4)。

表2-4 韧性城市相关实践情况一览表

研究层面	代表案例	主要情况
实践探索	《北京城市总体规划（2016年—2035年)》	明确了强化城市韧性的目标，成为全国首个将韧性城市建设纳入城市总体规划的城市
	《上海市城市总体规划（2017—2035年)》	提出了"更可持续的韧性生态之城"的城市发展重要指标
	《合肥市市政设施韧性提升规划研究》	首个韧性规划研究
	《北京市韧性城市空间专项规划（2022年—2035年)》	提出构建安全可靠、灵活转换、快速恢复、有机组织、适应未来的首都韧性城市治理体系，是国土空间规划体系下国内首个韧性城市空间专项规划
规范标准	《安全韧性城市评价指南》（GB/T 40947—2021)	规范并统一了我国安全韧性城市的评价指标体系
	《城市韧性评价导则（征求意见稿)》（北京地方导则)	
	《社区韧性评价导则（征求意见稿)》（北京地方导则)	

注：表格内容为作者自行整理。

2.2 城市内涝防治规划

进入21世纪以来，特别是近年来，全球气候异常和极端天气事件频发，城市防洪减灾形势严峻。应急管理部发布的信息显示，洪涝灾害造成的直接经济损失在各种自然灾害中的占比超过 50%[24]。为减轻内涝灾害带来的损失，保障人民生命财产安全，我国政府和学者围绕城市内涝安全问题展开了积极探索，出台了一系列政策，产出了一批研究成果。本节将详细介绍城市内涝防治相关概念，厘清内涝防治规划的发展趋势，并找出内涝防治在规划层面面临的挑战。

2.2.1　城市内涝防治规划概述

内涝灾害作为城市发展中不容忽视的严重威胁，对人类的生存和发展造成了深远的影响。因此，深入剖析并研究内涝灾害的概念及其特点，是制定更为精准、高效应对策略的重要基石。同时，只有基于对防治对象的深入认识，才能更加准确把握规划的核心要点，进而更有效地提升防灾减灾能力，确保人民群众的生命财产安全。这也为城市的可持续发展奠定了坚实的基础，助力我们走向更加安全、和谐的未来。

2.2.1.1　内涝灾害的内涵与特点

（1）内涝灾害的概念

内涝灾害是指因大雨、暴雨或持续降雨使低洼地区淹没、积水的现象。洪水灾害和内涝灾害既有区别又紧密联系。城市洪水一般指的是自然因素（主要是强降雨）引起的城市河流、湖泊或水库等水位上涨造成淹水危害的现象；而城市内涝指的是强降雨或连续性降雨超过城镇排水能力，导致城镇地面产生积水的现象[25]。由于洪水和内涝往往同时或连续发生在同一地区，因此在进行灾情调查、统计和分析研究时，大多难以对二者进行准确界定，于是统称为洪涝灾害。

（2）内涝与外洪的关系

内涝与外洪产生的原因不尽相同。内涝通常缘于城镇内部的多种因素，如强降雨或连续性降雨导致的过量雨水、地表消纳能力不足（如硬化面积过大、原有滞蓄空间被占用）、城镇排水设施不完善（如管道和内河排水不畅），以及局部地势低洼等。这些因素共同作用，导致城镇雨水径流超出标准，无法有效排出，进而引发内涝。外洪则主要是暴雨、急骤融冰化雪、风暴潮等原因引起流域性河湖水体的水位上涨并超过流域防洪标准的承受能力而导致堤坝漫溢甚至溃决，洪水（外水）进入城镇而造成的[26]。

内涝与外洪的防治尺度各有侧重。内涝的科学防治主要聚焦于城镇尺度，通过合理规划城镇建设，采取有效措施排出雨水径流，避免降雨期间城镇道路积水和房屋进水，从而确保城镇的正常运行。而外洪防治则更注重从流域整体角度出发，借助于流域防洪规划和工程建设，合理调配和管理流域内的降雨产流，确保河道水位在安全阈值内波动，从而保障沿线城镇的排水顺畅。

内涝与外洪的管理主体有所不同[25]。在我国大部分城市，防洪与排水防涝分别隶属水利和市政两大范畴，在学术研究上，两者也分别隶属水利学科和城市给水排水学科。市政部门负责将城区雨水收集到雨水管网并排放至内河、湖泊，或直接排入行洪河道；而水利部门则负责确保设计标准以内的洪水不会翻越堤防对城市安全造成威胁。为确保城市洪涝安全，两个部门各自遵循自己的设计标准和工程体系。

内涝与外洪既相互关联又各有特点。它们之间存在着复杂的联系，包括因雨致涝、因洪致涝、因涝致洪等多种情况。如果城镇遭遇的暴雨量超出内涝防治设计标准，导致城镇积水，这便是因雨致涝。如果外洪形成后，外河水位上涨，城镇内河难以顺利排出雨水径流，内河水位随之上涨，对排水系统产生顶托甚至倒灌，造成严重积水且退水时间过长，这便是因洪致涝。如果沿河城镇产生的雨水径流排至外河，由于大江大河流域面积广阔，干流汇集不同支流的洪峰，可能形成历时较长、涨落较平缓的洪峰，或者小河流的流域面积和河网的调蓄能力较小，可能形成涨落迅猛的洪峰，这便是因涝致洪。

（3）内涝灾害的新特点

在全球气候变化及新型城镇化大环境下，城市内涝灾害在原有的突发性、多发性、时间性以及社会性特点的基础上，出现了新的灾害特点。

从致灾因子来看，水文特征变异性明显。在全球气候变化及新型城镇化大环境下，城市地区水文、水力特征的分布形式或参数在整个序列范围内发生了明显的变化[27]。例如，暴雨内涝灾害的强度与频次增加，影响范围变广；暴雨内涝灾害的径流回流过程发生明显变化；河湖水系的水动力过程与排水管网系统的相互关系发生变化。

从致灾过程来看，灾害连锁性越发显著。现代城市的发展使得各功能系统之间的联系更为紧密，一旦某一环节出现问题，很容易引发连锁反应。特别是城市生命线系统，一旦因内涝灾害无法正常运转，将产生多米诺现象，不仅阻碍抢险救灾工作的进行，还会给各个产业及城市居民造成巨大影响。此外，城市立体化的开发使得暴雨内涝灾害的影响不仅仅只局限于地表和地下设施，还可能因供水、供电等基础设施的瘫痪，对高层建筑造成极大损失。

从承灾结果来看，损失突变性越发显著。城镇化率不高的区域内涝灾害的损失主要是直接损失，易于统计。在城镇化率较高的区域，内涝灾害具有明显的连锁性和间接性，通常呈链式发展，存在灾害演化的情形，即原生灾害会引发次生灾害和衍生灾害，如次生的停水、停电等技术灾害和衍生的山体滑坡、泥石流等自然灾害。这些灾害使城市受影响范围往往超出受淹范围，间接的经济财产损失往往超过直接损失，且灾后具体损失难以精确统计。

2.2.1.2 城市内涝防治规划认知

城市内涝防治规划在国土空间规划体系中占据着重要的地位，其科学性与可实施性对于城市的安全与可持续发展具有深远影响。在深入探讨这一规划时，应首先关注其指导思想、规划定位及核心内容，这些要素不仅为应对内涝灾害提供了行动指南，更是城市安全的有力保障。通过深入理解并切实贯彻这些内容，能更好地应对内涝灾害挑战，为城市的繁荣稳定贡献力量。

从指导思想来看，城市内涝防治规划以习近平新时代中国特色社会主义思想为指导，通过构建完善的城市内涝防治体系，全面提升城市抗御内涝灾害的能力，有效降低灾害风险，为建设一个生产发展、生活富裕、生态良好的和谐社会提供坚实的水安全保障。

从规划定位来看，当前城市内涝防治规划主要局限于专业部门的独立范畴，属于单一规划。然而，内涝安全的核心原则在于统筹兼顾和安全可靠，作为一项至关重要的系统性工程，规划需综合考虑从源头到末端的全程控制和管理，确保整体把握、统筹协调，并加强多专业、多领域的联动配合。

就核心内容而言，城市内涝防治规划与传统排水系统规划有着显著区别。传统的排水系统规划往往以管网系统规划为核心，而城市内涝防治规划则旨在解决城市暴雨内涝问题。城市内涝防治规划建立在系统分析和风险评估的基础上，构建了一个包含流域防洪体系、源头减排系统、雨水管渠系统和排涝除险系统的综合防洪排涝体系，其核心在于明确和布局雨水径流的利用、转输、排放路径，并对水利设施和内涝防治设施提出切实可行的建议。

2.2.2 城市内涝防治规划的发展趋势

为缓解和应对日益严重的城市内涝灾害，督促和规范城市内涝防治设施的规划和建设工作，一方面，国家从政策指引、规划编制、技术标准、设施建设等层面颁布了一系列与城市内涝防治相关的法规政策和标准规范；另一方面，各界学者、规划研究人员、工程设计及施工人员等从理论到实践付出了实际行动，产出了丰硕的成果。本节通过梳理和解析部分重要的法规政策、标准规范，综述部分科研成果，分析了内涝防治规划的发展趋势，目的是厘清内涝防治领域顶层设计脉络，把握发展趋势，以供读者参考和运用。

2.2.2.1 规划技术导向由对症下药向防治结合转变[28]

继人口拥挤、交通拥堵、环境污染等城市问题之后，城市内涝已成为又一大城市病。其灾害特征表现为发生范围广、积水时间长、对城市发展及管理的后续影响严重、造成的生命财产损失巨大等。2010 年，住房和城乡建设部在全国范围内对 351 个城市开展调研，发现在 2008—2010 年，全国有 62% 的城市发生过洪涝事件，其中发生 3 次以上的城市有 137 个。虽然全球气候异常和频繁出现的暴雨是城市发生内涝灾害的重要原因，但我国大中城市广泛、频繁受淹，则反映出我国城市内涝防御系统普遍存在一定的问题。

早期我国城市内涝安全技术导向的制定以解决问题为主要目的，强调政策的对症性与实施性，通过政策手段促进技术创新和技术变革。2013 年 4 月，国务院正式发布了《国务院办公厅关于做好城市排水防涝设施建设工作的通知》，从国家层面对城市防涝工作提出了明确要求，针对当时部分城市内涝灾害严重、应急应对不力、排涝工作规划滞后、基础设施投入不足等问题，提出了完善应急预案、分步整治淹水区与易涝区、编制排水防涝综合规划、加强设施投入与改造等治理措施。

后续逐步强调从源头上削减径流量，提升城市自我调节能力。2015 年正式发布《关于推进海绵城市建设的指导意见》（国办发〔2015〕75 号），全面推进城市水生态系统的完善与重大排水防涝工程设施建设。在此阶段，城市内涝状况已有一定程度的改善，政策思路从被动应对转变为主动出击，解决措施从工程治水逐渐转变为生态治水。

此后，国家相关部门陆续发布与排水防涝相关的政策法规文件，要求编制排水防涝专项规划，建成较完善的城市排水防涝、防洪工程体系，全面提高城市排水防涝、防洪减灾能力。我们对相关政策文件进行了整理，具体如表2-5所示。

表2-5 我国内涝防治系统相关政策文件一览表

法规政策名称	主要内容	发布部门	发布时间
《国务院办公厅关于做好城市排水防涝设施建设工作的通知》（国办发〔2013〕23号）	2013年汛期前，各地区要认真排查隐患点，采取临时应急措施，有效解决当前影响较大的严重积水内涝问题，避免因暴雨内涝造成人员伤亡和重大财产损失；2014年底前，要在摸清现状基础上，编制完成城市排水防涝设施建设规划，力争用5年时间完成排水管网的雨污分流改造，用10年左右的时间建成较为完善的城市排水防涝工程体系	国务院办公厅	2013年4月
《关于加强城市基础设施建设的意见》（国发〔2013〕36号）	要求在全面普查、摸清现状基础上，编制城市排水防涝设施规划。到2015年，重要防洪城市达到国家规定的防洪标准；全面提高城市排水防涝、防洪减灾能力，用10年左右时间建成较完善的城市排水防涝、防洪工程体系	国务院	2013年9月
《城镇排水与污水处理条例》	要求城镇排水主管部门会同有关部门，根据当地经济社会发展水平以及地理、气候特征，编制行政区域的城镇排水与污水处理规划。要求城镇内涝防治专项规划的编制，根据城镇人口与规模、降雨规律、暴雨内涝风险等因素，合理确定内涝防治目标和要求，充分利用自然生态系统，提高雨水滞渗调蓄和排放能力	国务院	2013年10月
《关于做好暴雨强度公式修订有关工作的通知》（建城〔2014〕66号）	指出强降雨是导致城市暴雨内涝的直接原因之一，暴雨强度公式是反映降雨规律、指导城市排水防涝工程设计和相关设施建设的重要基础，暴雨强度公式的编制是公益性气象服务内容之一	住房城乡建设部、中国气象局	2014年5月
《关于推进海绵城市建设的指导意见》（国办发〔2015〕75号）	要求通过海绵城市建设，综合采取"渗、滞、蓄、净、用、排"等措施，最大限度地减少城市开发建设对生态环境的影响，将70%的降雨就地消纳和利用。从2015年起，全国各城市新区、各类园区、成片开发区要全面落实海绵城市建设要求以解决城市内涝问题，逐步实现小雨不积水、大雨不内涝	国务院办公厅	2015年10月
《关于加强2016年城市排水防涝汛前检查做好安全度汛工作的通知》（建办城函〔2016〕286号）	要求加强领导，落实责任，加强对城市排水防涝工作组织领导，健全工作机制，落实城市排水防涝责任人。扎实做好汛前检查工作，对检查发现的问题和隐患要进行跟踪，实行督办制，责成各地倒排时间表，加快整改进度	住房城乡建设部办公厅	2016年3月

续表

法规政策名称	主要内容	发布部门	发布时间
《关于做好城市排水防涝补短板建设的通知》（建办城函〔2017〕43号）	要抓紧编制完成城市排水防涝补短板实施方案，实施方案要针对城市低洼地段及人口密集区域、立交桥等道路集中汇水区域、地铁及重要市政基础设施等易涝点，逐一明确治理任务、完成时限、责任单位和责任人，并落实具体工程建设任务和投资规模	住房城乡建设部办公厅、国家发展改革委办公厅	2017年1月
《全国城市市政基础设施建设"十三五"规划》（建城〔2017〕116号）	要求加快对城市易涝点整治，使经整治的超大城市和特大城市的易涝点防涝能力达到50年一遇以上，大城市达到30年一遇以上，中小城市达到20年一遇以上。对城市易涝点的雨水口和排水管渠进行改造，科学合理设置大型排水管廊	住房城乡建设部、国家发展改革委	2017年5月
《关于加强2018年城市排水防涝工作确保安全度汛的通知》（建办城函〔2018〕143号）	要求强化城市排水防涝工作机制落实，认真做好城市安全度汛准备，全面开展巡查，加快推进城市排水防涝补短板工作，加快工作进度，严控工程质量，做好应对措施；扎实做好城市排水防涝汛前检查工作，围绕排水防涝工作机制建设、巡查和设施维护、应急管理、易涝点整治等进行全面自查	住房城乡建设部办公厅	2018年3月
《关于做好2019年城市排水防涝工作的通知》（建办城函〔2019〕176号）	要求扎实推进城市排水防涝补短板工作，进一步完善实施方案，不断完善城市排水防涝设施建设补短板项目储备库，并及时准确报送项目进展情况。加快推进补短板项目建设，到2019年底，纳入国务院城市排水防涝补短板范围的60个重点城市要基本完成城市排水防涝补短板项目建设消除易涝区段	住房城乡建设部办公厅	2019年3月
《中共中央关于制定国民经济和社会发展第十四个五年规划和二〇三五年远景目标的建议》	提出增强城市防洪排涝能力，建设海绵城市、韧性城市。提高城市治理水平，加强特大城市治理中的风险防控	2020年10月29日中国共产党第十九届中央委员会	2021年3月
《关于加强城市内涝治理的实施意见》（国办发〔2021〕11号）	根据建设海绵城市、韧性城市要求，各地因地制宜、因城施策，提升城市防洪排涝能力，用统筹的方式、系统的方式解决城市内涝问题。维护人民群众生命财产安全，为促进经济社会持续健康发展提供有力支撑	国务院办公厅	2021年4月

法规政策名称	主要内容	发布部门	发布时间
《"十四五"城市排水防涝体系建设行动计划》（建城〔2022〕36号）	要求全面排查城市防洪排涝设施薄弱环节，系统建设城市排水防涝工程体系，加快构建城市防洪和排涝统筹体系，着力完善城市内涝应急处置体系，以及强化实施保障，进一步加强城市排水防涝体系建设，推动城市内涝治理	住房城乡建设部、国家发展改革委、水利部	2022年4月

注：表格内容为作者自行整理。

2.2.2.2 内涝防治标准体系从持续演进到日臻完善

我国城镇排水技术标准研究一直在不断发展，在持续演进的过程中既与国际现行排水技术的发展接轨，体现了当代排水工程的技术发展，又在具体的技术标准上考虑我国国情、突出我国特色，利于规范的落地实施。2012年，北京"7·21"特大暴雨事件发生之后，国务院办公厅、住房城乡建设部相继下发通知和工作函，要求迅速修订一系列排水与内涝防治标准，从标准体系上保障城市安全运行[29]。

《城镇内涝防治技术规范》（GB 51222—2017），改变了以往单纯依靠雨水管渠快速排水的理念，在国内首次建立了"源头减排、雨水管渠、排涝除险、应急管理"的"3+1"内涝防治系统，根据城市规模和城区类别细分内涝设计重现期，规定道路积水深度。2021年又在《室外排水设计标准》（GB 50014—2021）中补充了退水时间，保证了内涝设计标准下积水可控、退水可期，为内涝防治设施的设计和应急管理提供了依据。

《城镇雨水调蓄工程技术规范》（GB 51174—2017），是我国第一部雨水调蓄工程的技术标准，调蓄工程的类型既包括调蓄池、调蓄隧道等灰色设施，又包括绿地、广场等绿色设施。设施的布局覆盖"源头减排、排水管渠、排涝除险"雨水径流排放的全流程，通过灰绿结合建立起蓄排结合的内涝防治系统，保证内涝防治中雨水峰值流量、总量和污染总量得到控制。

《城乡排水工程项目规范》（GB 55027—2022），作为我国排水行业的技术规范，提出统筹区域流域的生态环境治理与城乡建设，保护和修复生态环境自然积存、自然渗透和自然净化的能力；统筹水资源利用与防灾减灾，提升城镇对雨水的渗、滞、蓄能力，强化雨水的积蓄利用；统筹防洪与城镇排水防涝，加强城镇排水防涝和流域防洪体系的衔接。该规范进一步强化了三段式系统理念，明确了内涝防治体系的边界，强调了内涝防治和国土资源规划、水资源规划和防洪之间的关系，使内涝防治系统更加全面和完整。我国内涝防治设施相关标准规范如表 2-6 所示。

表 2-6　我国内涝防治设施相关标准规范一览表

标准规范名称	内涝防治相关内容	发布时间
《城市排水（雨水）防涝综合规划编制大纲》	明确了城市排水（雨水）防涝综合规划的编制内容及规划目标要求	2013 年 6 月
《城市暴雨强度公式编制和设计暴雨雨型确定技术导则》	规定了城市暴雨强度公式编制和设计暴雨雨型确定的基本要求、技术流程、原始资料和统计样本、频率计算和分布曲线、暴雨强度公式参数求解、暴雨雨型确定和适应性分析等方面的技术要求	2014 年 5 月
《海绵城市建设技术指南——低影响开发雨水系统构建（试行）》	该技术指南指出低影响开发雨水系统的构建要以安全为重，综合采用工程和非工程措施提高低影响开发设施的建设质量和管理水平，增强防灾减灾能力，保障城市水安全	2014 年 10 月
《城市水系规划规范》（GB 50513—2009）	①要求城市水系规划编制坚持安全性原则，充分发挥水系在城市给水、排水排涝和城市防洪中的作用，确保城市饮用水安全和防洪排涝安全；②城市排水防涝与防洪工程应相互协调，避免河道顶托形成排水不畅；③贯彻落实绿色发展理念和海绵城市建设要求，满足内涝灾害防治、面源污染控制及雨水资源化利用的要求	2016 年 8 月
《室外排水设计标准》（GB 50014—2021）	新增推进海绵城市建设以及超大城市的雨水管渠设计重现期和内涝防治设计重现期的标准等内容	2021 年 4 月
《城镇雨水调蓄工程技术规范》（GB 51174—2017）	规定了城镇雨水调蓄工程规划和设计的基本原则，雨水调蓄水量的计算方法，对调蓄工程、调蓄池等设施提出了具体的设计标准和运行管理要求	2017 年 1 月
《城镇内涝防治技术规范》（GB 51222—2017）	针对城镇内涝防治的系统性技术规范，规定了源头减排、排水管渠和排涝除险的三段式内涝防治体系，规范了新建、改建和扩建的城镇内涝防治设施的建设和运行维护	2017 年 1 月
《城市排水工程规划规范》（GB 50318—2017）	规定城市排水工程规划应遵循"统筹规划、合理布局、综合利用保护环境、保障安全"的原则，满足新型城镇化和生态文明建设的要求。明确了城市排水工程规划的主要内容	2017 年 1 月
《城市内涝风险普查技术规范》（GB/T 39195—2020）	提出对城市内涝隐患点、历史灾情信息、气象和水文资料及内涝防灾措施情况进行数据收集及核查	2020 年 10 月
《城乡排水工程项目规范》（GB 55027—2022）	提出统筹区域流域的生态环境治理与城乡建设，保护和修复生态环境自然积存、自然渗透和自然净化的能力；统筹水资源利用与防灾减灾，提升城镇对雨水的渗、滞、蓄能力，强化雨水的积蓄利用	2022 年 10 月

注：表格内容为作者自行整理。

2.2.2.3 研究演进脉络从理论探索向工程实践转移

运用文献计量学的方法研究城市内涝安全发展趋势。基于中国知网数据库的中文文献，以主题词"城市洪涝"或者包含"城市内涝"为检索条件，检索时间设置为2004—2023年（见图2-2）。

根据年度发文趋势，城市内涝的相关研究可分为四个阶段。

第一阶段：2004—2008年。此阶段整体发文量较少，初期研究以仿真模型为主，学者们利用地理信息系统（Geographic Information System，GIS）技术结合地理数据信息库，建立了城市内涝灾害分析模型。

第二阶段：2009—2012年。此阶段发文量增速较大，学者们尝试从"雨洪利用"和"雨水调蓄"进行探索，在借鉴国外雨洪管理实践经验基础上，提出了诸如大小排水系统和智慧排水管网系统等系列创新性管控策略。

第三阶段：2013—2016年。此阶段发文量增速最大，且发文数量相比前两个阶段大幅提升。该阶段国内学者将海绵城市理念融入内涝防控体系。随着我国海绵城市概念的确定以及第一批试点城市的建设启动，研究重点从理论概念探索逐渐向工程实践转移。

第四阶段：2017—2023年。此阶段发文量有所波动，但整体呈上升趋势，我国首批海绵城市建设试点取得了明显成效，开始了第二批试点建设，现代城市雨洪管理理论、科学方法和技术体系趋于完善。

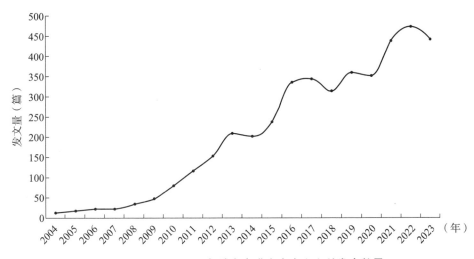

图2-2　2004—2023年城市内涝安全中文文献发表数量

2.2.2.4 内涝防治规划将沿多途径向更深层次展开

随着城市内涝安全研究的不断深入，城市内涝灾害及其防治的相关规划研究内容和成果也不断丰富，研究热点不断突破和更新。基于对技术、标准、规范以及科研成果的梳理和综述，在气候变化的大背景下，我们认为未来内涝防治规划将从以下多个途径朝着更深层次展开。

（1）规划将立足"韧性"的内涵指导城市防涝韧性能力建设

在气候变化的大背景下，传统的城市防洪措施已经无法应对不断演变的洪水风险[30]。韧性理念在多领域、多学科被广泛应用，韧性城市建设被认为是未来城市应对挑战、实现可持续发展的重要途径。尽管对城市洪涝韧性的理论研究已有很多，但由于研究的时间和空间尺度不同、城市的基础条件和发展阶段的差异等因素的影响，目前对城市洪涝韧性的基础研究还存在定义不统一、边界不确定等争议。这些差异和争议会导致部分研究对现象产生误解并得出错误的结论，进而造成人们对韧性理念产生不够实用的印象[31]。因此，未来的规划要着重解决韧性理论研究中存在的争议性和不确定性问题，增强理论研究在实践中的可操作性[32]，以便让规划指导城市防涝韧性的能力建设。

（2）规划将立足情景分析和综合集成方法提升城市防涝应对能力

系统科学、情景分析、信息技术和综合集成技术的快速发展，为城市防涝研究提供了多角度的理论基础。高性能计算、信息融合等技术支持海量信息集成处理；组件开发、知识可视化等技术则成为城市防涝应对的操作手段，推动城市防涝应对向集成化方向发展。由此，未来进一步的研究将立足采用情景分析和综合集成方法，从不同情景、多个角度和不同尺度研究城市暴雨洪涝特性，揭示气候变化和城市化影响下的城市暴雨洪涝历史变化特征和未来变化趋势、内在演变规律和外部驱动因素。这些方法使得城市暴雨洪涝快速响应成为可能，提高了城市暴雨洪涝应对的主动性、时效性和有效性，最大限度减轻了城市暴雨洪涝灾害[33]。

（3）规划将立足城市雨洪管理及资源化利用解决"水多了、水少了"的问题[34]

对雨洪资源进行合理使用，能够在有效降低城市内涝以及各种自然灾害影响的同时，达到改善水环境和缓解水资源紧张问题的目标。鉴于雨洪管理的重要性及雨洪资源再利用的重要意义，未来需要进一步加大对雨洪管理方式方法的研究力度，不断优化和完善以往的粗放管理模式，按照可持续发展原则进行科学规划，结合城市特点，遵循排涝除险与水资源开发并举的"两水共治"指导思想，制定出较为完善的内涝防治规划，指导管理者合理利用雨洪资源，确保有效缓解地下水过度开采、旱季城市供水不足等问题，有效保护地区生态资源，避免过度破坏，在降低灾害影响的同时做好城市管理和资源保护，为城市长远发展奠定良好基础。

（4）规划将立足防涝应急管理体系创新建设，提升城市防涝应对能力

面对高风险、高强度、高破坏力的城市洪涝灾害，应急管理是保障人民生命财产安全的防线[35]。及时有效的应急管理能够减少自然灾害带来的损失，提升城市防涝应急管理能力已成为国家防洪安全的重大需求和城市防灾减灾工作的重要内容。以往的城市洪涝灾害应急管理多为碎片式，存在"末端治理""过程分离"现象[36]，制约着应急管理效力的发挥。近年来，国家在应急管理的参与主体、管理过程、合作机制上进行了一系列创新，《"十四五"国家应急体系规划》明确指出"要形成统一指挥、专常兼备、反应灵敏、上下联动的应急管理体制，建成统一领导、权责一致、权威高效的国家应急能力体系"。因此，未来洪涝防治规划应立足防涝应急管理体系的创新建设，实现从"单个主体管理"到"多元主体参与"[37]、从"碎片化应急"到"整合式应急"体系变革，助力防涝应对能力的提升。

2.2.3 城市内涝防治规划面临的挑战

2.2.3.1 多要素集成治理能否强化

多要素的概念包括多样化的情景、复杂的影响因子以及多个子系统等。当前内涝防治规划多从单一子系统的视角出发，对其他要素的关联及相互影响考虑不足，规划方案的整体性和系统性有待提升，未来内涝防治规划将面临能否强化多要素集成治理的挑战。

一是情景模拟尚存缺漏，难以准确预测内涝灾害的潜在风险。降雨特别是超标降雨是城市内涝的主要诱发因素，不同强度的降雨情景导致的灾害结果不同，应对的手段也不同。在城市内涝防治的研究过程中，城市雨洪数字仿真模型已成为研究城市内涝灾害特性的有效方法与城市水文学研究的热点。上述仿真模型能够直观地描述城市复杂系统的水循环过程，精准反映城市内涝风险在空间上的分布特点。迅速且精准地评估不同情况下

灾害风险是完善城市防洪排涝体系的核心之一，当前基于雨洪数字仿真模型的情景模拟已取得了重要进展，但在规划中还存在着情景缺失的问题。一方面表现在对不同强度的降雨情景的模拟考虑不足，对于不同标准下的降雨而言，城市"内涝"与"积水"在致灾雨量、致灾成因、受灾程度和变化情况等方面具有显著差别[37]，那么在极端暴雨频发的情况下，仅考虑标准内降雨的情景模拟或个别超标降雨情景的模拟，就不能完整地评估与揭示城市面临的潜在内涝风险，而对极端暴雨条件下的情景模拟则显得越发重要。另一方面，还未对风险区域内相关设施的风险展开进一步的延展分析。如在超标降雨情况下，有必要分析与评估生命线系统的防涝能力，保证基础设施不瘫痪，以便提前采取措施降低内涝灾害带来的连锁灾害。简言之，内涝防治规划应进一步立足情景分析的方法，从不同情景、多个角度研究分析内涝灾害的特性和影响，按照"情景—应对"模式提出城市暴雨洪涝应对机制[33]。

二是因子分析有待深入，对内涝成因的深层逻辑揭示不足。城市内涝治理系统受到多种因素的影响，包括气象条件、管网排水能力、应急救灾体系等。灾害系统论认为，灾害链是一个复杂灾害系统，由致灾因子链、孕灾环境和承灾体组成，灾情是由致灾因子危险性、孕灾环境不稳定性、承灾体暴露性以及脆弱性等特征在时间与空间上复杂的耦合作用形成的[39,40]。从灾害系统论出发，洪涝灾害链是一次灾害性的天气过程诱发的一连串自然灾害及衍生灾害事件的全过程[41]。在城市内涝的情景中，致灾因子主要涵盖持续暴雨、台风及水系萎缩等自然因素，它们直接加剧内涝灾害。此外，城市排涝系统异常，如防洪工程溃坝和排水管道爆裂等，导致积水无法及时排出，是重要的工程因素。孕灾环境则包括极端气候、全球变暖等自然因素，以及城市快速扩张和不透水面积增加等社会因素。承灾体则涵盖受内涝影响的居民及其财产、农田，以及通信设施、道路和桥梁等公共基础设施。在灾害链理论支撑下，可以将这些复杂的因子归纳为"天、地、管、河"，这些因子相互交织作用，共同影响着城市的防涝韧性。当前各界学者在对灾害发生的原因和形成过程的不断研究中逐渐形成了一些理论，但相关研究成果对于应对气候变化背景下城市内涝带来的灾害后果的支撑体系仍有待强化，表现在内涝灾害事件以及由其引起的经济和生命财产损失仍然在增加[42]。规划是一个城市内涝防治的顶层设计，应该注重正向反馈机理研究，分析内涝灾害的内在客观规律，为更加科学地提升城市内涝灾害韧性提供一定的基础。

三是系统评估覆盖不全，未能全面涵盖城市防涝治理的复杂体系。现代社会的正常运转高度依赖各类基础设施与生命线系统的支撑保障，既包括供水、电力、燃气、通信、道路等市政与交通设施系统，也包括医院、学校、政府办公场所等公共服务设施系统。这些基础设施系统在关键点上一旦因灾受损，会在系统内甚至系统之间形成连锁反应，以致受灾范围远远超出受淹范围，间接损失甚至超出直接损失，如郑州"7·20"特大暴雨期间，明显存在供电系统、供水系统、交通系统、通信系统之间的连锁反应[43]。《城镇内涝防治技术规范》（GB 51222—2017）是城市内涝防治规划编制的重要依据，其明确了内涝的定义，规定了道路积水成灾的深度，但尚未全面覆盖前述市政基础设施与公共服务设施的具体内容。在具体的规划编制实践中，内涝防治规划的内容仍然聚焦在内涝防御与应对的自身系统上，对内涝灾害可能引发的次生或衍生灾害并没有给出针对性的评估与应对措施，尤其是在政府部门条块分割的体制下，跨部门、跨系统的内涝防治规划较为鲜见。从系统规划的视角，保障生命线系统的安全是现代社会正常运行的基本依托，理应被纳入内涝防治规划编制的主要内容，以解决当下内涝防治规划系统覆盖不足的问题，着力提升城市防涝安全保障能力。

2.2.3.2　多维度协同治理能否深化

"城市"是"城"与"市"的组合。"城"是物质空间，承载着人们的交流与各类活动形成的"市"，因而城市作为一个庞大的系统，是人们生产与生活的空间载体，是物质空间的聚集地。作为城市居民生产与生活的具体体现，"就业"与"居住"是城市空间结构中的两个核心内生要素，它们彼此依存、互相影响。当前众多的城市内涝防治规划更多地聚焦在不同强度降雨条件下，城市空间区位的受淹程度分析（表现为对积水深度、积水时间等的分析）、潜在的受淹区域划分、为应对一定防御标准下的工程与非工程措施的安排等内容，总体上属于针对防涝安全系统的单一维度规划，而对于城市空间内的人、国土空间布局这两个维度的综合分析、风险评估及协同应对措施等的考虑仍显不足，未来内涝防治规划将面临能否深化多维度协同治理的挑战。

随着城市化的不断加速，城市空间规模不断扩大，开发空间范围也不断朝着横向与纵向延伸，人口与建设密集分布，一旦遭受内涝灾害，受害的情形就主要表现为受淹后的人员流动受阻、人员伤亡与财产损失等，因此为应对城市内涝灾害而编制的规划，应当更加关注灾害对人及其活动的影响，而并非只关注应灾系统本身如何达标。例如，依据当前的内涝防治规范，以某地区的积水深度与积水时间为标准判定的内涝积水高风险区，代表的是这个特定城市空间在某一强度降雨下的内涝积水严重程度，这一基于积水程度的高风险区判定结果，由于没有考虑人员分布及其活动的影响，就不会因时间的不同、人员进出流动的变化而改变，这显然不够合理。若从多维视角出发，考虑工作日早晚高峰人员的出行活动规律、不同空间布局下人员流动分布等影响，上述高风险区在不同的时间段、不同的人员流动特征下，将有可能呈现出完全不同的灾害损失结果。同一地区，在考虑了人员的流动因素后，内涝风险程度也将产生差别。因此在极端降雨事件频发的当下，单一维度下的传统内涝防治规划亟须转型，要纳入人的分布活动与空间布局这两个维度，从多维协同治理的角度考虑内涝防治规划最终的目的。

多维度协同治理强调的是要把握防涝治理体系与人员活动、国土空间之间的相互影响和紧密关系，在多维协同的内涝防治规划中，关键在于理解并分析这三个维度间的相互作用，特别是从人类活动与国土空间视角出发，做到多维协同治理，来优化防涝治理体系，以增强防涝安全保障能力。

2.2.3.3 全过程闭环治理能否完善

灾害的爆发，尽管看似突然，但实质上往往是一个发展过程的累积结果。PPRR 理论认为，突发事件应急管理体系涵盖预防、准备、应对以及恢复四个阶段[44]。以此为基础，将城市内涝灾害防治聚焦于事件发生的整个过程，从灾害事件全过程闭环的角度来看，内涝防治规划还应注重灾后城市防涝韧性能力的提升，形成 PPRRU，即涵盖预防、准备、应对、恢复及提升的五阶段体系，以更好地应对未来挑战，形成良性循环，城市的安全水平将会不断提升。未来内涝防治规划将面临能否完善全过程闭环治理的挑战。

我国新时代防灾减灾理论已明确"两个坚持、三个转变"，即坚持以防为主、防抗救相结合，坚持常态减灾和非常态救灾相统一；从注重灾后救助向注重灾前预防转变，从应对单一灾种向综合减灾转变，从减少灾害损失向减轻灾害风险转变。但当前内涝防治规划的理念转变尚未系统落实，是以应对标准内暴雨的工程治理为主，关于灾害预防、准备、应对、恢复及提升等部分内容相对较弱。从过程治理角度来看，城市防涝应对能力的提升不应局限于灾害发生的某一阶段，而应形成一个循环完整的全过程、全周期的系统提升体系。

2.3 韧性国土空间下的内涝防治规划

从规划体系的角度来看，内涝防治规划作为专门领域的规划，是国土空间规划五级三类四体系中不可或缺的一环，属于国土空间专项规划的类别。随着对环境气候的偶然性、不可预测性和必然性的深刻认识，韧性理念的提出与运用，为国土空间规划提供了应对此种不确定性的新思路。深入理解防涝安全与韧性国土空间的关系，是打开城市防涝安全水平提升新思路的重要切入点。我们将从韧性防涝与安全、国土空间与防涝安全这两对关系入手，深入剖析它们之间的联系与差异，从而更有效地将内涝灾害的防控融入韧性国土空间的构建之中，确保国土空间的长期安全与可持续发展。

2.3.1 韧性与防涝安全的关系

在当前国土空间规划体系下，韧性理论成为解决潜在社会和环境威胁的重要指导理念。在城市空间规划中，韧性不仅为规划提供了一个关注和应对不安全、不可持续、不确定风险的新思路，还提供了一种新的规划范式，使规划决策更能应对多重、大规模的城市社会经济和生态环境变化[20]。将韧性理念运用于国土空间规划的理论与实践中，可以更好地将自然生态系统与社会要素（人）联系起来，进而将城市发展带上更加可持续、更加安全的轨道。

韧性包含防涝安全。防涝安全是韧性城市建设中的一项重要挑战，内涝所引发的灾害不仅会破坏城市基础设施，还威胁到城市居民的生命财产安全。在当前全球气候变化背景下，全国各地内涝灾害发生的频率和受灾程度逐步增加，防涝安全已然成为韧性城市和规划管理中的重要议题之一，提升城市的防涝韧性至关重要。

韧性是更高层面上的安全。韧性安全并非指单一灾种的安全，而是一个更广泛的概念，涵盖了对各种灾害和挑战的适应能力和应对能力。防涝安全作为韧性安全的重要组成部分，需要综合考虑城市的规划、建设、管理等方面，以应对内涝灾害可能带来的各种影响，并快速恢复至灾前水平。因此，在国土空间规划中，不仅需要考虑单一的内涝灾害防治措施，还需要考虑如何通过规划和管理来提高城市整体的韧性，以适应各种灾害和挑战。

2.3.2 国土空间与防涝安全的关系

国土空间是防涝体系各类措施及建设的重要载体，合理规划和利用好空间对于防范和减轻内涝灾害具有重要意义；同时，防涝安全也是国土空间可持续发展的重要保障，直接关系到空间要素的安全和土地价值的提升。国土空间与防涝安全之间的影响是相互的，具体体现在以下两个方面。

一方面，国土空间的合理规划利用是内涝防控体系的关键基础，对减轻内涝灾害风险至关重要。一是得益于国土空间的空间特性，它为防涝体系的构建提供了必要的承载设施，为防洪排涝工作提供了有力支撑。二是国土空间的不合理开发也可能带来严重后果。在追求短期利益的过程中，若将居住区或重要工业区建设在洪泛区或内涝高风险区，不仅会使防御内涝灾害的水工设施用地无法保障，还可能加剧区域内涝风险，使原本的安全隐患进一步升级。因此，在建设韧性国土空间的过程中，必须确保国土空间利用与防涝安全体系的协调统一，以保障国土空间的长期发展和民众的安全。

另一方面，防涝安全是国土空间可持续发展的必要保障，关乎空间安全与价值提升。一是防涝安全的保障支撑了国土空间的高质量发展。具体而言，防涝安全确保了空间要素的安全无虞，不仅直接推动了国土空间的可持续发展，还间接提升了土地价值，为在国土空间上的生产生活等奠定了坚实基础。二是内涝灾害的风险始终对空间的发展构成制约。例如，为了确保内涝防治系统的完整性和通达性划定的内涝风险控制线，其范围内的区域可被划定为限建区或禁建区，这无疑对空间的发展形成了一定的制约。因此，在国土空间规划与利用中，我们需要全面考虑内涝安全对国土空间安排的双重影响，既要充分利用其支撑作用，又要妥善平衡其制约因素，以实现国土空间的优化发展。

为此，韧性国土空间下的内涝防治规划，应通过国土空间的合理利用与内涝安全治理的协调统一，实现国土空间的可持续发展，保障人民的生命财产安全。

2.3.3 多要素集成、多维度协同、全过程闭环的韧性防涝体系

在当前全球气候变化的大背景下，内涝灾害的特征正在发生深刻变化，

传统的治理手段已不足以应对这种复杂多变的局面。正如前文所述，在现有的国土空间规划体系中，韧性理论已逐渐成为应对潜在社会环境威胁的重要指导理念。从韧性理念出发，在梳理城市内涝防治规划发展趋势、审视内涝防治规划面临挑战的基础上，我们可以认为当前城市防涝安全体系还存在着要素单一、维度不全、过程独立的问题。因此，韧性国土空间下的内涝防治规划，亟须从单一要素、单一维度的防涝安全体系，迈向多要素集成、多维度协同、全过程闭环"三元耦合"的韧性防涝体系（见图2-3），并付诸规划实践。在这样的韧性防涝系统中，要着重强调人员的活动与分布、国土空间布局以及防涝体系三者之间的紧密关系，以城市可应对内涝灾害的空间布局和韧性空间为载体，通过空间要素的规划设计夯实城市应对风险的物理基础，优化空间布局，使城市更具空间结构韧性。同时，在此综合韧性系统的基础上，需特别注重内涝灾害影响下人群移动行为的特征，针对人员流动规律进一步优化空间布局与薄弱环节建设。

多要素在构建城市韧性防涝体系中扮演关键角色，涵盖了多因子、多系统、多情景的考量。深入分析这些影响因素，能精准地把握内涝灾害的成因和特点，系统评估其对市政、交通、公共服务、居住及商业设施的影响程度，为制定科学的应对措施提供坚实依据。同时，针对不同情景制订相应的应对方案，也将有效提升城市对各类级别内涝灾害的适应能力。

多维度关注的是人员的活动、国土空间布局与防涝体系间的"三元耦合"关系。城市作为物质空间的聚集地，承载着人们的生产与生活。韧性防涝体系，应确保多要素在多维度上的协同治理，在各类规划应对措施的分析与制定中，要切实增加对人员活动、国土空间布局两个重要维度的分析，为国土空间的可持续发展和人民安全提供坚实保障。

全过程闭环则是韧性防涝体系的重要保障，涵盖预防、准备、应对、恢复以及提升等各环节。通过源头预防、充分准备、有效应对和灾后提升，不仅能在灾后迅速恢复生产、生活秩序，也能不断完善和提升城市的防涝韧性。

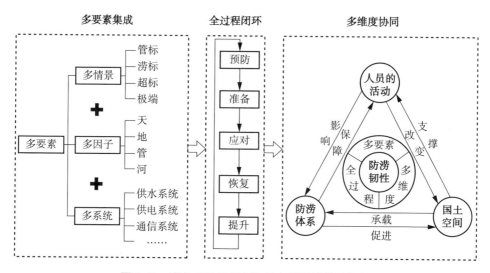

图 2-3　城市"三元耦合"的韧性防涝体系框架

3

方法篇：韧性防涝规划编制指引

在韧性防涝体系框架的基础之上，本章进一步提出了详细的韧性内涝防治规划，即韧性防涝规划编制指引。

3.1 编制步骤

韧性防涝规划，应明确编制目标和原则，开展现状详查，结合技术规范，基于问题分析与要素评估，制订出科学合理的规划方案，经模型校核验证并优化后，通过有效的实施和监督机制确保规划的落地实施。编制步骤包括：

（1）明确目标

需要明确规划目标和原则，以建立多要素集成、多维度协同、全过程闭环的韧性防涝体系为目标，提高城市在面对内涝灾害时的适应力、恢复力和抵抗力，减少灾害带来的损失并维持城市的基本功能，能在灾后迅速恢复、进行适应性调整，实现可持续发展。

（2）现状详查

全面的基础数据收集是制定科学规划的前提。韧性防涝规划的现状调查，要覆盖城市系统的方方面面，涵盖研究区域的自然要素、社会要素、技术要素、管理要素等多方面的基本情况，具体应包括城市概况、防洪排涝工程设施现状、城市人员的分布及动态位移数据、公共服务设施布局、生命线工程情况、应急保障情况等。个别数据，如地下管网设施的情况，为确保准确，在必要的时候可通过现场实测的方式获取。

（3）综合评估

基于现状详查，开展综合分析与评估，明确城市在面对内涝灾害时的脆弱性和优势，以便制定有针对性的应对策略。构建仿真评估数字模型与指标体系进行地形竖向、降雨特征、设施短板、管理水平等多因子分析，对城市防涝韧性展开多维度、多要素的评估，既要评估城市防洪排涝系统本身的韧性，还要将城市空间、人员的分布与活动轨迹置于内涝评估的不同情景，识别出内涝防治体系在多情景、多维度下的薄弱环节和潜在风险，确保规划方案的协同效应。

（4）规划制定

针对城市内涝防治系统存在的问题与短板，以规划目标为指引，综合构建多层次规划策略体系，通过基础设施安排、应急管理规划、空间布局优化等方面的措施，提升以"人—空间—防涝安全"三元关系协同深化为关键的防涝韧性。

规划方案制定内容如下。

● 方案设计：制定涵盖预防、准备、应对、恢复、提升等环节的详细措施。

● 模型校核：通过数字仿真模型模拟和校核验证规划方案的可行性和有效性，并优化方案细节。

● 多要素集成：在方案设计中，整合多种要素，确保方案的全面性和实用性。

● 多维度协同：考虑人员的活动、国土空间与防涝体系的协同关系，确保规划措施在实际执行中的有效性。

● 全过程闭环：确保规划在执行中形成闭环管理，通过有效的执行和监督机制——涵盖"预防"（即源头预防与风险评估）、"准备"（即应急预案与资源储备）、"应对"（即应急响应与救援）、"恢复、提升"（即灾后恢复重建与提升改进）等各环节，不断完善和提升城市的防涝韧性。

（5）实施保障

为保证规划能有效指导具体工程的实施，需进行规划可行性论证，同时应提出组织、政策、资金及能力等方面的保障措施并予以落实。

韧性防涝规划编制步骤如图 3-1 所示。

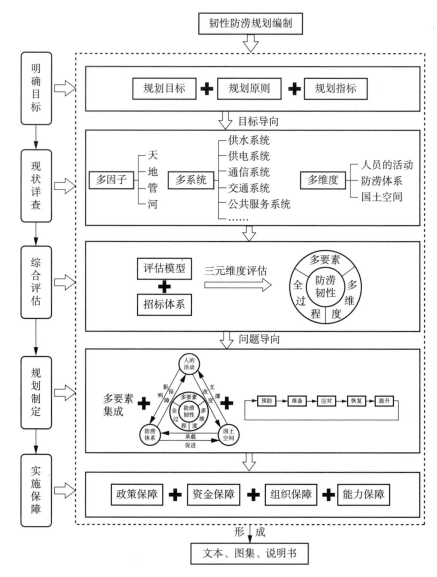

图 3-1　韧性防涝规划编制步骤

3.2　编制要点及主要内容

3.2.1　编制要点

3.2.1.1　多要素集成

如理论篇所述，为构建多要素集成模式下的韧性防涝体系，在城市内涝防治规划的编制中需要将内涝灾害情景模式化，即在特定空间，按灾害发生的过程、结果以及应对方法将防涝工作解析成条理清晰的多种任务，也需要考虑"多因子"下的灾害情形和"多情景"下的治理任务等要素，并且涉及对"多系统"的评估与防治，那么多要素集成的重点是保障人的安全和城市关键系统正常运行。

（1）全面制订多情景应对方案

城市暴雨内涝灾害发生之频繁、影响范围之广、灾损之高及其不确定性凸显城市暴雨内涝灾害应对的重要性和紧迫性，在这一背景下，规划提出的应对措施，就不能仅满足规范规定标准下的单一达标情景，否则将不足以应对超标或极端灾害。随着风险评估和预警成为提升城市应对不确定性挑战的能力的基础前提，在规划编制中，有必要进一步强化城市对于多工况组合下的内涝灾害情景的战略评估，量化并评价每一种情景下城市的应对能力和恢复韧性。

在内涝防治规划编制中，基于收集到的历史内涝灾害数据、气象数据、GIS 数据等相关信息数据，利用雨洪模型构建不同的内涝情景模型，针对每个情景模型下的模拟结果与风险评估结果，制定具体的防洪排涝措施，包括但不限于加强河道泄洪能力、增强洪水调蓄能力、确保分蓄洪区功能等；将制定好的应对措施载入模型，对效果进行评估，再进一步根据评估结果调整和完善应对方案。通过上述步骤，可以有效地制订出适应性强、科学合理的多情景应对方案，增强城市防涝韧性。

（2）深入开展多因子分析

城市洪涝灾害的成因较为复杂，不仅涉及降雨、地表产汇流、管网排水和河道排涝等水文水动力过程，还受社会经济发展和城市管理等人文因素的影响，是一种人文与自然因子综合作用下的城市灾害，致灾机理复杂且具有显著的区域差异[45]。不同城市的致灾因子不同，使得其治理手段和应对方式也会有所侧重。例如，山区、丘陵等城市内涝的形成受到山洪、外江洪水等外围洪水的影响明显，要侧重解决山洪入城、防洪排涝体系不健全等问题；而平原河网城市地势较为平坦，地面自然排水条件不佳，雨水排放较易受河网高水位的影响，应侧重制定河网水位降低及高水位下的应对措施。

在内涝防治规划编制中，深入开展多因子分析，有助于全面评估各因素对内涝灾害风险的影响，探寻城市内涝的共性特征和个性差异，同时在全球气候变化和城市快速发展背景下，多因子分析有助于进一步理解和预测变化环境下的内涝灾害风险与演变特征，为后续规划策略的制定提供依据与抓手。

在具体规划编制中，基于IPCC采纳的城市洪涝风险评估框架"危险性（Hazard）—暴露性（Exposure）—脆弱性（Vulnerability）"即"H-E-V"的概念内涵，可以系统地进行城市洪涝致灾因子分析[46]。这种方法强调了危险性、暴露性和脆弱性三大要素的重要性，并提出了建立耦合性二维内涝淹没模型、大数据及GIS技术支撑下的精细化暴露性分析，评估趋势由物理维度向社会、经济、文化、环境等多维度展开。

（3）全面开展多系统评估

多系统评估的目的是：分析并揭示不同系统在各类情景下的防御能力、受灾具体情况与潜在灾害风险。城市内涝灾害影响可能是系统性的，如市政设施中的供水、排水系统，在内涝灾害中极易受损，这将直接影响居民的基本生活需求；交通设施如道路、桥梁、下穿隧道等，在内涝灾害中易被淹没导致交通中断，进而影响应急救援和正常出行；公共服务设施包括医疗机构、学校和养老机构等，一旦在内涝灾害中受淹，不仅可能带来较大的人员伤亡及财产损失，还有可能威胁到灾时的医疗系统。为此，在内涝防治规划编制中，开展覆盖多系统的评估对全面揭示城市的防御能力与潜在风险显得尤为重要。

开展多系统全面评估，全面评估市政设施系统、交通设施系统、公共服务设施系统等在不同情景下的受灾情况与潜在风险，可采取多标准决策方法、情景模拟和模型分析、构建评价指标体系等方式进行。在一些要素评估过程中还需考虑非结构化措施、跨部门协作、信息共享等的影响，通过这些综合性的方法和技术路线，可以有效地提升城市内涝防治规划的质量和效果。

3.2.1.2 多维度协同

构建多维度协同治理的城市内涝防治韧性体系，在规划编制中要着重深化多维度协同治理的内容，就是要将内涝防治维度在多要素集成下由防涝设施体系延展至人员的分布活动与空间布局两个维度。具体而言，一是要将人员的活动因素纳入防涝体系的构建范围。首先在风险评估阶段，强化分析人员的流动与分布对风险评估结果的影响，利用层次分析法、LAFE[47]等方法开展多维度的内涝风险评估；其次是在提出内涝治理措施阶段，对于人口高密度区域，高活动范围的防涝标准与措施一定要预留足够的冗余度，以提升防涝韧性抵抗力。二是要强化国土空间的管控与引导。对发挥防洪防涝作用或处于洪泛区的公园绿地、公共空间以及沿海、滨水的重点功能区和社区，分别设置不同的管控指标体系，引导不同类型的用地朝着更具防涝适应性的方向发展，以整体功能优化为导向推动国土空间要素配置不断优化，对受内涝影响较为严重、建成环境与经济社会较为脆弱的社区，通过制定地方法规条例等方式，限制其开发强度与建设密度，并探索土地交换等发展权转移策略，在易受损区域与新开发区域之间建立起交换的结构性关系[48]。逐步形成挖掘存量空间发展潜力与保障资产安全并行的格局，提升城市整体韧性水平。

3.2.1.3 全过程闭环

传统的灾害管理模式制约着我国城市洪涝灾害应急水平的发挥，城市洪涝灾害应急管理面临着应急管理资源有限、应急管理主体割裂、应急管理组织缺位、应急管理过程失衡等困境[49]。基于 PPRR 理论，我们提出了城市防涝 PPRRU 全过程理念，即城市内涝灾害应急从过程上看，是对灾害生命周期全过程阶段的管理，包括灾前预防、应灾准备、灾时抵抗、灾后恢复、灾后提升五个阶段，因此编制城市内涝防治规划也要注重"多主体—全过程"管理的思路要点。

鉴于城市内涝灾害具有不同阶段过程的特点，构建全过程闭环的防涝韧性体系，在规划编制中就是要将内涝灾害放置于一个"广泛联系、相互连接、动态发展的复杂世界"中。在"多主体—全过程"视角下，以灾前预防、灾时抵抗、灾后恢复、灾后提升四个阶段为着力点，通过在不同尺度上多主体协同防治，实现内涝灾害全过程安全。具体而言，在尺度上可分宏观、中观、微观三级设防，宏观统筹格局理念，统一防治思路、标准，发挥规划引领作用；中观分区断链减灾，识别致灾危险性的关键因子，找出断链最佳环节，采取不同的策略、路径及方式，实现内涝安全的相同目标；微观构建内涝治理微探索，形成防涝韧性单元，发挥基层治理能力。在主体上形成政府主导、公众参与、社会组织协同的治理形式，通过"角色—位置"这一中介变量实现多主体与全过程的联动，使横向多主体与纵向全过程相结合，最终呈现网络化结构，实现多元主体间的资源互补、风险共担、互助合作、协同应急[49]。

3.2.2 编制主要内容

3.2.2.1 明确规划目标

按照"立足空间韧性、统筹工程韧性、协同管理韧性、兼顾社会韧性"的指导思想，韧性内涝防治规划的目标是构建安全可靠、灵活转换、快速恢复、有机组织、适应未来的城市韧性内涝防治体系。具体目标如下。

提高城市抗灾能力：增强城市公共基础设施和其他各类基础设施的韧性，使城市能够有效抵抗不同级别的内涝灾害，并能迅速恢复正常运作。

确保民众生命安全：深化并落实"人的活动—国土空间—防涝体系"三元耦合关系，识别潜在的风险和威胁，为民众提供安全避灾指引。面对不同级别的内涝灾害，能高效指挥并合理部署应急通道、救灾物资等，避免或降低人员伤亡。

优化城市空间布局：合理规划城市空间布局和土地使用，减少城市暴露于内涝高风险的区域，不断优化城市布局以提高城市对内涝灾害的适应性和恢复力。

促进公众参与：鼓励社区居民参与内涝风险管理和应对措施的制定和实施，通过宣传、教育和培训来提高公众对内涝风险的认识和应对能力，从而增强社区的整体韧性。

3.2.2.2 城市本底要素详查

（1）现状详查

现状详查要覆盖城市系统的方方面面，包括城市概况、防洪排涝工程设施现状、城市人口分布及活动轨迹数据、各类基础设施情况、应急保障情况等。

1）城市概况

规划背景主要应研究城市与内涝防治系统相关的基本情况，从区位条件、地形地貌、水文气象、社会经济、相关规划等层面论述规划区域的现状条件，主要包括以下内容：

①区位条件

分析规划区域本身具有的条件、特点、属性等，主要涉及城市定位、在区域的位置、人口密度与分布、周边重要交通廊道等。

②地形地貌

分析提取反映地形地貌的特征要素，找出地形地貌的空间分布特征。分析主要以 DEM 数字高程数据为基础，提取反映地形的最高峰、坡度、坡向、盆域等因子。对于滨海城市，还应对海岸线、海域等进行描述。

③水文气象

对规划区域的整体气候、水文、地质、河道水系等作详细调查，包括历史气候、极端气候情况、历史内涝灾害情况、水文站点数据、气象站点数据、土壤分布、水系情况等。

④社会经济

主要内容是对规划区域的行政区划、人口和经济、城市建设等进行阐述。

⑤相关规划

对上层次城市规划、市政规划、道路规划、水系规划、绿地规划等相关规划中，涉及城市规划用地、排水系统、水系、绿地等与城市内涝防治设施内容相关的指标和要求进行分析和解读。

2）防洪排涝工程设施现状

①防洪设施

对城市现状防洪（潮）设施进行调查，包括城市现状防洪（潮）标准（江河洪水、潮水、山洪等），堤防、水库、蓄滞洪空间、防洪闸、排洪渠、泵站等重要防洪工程的空间位置、规模、主要功能参数、运行管理模式等。

②排水管渠设施

对城市现有排水体制及其分布情况进行调查，对现状排水管渠及泵站的位置、规模、拓扑关系以及雨污水混错接、排水管网健康等展开调查并建立排水防涝设施数据库。同时，还应调查梳理现状排水防涝设施管理维护情况，包括排水防涝工作组织架构、设施建设管理主管部门、建设与维护主体、防汛应急抢险工作机制及落实情况、设施排查养护制度及执行情况、养护费用和落实情况、设施调度情况等。

③易涝积水点

应结合历史内涝事件，收集城市易涝积水点的积水地点、积水范围、积水深度、退水时间、受灾情况、治理现状等信息，结合降雨过程分析积水原因与潜在风险，并根据积水点的主导因素进行分级分类。

3）城市人口分布及活动轨迹数据

①手机信令数据

无线通信网络覆盖区域的不断扩大，使得手机信令数据的时空信息具备时间连续性和空间广覆盖性等优点，同时手机信令数据样本量大、数据客观、全面、采样不会有明显的倾向性，且数据具有较强的时空持续性，可以动态地分析人群分布及观测到整个交通出行过程。可基于运营商数据，收集研究区域内用户驻留数据和用户出行数据。

②社区问卷调查数据

在研究范围内开展居民出行调查活动，通过问卷调查的方式获取居民的社会经济属性和交通出行信息（含时间、起始点、出行目的等）[50]。

4）各类基础设施情况

①城市交通设施

针对城市各等级道路、公共交通线路、交通枢纽、轨道站点的布局与结构、设计标准与负荷能力及其易受内涝影响的程度展开调查，调查内容包括交通枢纽、轨道站点及其周边的排水设施情况。

②公共服务设施

对医院、学校、政府办公楼等重要公共建筑的分布以及这些重要建筑的内涝防护措施与应急预案展开调查。

③其他市政设施

对供电、供水、污水、燃气等重要市政设施的调查，包括但不限于供电系统中变电站、配电网和电力线的布局以及供电设施的防涝措施和备灾能力；自来水厂的位置和供水能力、供水管网的现状与维护情况、供水系统在内涝灾害情况下的应急供水方案；污水处理厂的位置与排水能力，污水管网的布局、现状和设计负荷；燃气站、燃气管网的分布、设计标准及防涝保护措施；等等。

5）应急保障情况

对城市的应急保障情况展开调查，需要涵盖应急组织与管理、应急预案、预警与监测系统、应急资源与救援、信息传递与公众参与以及恢复与重建等内容，能够全面掌握城市的应急保障能力和存在的不足。

①应急组织与管理

应急管理机构的组织架构、职能和人员配备以及各部门在内涝应急中的职责分工与协作机制。

②应急预案

应急预案的具体内容、更新情况及演练频次与效果评估。

③预警与监测系统

内涝预警系统的技术手段与覆盖范围、预警信息的发布渠道与公众接收情况；雨量计、水位计、气象雷达等监测设备的分布与性能；监测数据的实时传输与处理系统、监测网络的维护与升级。

④应急资源与救援

应急避难场所、应急物资储备、救援设备及车辆、救援力量等配备情况。

⑤信息传递与公众参与

公众对预警信息的获取渠道和接收率、防灾减灾的公众教育活动和宣传效果以及公众在应急体系中扮演的角色与参与机制。

⑥恢复与重建

城市内涝灾害的灾后评估工作、长期恢复措施以及资金与其他支持方面。

（2）问题与成因初步分析

基于现状详查进行问题诊断与内涝成因初步分析，可运用由点到面、点面结合的方法，从宏观、中观、微观三个角度逐一分析防涝面临的问题。

结合问题深入地对城市进行多因子的系统性分析，对市政设施、交通设施、公共服务设施、居住及商业设施等进行多要素评估，评判城市内涝的成因，一般而言，造成城市内涝灾害的主要因素可归纳为自然因素、规划因素、工程因素及管理因素[51]。

- 自然因素：气候变化导致强降雨频繁、水循环系统遭到破坏、城市热岛效应越发明显、下垫面不透水面积增大、地形存在低洼等；
- 规划因素：规划缺乏统筹协调、实用性不强等；
- 工程因素：设施设计重现期标准低、防洪排涝系统存在短板等；
- 管理因素：管理水平较低、信息化水平不高、体系尚不完善等。

3.2.2.3 防涝韧性评估

（1）防涝体系评估

1）防洪排涝工程设施能力评估

基于城市防洪工程、排水防涝工程体系、道路和桥梁、蓝绿空间与用地布局等现状，采用定性与定量相结合的方式，评估各类设施在不同内涝情景下的抗灾能力与脆弱性，包括设施的设计标准、维护情况、更新换代程度等。

2）内涝风险评估

基于收集到的历史内涝灾害数据、气象数据、GIS 数据等相关信息数据，利用雨洪模型构建不同的内涝情景模型，进行多工况组合内涝灾害情景的应对评估，更有效地识别和管理风险，量化并评价每一种情景下城市的应对能力和恢复韧性。

3）生命线工程系统评估

保障城市基本运转的生命线系统在灾时一旦受损，就有可能危及城市功能的正常发挥和居民的正常生活。根据不同工况下的可能内涝淹没水位，对生命线系统失效的可能性进行评估；在失效评估的基础上，对供水、供电、污水处理、燃气供应、道路交通等系统中断后的影响区域展开进一步评估，以便识别内涝灾害下的具体影响范围及人口分布。

4）应急管理系统评估

评估城市的应急响应机制、灾害预警系统、救援队伍、防汛设备与抢险物资储备、信息化水平、通信网络的覆盖范围和稳定性等应急管理系统的健全程度、应对能力及支撑能力。

5）社会组织系统评估

分析城市的社会组织体系，包括志愿者组织、社区组织等，评估其在应急救援、灾后重建等方面的作用和影响。

分析城市的人口密度、经济发展水平等因素，评估社会经济系统对内涝事件的适应能力和恢复能力。

（2）多要素耦合的防涝韧性评估

1）主要评估内容

多要素耦合的防涝韧性评估是指将城市防涝体系与国土空间、城市人群等要素深度耦合后进行的防涝韧性评估，这样可以更系统、更有效地评估城市在风险中的防涝韧性。

评估多要素耦合的防涝韧性，主要涉及对人员以及城市公共空间在内涝风险区暴露程度的评估。绘制动态风险暴露图这一过程需考虑多个要素，包括但不限于人口活动轨迹、个人特征（如年龄、性别、身高、出行目的等）等人群属性以及空间功能类型、环境因素（如建筑物和道路的设计与布局）等空间属性。

通过内涝水力模型和 GIS 空间分析技术将不同工况组合下的内涝情景模拟风险区和人口活动轨迹及国土空间布局进行耦合，可对城市人群的风险区暴露性进行分析，并对失稳风险进行评估。通过模拟不同降雨强度及其出现的具体时间段，可以有效评估人群在洪水中的暴露程度。同时结合公共空间分类，叠加各项内涝承灾评价因子的数值，进行城市空间的内涝风险与内涝承灾韧性情况评价，评估不同功能类型、不同用地属性（含现状与规划）的城市空间的防涝韧性。

这种通过 GIS 技术和其他地理信息系统工具分析洪涝风险区域与高相关性的兴趣点（POI）数据、空间区域等数据叠加情况的方法，可以在空间和时间尺度上对受城市影响的人群进行映射，从而得出城市系统承灾能力于人群与空间而言的分布特征[52,53]。

为进一步考虑个人特征（如年龄、性别、身高）和积水深度对撤离速度的影响，可通过建立疏散模拟模型更准确地评估人群在洪涝灾害中的行为和反应，从而提高洪水风险评估的准确性[54]。从更加系统性的角度来看，人与环境系统之间的相互作用以及这些相互作用还会进一步影响系统的脆弱性，这意味着评估城市人群防涝韧性时，不仅要考虑物理暴露程度，还要考虑社会经济因素和环境变化对人群的影响。

基于此得到区域潜在的内涝风险区，并以此为根据从补强重点区域基础设施、设置有针对性的应急管理与救援方案等方面进行优化，提高城市系统的综合防涝韧性。

2）评估指标体系参考

多要素耦合的防涝韧性评估指标体系可参考表3-1进行指标初选。

指标权重的计算存在一定的主观性，后续应该重点考虑如何削减指标权重确定的主观性，使多要素耦合的韧性评估更加客观。

表3-1　指标体系参考

序号	一级指标	二级指标	说明	基础评价指标
1	防涝体系基础韧性	降雨	内涝形成的最主要原因是降雨，内涝灾害的严重程度与降雨量的大小、降雨持续时间、暴雨强度、降雨的分布情况等均有关系	年均降雨量、不同重现期最大1h降雨量
2		地形	地势是造成内涝并影响内涝严重程度的最主要因素	绝对高程、相对高程、地块坡度、道路坡度、低洼区面积
3		地貌	地貌与内涝的形成也有较大的关系，地貌一般与土地、河流等有关	径流系数、水面率
4		防洪排涝设施	防洪排涝设施是抵御内涝的最基础条件	防洪标准、内涝标准、设施达标率
5		内涝风险	通过水力模型能直观地、高精度地反映灾害风险的空间分布特征	风险区面积
6		生命线工程	生命线工程设施是维持城市正常运转的必要条件	重要设施高度达标情况、备用设施配备率
7		应急避灾设施	一座城市的避灾设施在灾害来临时尤为重要，避灾设施建设与维护得越好，灾害所造成的损失就越小	道路密度、应急救援队伍数、应急物资覆盖率、避难场所可容纳人数
8		监测预警设施	监测预警设施一定程度上可有效减缓灾情传递速度，灾情传递的速度决定了灾损的严重程度	市政管网管线智能化监测管理率、公共区域监控覆盖率、水文水位站点密度、气象灾害监测预报预警信息公众覆盖率

序号	一级指标	二级指标	说明	基础评价指标
9	城市空间安全韧性	重要城市空间风险暴露程度	城市人口密度较高、功能性较强的公共空间的受灾风险对灾害的预防与应对尤为重要	不同地块属性风险暴露程度、安全薄弱区域应急物资强化率、高风险未建成区规划开发强度
10		医疗条件	医疗条件是影响灾后恢复的最直接因素。医疗条件越好，灾后得到救治的人越多，城市恢复得越快	医疗保险覆盖率、人均医疗财政投入、万人拥有的病床数、万人拥有的卫生技术人员数、心理援助设施数
11	城市人员安全韧性	人群风险暴露程度	评估人群在洪水中的暴露程度可以有效提高救灾效率	上班高峰时段人群热力图高密度区与风险区划图高风险区重叠程度
12		潜在受灾对象	受灾对象主要分为居民和社区，因此人口的构成和社区的抗灾能力是影响城市恢复的关键因素	高风险区人口密度、年龄分布特征（关注60岁以上人口占比）、文化程度分布特征、旅游人次、最低生活保障人口占比
13		居民灾害应对	灾害应对指的是城市居民及社区在灾害来临前、来临时、来临后所作出的反应，拥有良好的灾害应对能力是减少灾损的有效途径	居民减灾意识、居民减灾知识、居民减灾行为、社区减灾意识

注：表格内容为作者自行整理。

3.2.2.4　韧性内涝防治规划措施

（1）总体布局

提升以"人—空间—防涝安全"三元关系协同深化为关键的防涝韧性，着眼于城市内涝灾害的形成原理和演化机制，着力破解链式反应和放大效应，基于城市要素在内涝中的动态风险暴露图，合理调配资源，在城市空间布局进行分布式、组团化韧性能力建设引导，通过基础设施安排、应急管理规划、空间布局优化等措施，加强全局谋划和整体统筹，夯实韧性基础、完善薄弱环节、强化空间治理、保障重点地区，不断提升城市多元功能在韧性方面的耦合度，提高城市各系统之间的连通性，强化城市多维度应灾韧性。

1）差异化防涝策略

通过分析动态内涝风险暴露图，识别出高风险区域、中风险区域和低风险区域。明确不同区域的风险等级，制定分区差异化防控策略，高风险区域是优先关注的重点。

2）基础设施提升规划

优化防洪排涝系统，完善城市流域防洪设施与内涝防治基础设施，应在风险区域优先升级排水系统、建设防洪堤坝和完善应急避灾设施；完善城市疏散救援通道网络系统，发挥多情景下的交通保障功能；针对生命线工程的薄弱环节和重要节点采取提升措施，并强化安全保障内容，确保水、电、气等资源在灾害发生时的供应安全。

3）应急管理规划

健全全过程应急管理体系。建立实时监测和预警系统，及时向公众发布内涝预警信息，提高应急响应速度；结合风险暴露图，使应急管理策略更好地与易受洪水影响区域的具体实际需求相匹配，评估不同避难所位置和紧急疏散通道在不同人类行为情景下的疏散结果，从而为制订有效的洪水应急响应计划提供支持；强化社会共治，加强公众防洪防灾知识教育，提升社区的自救互救能力，形成全社会共同应对内涝灾害的氛围。

4）空间布局优化

结合风险暴露程度、灾害损失结果等优化城市土地利用规划，优先开发内涝低风险区用地，限制内涝高风险区的用地开发或提出具体补偿措施；利用综合风险评估法与多变量分析方法识别出最脆弱的区域和人口分布，并据此开展规划引导与调整，采用多层次防御的方法，从源头控制、过程调节、末端防护进行全面考虑；进行分布式、组团化韧性能力建设引导，提高国土空间分区域独立运转能力。

（2）基础设施规划

1）流域防洪规划

一般而言，流域水体是城市涝水的外排去向，因此流域防洪规划是内涝防治规划中的重要组成部分，流域防洪限排、过境江河水位、蓄滞洪区、水库调度方式、山洪通道等是排水防涝的重要限制与影响因素，应充分考虑上下游相关内容对排水防涝的影响，做好区域流域协调，在流域层面确定外洪顶托、山洪入城等风险，明确重要的蓄滞洪区域等空间。

流域层面具体治理措施应重点关注以下方面：

保护并修复区域流域中汇水面积较大、对城市防洪排涝影响较大的山体林地，识别其保护范围和山体汇水路径，并反馈至相关规划中予以管控，防止城市开发建设破坏山体、侵占山洪汇水通道；

保护并修复流域城镇及周边江河、湖泊、湿地、自然洼地等天然雨洪通道和蓄滞洪空间，综合考虑流域上下游防洪流量限排要求，通过合理的竖向设计，统筹发挥汛期雨洪调蓄功能，构建蓝绿统筹的滨水韧性空间，避免内涝风险转移至下游城镇；

大江大河沿线、紧邻山体以及沿海城市，应统筹区域防洪防潮和内涝治理之间的需求，对外洪导致的城市内涝，制订以防洪提升工程为主的综合治理方案，结合防洪标准提出堤防、护岸、蓄滞洪空间、排涝泵站、截洪沟等建设要求。

2）内涝防治规划

城市内涝防治规划具体内容包括内河水系治理、排水出路与分区优化、雨水调蓄削峰与源头减排、补强排水管渠系统、竖向优化、易涝积水点整治。

①内河水系治理

针对内河湖水系要提出综合治理措施，应根据城市蓝线划定结果，明确承担城市排水防涝功能的河湖空间管控范围，宜将建成区及近期拟开发建设区域内现状坑塘、低洼地、自然汇水通道等纳入管控范围。同时应根据城市雨水行泄需求，结合城市更新，制订历史原因封盖或填埋的天然排水沟渠河道恢复方案。河道断面应优先采用自然生态形式，常水位应以自然河道水位为基础，不宜采用筑坝蓄水等形式建设大水面。自然流量较小的河道，宜采用复式断面形式。

②排水出路与分区优化

城市内涝防治系统构建应首先明确排水出路，确定雨水的最终去处。一般来说，过境河流或流域性湖泊是雨水的最终出路，具体到每个排水分区，其排水出路受到多种因素影响。实际上，很多城市缺少排水出路导致内涝频发，例如，下游受纳水体有输水等特殊功能无法排入雨水、下泄流量受到流域防洪限制或行洪能力不足不能顺畅排水、排水分区外水系常水位高于分区内制约顺畅排出等。因此要针对每个排水分区优化其排水出路。

应在现状排水出路能力评估的基础上，结合自然地形、河湖水系等水体功能类别、区域洪峰流量要求等因素，合理确定建成区各排水分区的排放出路。

排水分区划分应遵循以下原则：

应以流域为基础，结合地形地貌、排水出路、排水管渠分布、用地布局等综合考虑。

应遵循高水高排、低水低排的原则。

对于已建区域，雨水排水分区划定应充分尊重现有地形坡度和排水管网系统；对于新建地区，应优先考虑竖向高程的影响。

排水分区划分应按照以下方法开展：根据自然地形地貌和水系分布，初步划定受纳水体的汇水范围，在初步划分结果基础上，根据排水管渠系统分布，结合城市道路路网和竖向进一步细化，同时应结合分区内排水主干管道能力、内涝风险、竖向特征以及周边分区情况等要素适度调整和优化，通过新增雨水主干管道优化排水分区面积，进一步提升排水分区及其邻近分区整体的内涝防治水平。

③雨水调蓄削峰与源头减排

A. 雨水调蓄与行泄通道

雨水调蓄空间设置应遵循海绵城市理念，充分利用自然蓄排水设施，发挥水库、洼地、湖泊调蓄雨水的功能，合理确定径流组织形式与排水路径。根据内涝风险评估结果，当经济损失较大时，需要考虑为超出源头减排设施和排水管渠设施控制能力的雨水设置临时行泄通道，必要时可选取部分道路作为排涝除险的行泄通道。应优先利用内河、排水渠道等地表空间作为行泄通道，部分次要道路经过设计后，也可作为地表行泄通道。

城市内涝高风险的区域宜结合其地理位置、地形特点等设置雨水行泄通道，现有行泄通道能力不足的区域，应开展行泄通道改造提升或新增通道。

对于地上建筑密集、地下浅层空间无利用条件的区域，经经济技术论证后，可采用隧道调蓄。隧道调蓄工程是指埋设地下空间的大型排水隧道，已广泛应用于巴黎、伦敦、芝加哥、东京、新加坡、香港等大城市。在降雨量大、暴雨频繁的中心城区，在现有浅层排水系统改造困难的情况下，建设隧道调蓄工程是一种有效手段。隧道调蓄工程的建设应避免与传统的地下管道和地下交通设施发生冲突。考虑到隧道调蓄工程的影响因素较多，其调蓄容量的确定应采用水力学模型计算。若还需兼顾径流污染控制的功能，其调蓄容量可适当增大。

B. 源头减排

源头减排措施应形成连片效应，控制目标的确定应结合内涝成因综合考虑，对于超出下游调蓄能力等造成的内涝，应以径流总量控制目标为主；对于下游管网、河道、泵站等过流能力不足造成的内涝，还应考虑径流峰值控制要求。

应结合老城区更新改造、新城区开发建设，明确源头减排项目分布、建设目标要求和建设任务，因地制宜建设海绵型建筑和小区、海绵型道路、海绵型公园广场等。

源头减排建设项目宜结合排水分区连片布置，综合考虑径流污染控制要求，合理确定径流总量或径流峰值控制目标要求，且不得降低市政管网设计重现期。

④补强排水管渠系统

应在现状雨水管渠能力评估的基础上，在排水分区内制订老城区和新城区排水管渠系统建设改造方案。应明确建成区排水系统提标改造的思路与途径，结合老城区改造、道路改造及积水点改造等，有序推进相关工作。新建区结合区域开发建设，按国家及地方最新设计标准进行排水管渠建设，明确建设计划。

现状问题分析中往往存在一些建成区初始设计满足旧的设计标准但不满足新的设计标准的情况，以致设施能力不足产生了内涝问题，而建成区重铺管网以满足新标准又不够实际，内涝问题变成了难解之忧。再如一些下穿隧道的泵站在设计时规模计算满足标准，遇到极端降雨泵站设备损坏的情况导致内涝发生。

因此，在规划编制中应当体现冗余设计。如在管网设计之初，便可考虑适当提高标准，体现冗余设计；在进行设计计算时，可以适当增大汇水面积的预测，预留一定余量，保障城市远期发展需求。在泵站等设施规模确定时，应考虑到应急调度、远期提标改造等问题，适当放大规模，在设施选址过程中也应考虑到为远期扩建预留一定空间。就城市洪涝灾害而言，多样化的排水方式与具有冗余度的调蓄容量能增强城市承洪能力，多样化的经济或谋生方式可促进灾后的经济恢复与重建[55]。

对于现状雨污合流制排水区域，制订实施方案时，应兼顾受纳水体水环境要求和污水处理提质增效工作需求，优先采取源头径流控制、雨污分流改造、混错接改造等措施达到内涝防治目标，暂不具备条件的，制订完善的合流制溢流污染控制方案和应急处置方案。

对于排水能力不足且暂不具备改造条件的管段，宜结合道路改造计划，通过新增或扩大周边管道排水能力的方式，优化排水分区或子分区服务范围，相应缩小该管段服务面积，间接提升整体排水能力。

对外水顶托、地势低洼等区域，应在泵站能力评估基础上，新增或改造雨水泵站，泵站宜设置双回路电源或备用电源。

雨水管渠出水口的设置应综合考虑受纳水体水位顶托，宜布设在相应标准水面以上，必要时可采取防倒灌措施或设置排水泵站。

⑤竖向优化

竖向是影响排水防涝的重要因素，也是城市建设的先决条件。在优化竖向时，既要充分考虑城市防洪排涝的需求，也要满足道路、场地、绿化、市政等相关标准规范的要求，同时还要兼顾经济成本；优化竖向具体措施应满足相关规范要求。

竖向优化方案应包含整体竖向分析、新建区用地竖向规划调整、建成区节点竖向优化等内容，并遵循与建设用地布局相适应、满足排水防涝需求、规划用地竖向与现状良好衔接、统筹好场地竖向与道路竖向的关系、尽量降低土方工程量、满足景观及其他工程管线敷设要求等规定。

A. 整体竖向分析

整体竖向分析是竖向优化的基础。通过整体竖向分析确定竖向低洼区域、主要地表雨水径流汇集通道和排水与雨水受纳水体的设防标准对应的洪（潮、涝）水位之间的竖向关系，为确定低洼区域竖向调整方案以及主要排水通道提供依据。

整体竖向分析应识别竖向低洼区域和地表雨水径流汇集通道，分析城市排水与雨水受纳水体的设防标准对应的洪（潮、涝）水位之间的竖向关系。

B. 新建区用地竖向规划调整

新建区应结合排水防涝系统优化竖向规划设计，按照排涝安全优先的原则，调整优化竖向标高。竖向优化调整应统筹考虑源头、过程、末端排水系统的竖向衔接，确保系统排水通畅；结合海绵城市理念，通过竖向优化，因地制宜利用自然空间调蓄排泄雨水，并考虑雨水的收集和利用。应结合既有竖向规划，统筹地块、道路、雨水管网、泵站、河道水系标高衔接，优先使雨水重力自排流入调蓄空间、自然水体或收集利用。

易积水低洼地区，原则上不宜布局行政中心、密集居住区、商业中心等重要功能区，可以结合城市规划，布局公园、绿地、广场等具备雨洪调蓄功能的用地。

C. 建成区节点竖向优化

建成区竖向优化应充分考虑周边建设情况，对密集地区不应大幅度调整用地竖向，结合内涝整治如确需调整局部节点标高，要统筹考虑城市建设发展、地质条件、现状竖向衔接、道路交通、建筑安全、居民诉求等多方面因素；建成区竖向调整一般多用于局部节点雨水径流组织优化，如通过竖向调整将雨水引入公园绿地、自然水体等，另外结合排水分区的调整优化，也可以在局部节点提高或降低竖向，调整雨水径流组织排放方向。

建成区应结合易涝积水点治理，因地制宜制订建成区局部节点竖向标高优化方案，不宜对建成区现状竖向进行大幅度调整。针对建成区内雨水强排区域以及地下设施出入口等区域提出防止客水进入的措施方案。

⑥易涝积水点整治

应根据易涝积水点成因，因地制宜采取近远期整治措施（见表3-2）。对于可通过系统优化整体解决的易涝积水点，可合并阐述治理方案。对于可通过局部治理工程解决的易涝积水点，应逐点制订整治方案，明确与其相关的管网改造、调蓄设施建设、源头海绵城市建设等具体内容。

表3-2 不同成因积水点整治措施

积水点成因	整治措施
地势低洼的城中村、老旧社区等的积水点	综合考虑竖向条件优化、汇流范围优化缩减、强排泵站、调蓄设施以及应急挡水设施等相结合的工程和非工程措施
下穿立交道路等积水点	优化缩小桥区汇水范围，在进出通道前设置驼峰等；采取调蓄设施和强排泵站相结合的方式；设置专用管道排向下游水体，并设置防倒灌设施；提出警示标志、水位预警传感器、视频采集设施、排水挡板、阻车器等应急管理设施设置要求
山洪入城导致的易涝积水点	重点保护和恢复山洪排泄通道，保障外水顺利排出
河道顶托排水管道，造成局部内涝的易涝积水点	重点关注排水管渠与河道水位的调度关系，无法通过降低河道运行水位解决的，可通过设置强排泵站或调蓄设施等方式解决
局部管网"瓶颈"造成局部排水能力较弱的地区	优先开展排水管道提标改造；借助于路边空地、附近公园绿地等空间设置调蓄设施进行蓄滞削峰
因末端截流或设置闸门导致雨水排放出路不畅或受阻的易涝积水点	核算截流设施对雨水排放的影响程度，并制订加大节流能力、开展上游雨污混错接改造或雨污分流改造等方案，打通排水出路
局部因收水设施不足产生的易涝积水点	重点增加雨水箅子、线性排水沟、植草沟等地表排放通道，其中雨水箅子应优先采取平立结合的方式，提高排水能力

注：表格内容为作者自行整理。

3）交通保障规划

完善城市疏散救援通道网络系统的保障措施，以高等级道路为主体，重要地面道路为储备，遵循供需匹配、适量冗余、安全可靠的原则，布置一、二、三级应急疏散救援通道，确保发生内涝灾害时重要通道的畅通，着力提升干线道路的工程韧性。

结合城市更新，合理控制城市建设强度和人口密度，打通"断头路"，提升路网连通性和微循环能力，推动"留白增绿"开展生态修复，补齐设施短板，消除风险隐患与薄弱地区。

4）生命线工程设施

根据风险评估，相应地提升风险区各类生命线工程设施的安全性，进一步增强设施裕度，提升系统可靠性。针对重要节点和关键设施，可通过工程改造措施，重点强化供水、供电、供气等设施的内涝安全。

（3）应急管理规划

应急管理规划需从健全全过程管理体系、完善智能化监测预警设施、应急救援力量建设、强化社区共治、提升公众安全意识等多个方面进行布局，以确保在面对内涝灾害时能够有效应对和减轻损失。

尤其是应针对超出城市内涝防治标准的极端降雨条件制定城市安全运行的应急措施，应以生命线工程以及重要市政基础设施功能不丧失、避免或减少人员伤亡为出发点，制定应急管理措施，完备应急物资储备、应急预案及响应等要求。

1）全过程管理体系

构建灾前预防、灾前准备、灾时应对、灾后恢复、灾后提升的全过程应急管理体系，将横向的多主体参与和纵向的全过程管理相结合，使整个应急管理呈现出网格化结构的特点，在网格系统内实现多元主体间的资源互补、风险共担、互助合作、协同应急。

①灾前预防、准备

常态下，对城市运行进行安全规划和重点管理。城市规划中要注重提升基础设施、生态环境及相关服务设施的自身可靠性、相互关联性和灾害适应性，突出冗余性、连通性和模块化特征设计，在空间和时间上分担风险。运行管理中要注重常态化基础设施和服务设施的日常维护、安全隐患排除和老化设施更新，全面提高各类设施的稳健性和适应性。

灾前，完善突发安全风险事件监测预报预警体系，重点监测重要设施和主要危险点，结合城市安全风险的实际情况，突出堤防、防洪闸、排水沟渠、排涝泵站等防汛设施，排查防洪、地下管线、综合管廊、交通等设施；发挥大数据、人工智能、先进仪器设备和全社会参与的作用，提前准确预警，提高城市抗风险和抗干扰能力。

②灾时应对

在危机反应阶段，内涝灾害已经全面暴发，其产生的影响会不断扩散甚至衍生出其他危机。必须建立"政府主导、社会参与、上下联动、协同合作"的应急响应体系，城市内涝灾害应急涉及气象、水利、市政、交通、电力等多个政府部门。灾害暴发后，应急指挥中心应在第一时间根据多元主体间的协同机制授予各主体相应的职责和权力，统筹指挥各部门协同应急，将社会力量纳入救灾体系，进行统筹调度。在应急指挥中心统一指挥下，将专业人员和社会志愿者队伍进行配对，组建通信、消防、医疗、治安、抢险、交通等专门小组，迅速抢修被破坏的公共设施，保障信息、物资通畅，保障受灾群众食品、饮用水供给等，开展灾民照顾、灾情沟通、疏散和避难等服务，维持灾区正常的生活秩序。

③灾后恢复

城市内涝灾害的暴发除了有受淹、浸泡的人员伤亡与财产损失等直接影响，还有可能引起停水停电、房屋倒塌、道路塌陷等一系列次生灾害，为此灾后必须尽快恢复并重建受灾的设施，否则很可能会引发次生突发事件，导致社会矛盾进一步激化。

④灾后提升

在灾后提升阶段，城市内涝灾害及一系列衍生灾害得到完全释放，要开展灾后的恢复重建、评估与反馈、总结完善应急预案、灾后社会意识整合等工作。在这一阶段要更着重开展对外部冲击影响、内部防涝系统脆弱性的研究，立足平灾结合、近远期结合，有机嵌入城市更新、城市建设中，通过多部门协作促进城市防涝韧性提升。

2）监测预警平台

在灾害的监测和评估方面，应建立多流域协同的综合数据分析模型和内涝情景模拟平台，绘制基于多灾种、多重现期等因素的内涝灾害地图。在灾害预警方面，可利用应急广播、电视、互联网等媒介资源，建立重大灾害预警信息平台，以降低市民的受灾影响程度。要保障城市公共区域监控、气象灾害监测预报预警信息等覆盖率。

3）应急保障设施

基于风险暴露程度图与应急疏散交通出行情况生成预测模型预测受灾人群的疏散路径和需求量。结合实际情况，提前配备和预置避险转移交通工具，确保在灾害发生时能够迅速疏散受灾人群。

通过多目标规划模型优化应急车辆的救援路径，考虑通行可靠性、安全性、道路条件限制等因素，以最小化出行时间、最大化行程时间可靠度为目标。确保救援车辆在复杂环境中高效、安全地到达受灾区域。

应结合公园、广场、绿地、学校、体育场馆等资源，统筹推进应急避难场所（室内、室外）分级分类建设，以综合性应急避难场所建设为基础，推动长期应急避难场所建设。

完善应急救灾物资储备库。确保充足的物资和人力资源储备，包括救援队伍、应急物资、通信设备等，并建立快速调配机制，确保资源能够及时到达受灾地区。

4）强化社会共治

加强政府部门之间、政府与社会组织之间的协作。整合各类可利用空间资源，统合韧性措施与设施空间，将社区作为居民应对风险的基本防控单元，作为保障人民群众安全、组织应急疏散救援的基本空间载体；通过加强资源统筹配置、应急组织动员，形成能够自适应、自组织、自协调的基层防线，构建涵盖社区居民互助和应急资源储备等功能的社区韧性网络，强化社区组织韧性，形成韧性治理共同体。

5）提升公众安全意识

激发全民参与城市安全建设、城市防灾减灾救灾的主动性和积极性，组织多种形式的应急演练和灾害场景体验，提升居民的避灾减灾意识，帮助居民掌握防灾知识、识别预警信息、熟悉疏散路线，在面临突发危机时及时作出正确应对。

（4）空间布局优化

利用雨洪模型和 GIS 技术叠加内涝风险、城市空间布局及人群位移，开展城市内涝韧性评估，基于评估结果，优化城市空间布局规划。

1）土地利用规划

从城市内部空间入手，根据内涝风险评估结果与空间风险暴露程度，对高风险区域的未建成土地利用进行重新规划，优化城市功能分区布局，限制在这些脆弱区域内的高密度建设，增加绿地、湿地等自然缓冲区，保护和恢复城市脆弱区域周边的自然生态系统，如河流、湿地、森林等，通过生态系统服务增强城市的防涝韧性。同时重视地下调蓄空间的合理利用，遵循"先绿后灰、先兼用后专用、先浅层后深层"的原则，合理规划城市空间，提升城市的内涝灾害适应能力。

2）分布式韧性空间

结合城市特点，坚持以人民为中心，通过合理调配资源，在城市空间布局规划中进行分布式、组团化韧性能力建设引导，提高分区域独立运转的基本条件，强化城市多维度恢复能力。

3.2.2.5 规划实施与保障

（1）可操作性

韧性防涝规划编制除了要有科学性，还要注重可操作性，规划的结论及建议能有效指导具体工程的实施。为保证规划有效指导具体工程的实施，需提出组织、政策、资金及能力等方面的保障措施并落实。

（2）建立反馈机制

规划实施是动态的过程，实施过程中的问题需要及时反馈至规划管理部门。为确保专项规划指导工程实施，规划管理部门应建立一套完善的反馈机制，实现"规划编制—指导实施—进行评估—完善规划"全过程管理。

3.3 编制成果

韧性防涝规划的编制成果应包含文本、图集和说明书三部分。

文本应表达规划的主要结论，明确规划策略中需要控制与实施的内容，文字表述应当简洁。图集应包含现状评估图与具体规划内容布局图。说明书应参照相关标准与规范的内容要求完成，同时可在此基础上进行调整与补充，内容需较为翔实。

成果形式应包括纸质文件和相应的电子数据文件。电子数据文件应符合相关主管部门的有关规划成果的报批与存档要求。

可根据实际要求结合城市条件，形成软件平台并将其作为可应用的智慧成果。

4

实践篇一：平原城市内涝防治规划

平原地区地势平坦、起伏较小，城市排水系统往往缺乏自然坡度来加速排放，易受地势低洼影响而产生内涝积水。此外，降雨期间河道水位上升，使排水管网的排水能力受到水位顶托的影响，又会进一步降低。

本章选取了东部某省平原城市的内涝防治规划作为案例项目开展分析，以期为类似地区的内涝防治规划提供参考。

4.1 城市本底要素详查

4.1.1 现状详查

4.1.1.1 城市概况

（1）区位条件

项目范围东西宽 15km，南北长 22km，土地总面积为 120.8km^2。

（2）地形地貌

1）整体地形

项目范围地势低平，水网密布，河流交错，土壤肥沃。地形以平原为主，低山丘陵主要分布在南部和北部，海拔最高 361.1m。沿江地区为平原和海塘，总体上形成一个由丘陵、平原及残余地貌块状分布的地貌综合体。

从地貌看，该项目处于浙东低山丘陵区北部，浙北平原区南部。地势南、北两端高，中部和东部低。以运河为界，项目范围分为运南片区与上塘河片区，其中运南片地面高程为 6.0~9.0m，上塘河片地面高程为 4.5~7.0m。

2）城市竖向分析

运河以南区域内西南侧现状有玉皇山、白塔山、金家山、将台山、乌龟山等低山丘陵，最高高程为203m。其他区域均为低丘和平原，高程集中在5~8m，地势从西部向东部和缓倾斜。

运河以北区域地形南北高、中部低，北部边界为半山，地势最高。区内边界有黄鹤山、元宝山、皋亭山等山峰，最高高程为361.4m。高程集中在5~11m。

项目范围整体自然坡度较小，自然坡度3%以下的占82%，适宜建设。坡度较大区域集中在西湖周边、钱塘江岸以及规划范围北侧临近半山区域内，其他地区坡向均匀。

（3）水文气象

1）气候特征

该项目地处中北亚热带过渡区，温暖湿润，四季分明，光照充足，雨量充沛。一年中，随着冬、夏季风逆向转换，天气系统、控制气团和天气状况发生明显的季节变化，形成春多雨、夏湿热、秋气爽、冬干冷的气候特征。全年平均气温16.4℃，一年中，月平均气温以1月最低为5.1℃，7月最高为27.8℃。南星、望江、四季青和彭埠等受钱塘江水体及江风的影响，具有明显的微气候特点，夏季最高气温低于市区1~2℃，冬季因水体调节作用，最低气温较市区高1~2℃。平均相对湿度68%，年平均降雨1452.5mm，年平均日照1899.9h，年蒸发量1235.3mm，年无霜期248d，常年主导风向为东南风。

2）水系

项目范围地势平坦，区内河网以运河为界，分属运河水系、上塘河水系，外与钱塘江、上塘河干流相通。

①运河水系片

运河干流与两侧众多的支流形成纵横交错的河网，属太湖流域杭嘉湖平原上游的平原水网。地势上由西南、东南向东北倾斜。其中老城区地面高程在6.2~10.0m，北部地区在2.2~4.5m。每条支流承担着行洪排涝、城市排水、航运、通行环境用水和城市景观等功能。其中古新河有西湖泄洪通道的重要功能；贴沙河有清泰水厂原水输水管事故时备用水库功能。

②上塘河水系片

上塘河源自施家桥，全长48km，流域面积245km²。

上塘河始凿于隋大业六年（公元610年），当时为江南运河的南终点河道。河道经过半山、皋亭山南麓，因基岩距地表浅而难以挖深，故筑坝以衔接，又筑塘堤以护水流。元朝末年，张士诚另辟武林港—北新桥—江涨桥一线为运河进杭州之新航道。自此，上塘河便成江南运河的支流。

（4）人口规模

据 2021 年全区 5‰人口变动抽样调查推算，2021 年末全区常住人口133.50 万人。公安部门登记户籍人口 86.61 万人，比上年末增加 2.66 万人，其中男性 42.50 万人，女性 44.11 万人。按户籍人口分的男女性别比为 96.4：100（男/女）。全年出生人口 6770 人，按户籍人口计算的出生率为 7.94‰，死亡率为 6.24‰，人口自然增长率为 1.70‰。

4.1.1.2 流域排水系统

（1）河道情况

研究区域内共计河道 63 条，其中省级河道共 1 条——钱塘江，市级河道11 条，区级及以下河道 51 条，河道总长 160.42km（包含钱塘江）。其中长度在 1km 以上河道共计 45 条，总长约 147.2km。

目前该区已制定城市河道清淤轮疏机制，对河道实施动态清淤，每 3~5年整体清淤一次。区域所辖城市河道共 62 条，2008 年至今，共清淤 49 条河道114km，清淤量为 105 万 m^3，约有 6 条河道（长度约 6km）未实施清淤。淤积动态监测显示，平均淤积厚度在 0.7m 以上的河道有 15 条。

（2）排涝闸站工程

区域内现有主要防洪排涝闸站设施 36 处，内河泵站排涝流量共计 11m^3/s，外排入江流量共计 291.1m^3/s。

（3）排涝格局情况

区域内部水系以运河为界，运河以西属于运河水系，其排涝主要有两个方向：一是通过新塘河排涝泵站和中河双向泵站往钱塘江排水，二是通过与运河相交叉的闸门往运河排水。运河以东属于上塘河水系，上塘河片区现状排涝主要有两个方向：一是当上塘河水位超过 3.6m 时，城区片上塘河与运河各节制闸（主要为姚家坝、德胜坝、施家桥闸等）开启泄洪，向运河排水，当水位下降至 3.4m 时，关闸；二是顺着地势往东北方向排洪，洪水汇入上塘河后经七堡排涝泵站、海宁的淡家埠闸和盐官上河闸排入钱塘江。

根据河网格局及地形，可将现状防洪排涝格局分为运南片、彭埠片、笕桥片、丁桥片和九堡片五个片区。

1）运南片

运南片涝水外排主要有 2 个通道：一是通过中河、新塘河和新开河外排钱塘江，主要排涝设施有中河双向泵站、新塘河排涝泵站、48 甲闸站、双新总闸与三堡排涝站；二是通过中东河向北入运河。

2）彭埠片

彭埠片大部分涝水通过云普港（彭埠备塘河）、引水河及新城港（二号港），经横河闸进入运河；少部分涝水通过五堡临时闸站排入钱塘江，还有一部分进入九沙河经和睦港七堡闸站排入钱塘江。另外，在紧急情况下，可打开三堡排灌站内闸向运河排水。主要排涝设施是横河闸、五堡临时闸站、七堡闸站和三堡排灌站内闸。

3）笕桥片

主要有 2 个行洪排涝通道：一是麦庙港与运河相连，汛期通过顾家桥闸直排运河；二是其余河道经备塘河流入上塘河。其中五号港、白石港流入备塘河，黎明港（六号港）、机场港经笕桥港至笕桥北港流入备塘河，茶花港经机场北港流入备塘河。

4）丁桥片

泥桥港与备塘河相连，直排备塘河，后排入上塘河。勤丰港、东风港与上塘河相连，汛期直排上塘河。

5）九堡片

九沙河、牛田港（八号港）、九堡港（横八港）、杨公港（横一港）与和睦港相连，汛期通过闸门直排和睦港，后通过七堡排涝泵站排入钱塘江。主要排涝设施是七堡排涝泵站。

（4）城市防洪工程

研究区域南临钱塘江，主要涉及以下海塘：之江防洪堤、杭州城市防洪堤、三堡船闸口门段、交通围堤、六堡围堤和北沙支堤临江段六段，总长为 21.34km。

4.1.1.3 城市下垫面现状

（1）水域变化

根据 2020 年水域调查成果，区域内水域包括 63 条河道、1 座湖泊和 85 个其他水域，水域面积共计 3.804km^2，超过上轮规划水域面积 3.479km^2。现状水域已达到上轮规划要求（以上统计结果均不含钱塘江）。

（2）低洼区域

典型平原城市低洼区域极易发生内涝，主要整理了三类低洼区域：一是局部低洼地，二是城市下穿通道区域，三是河道水位以下低洼地。

1）局部低洼地

局部低洼地是相对低洼地的一种，指某一区域比其四周竖向均要低的区域。在高精度 DEM 的基础上，首先，通过 ArcGIS 软件提取洼地并进行洼地深度计算，得到城市低洼地段。其次，根据低洼地高差情况，选取最高点与最低点高差大于 15cm 的低洼地段，将筛选出的低洼地段与已有资料提供的城市低洼地段和道路易积水区进行分析比较。两者不一致的区域，则进行外业实地核实，最终确定低洼地段、道路易积水区。全区共存在 14 处绝对低洼地，基本分布在运河以北，其中有 11 处分布在九堡街道。

对上述低洼地逐一进行了现场调研，大多数低洼地周边均有雨水收集排出设施，具体详见表 4-1。

表 4-1　绝对低洼地分布统计

编号	洼地名称	雨水收集设施情况	所属街道	积水面积（m²）
1	庆春东路建电新村消防车道出口洼地	有一处雨水口，竖向偏高	采荷街道	5375.441
2	绿城杨柳郡园四区 5 幢非机动车通道	不足	彭埠街道	1767.385
3	牛田大院东面	有两处雨水口	九堡街道	9516.189
4	乔克叔叔童装	有一处雨水口	九堡街道	1882.262
5	汇隆风林公寓	有一处雨水口	九堡街道	20633.39
6	宋都阳光小区	有一处雨水口	九堡街道	25087.87
7	绿城丽江公寓	有两处雨水口	九堡街道	62801.28
8	东湖高架路入口（机场公路方向）	有两处雨水口	九堡街道	3873.046
9	红普路与科城街东面	有两处雨水口	九堡街道	4909.443
10	浙江华贸鞋业服饰城	有一处雨水口	九堡街道	1533.699
11	四季青服装大市场	不足	九堡街道	1273.942
12	东城第二实验学校西门	不足	九堡街道	2654.278
13	龙居低洼地	有一处雨水口	丁兰街道	3944.201
14	远展（展宇）物流	不足	九堡街道	1070.54

2）城市下穿通道区域

2022 年完成的城市内涝风险普查结果显示，全区共存在 66 处下穿通道。

通过外业调查与实地走访，在所有下穿通道当中有 51 处已设置排涝泵站，34 处设置调蓄池及检测设施，44 处采用摄像头或超声波液位计等技术设备进行监测。现状城市下穿通道情况如表 4-2 所示。

表 4-2 现状城市下穿通道一览表

序号	下穿通道名称	下穿深度（cm）	汇水面积（m²）
1	横河人行地道	600	0
2	河坊街地道	1145	90
3	邮电路过街地道	690	44
4	解放路地道	950	82
5	九沙大道人行地道	964	0
6	清泰街人行地道	800	30
7	运河之江隧道	1200	3000
8	之江东路 1 号隧道	1200	1200
9	天城路隧道	1200	1600
10	新塘路隧道	1200	1500
11	东站环站南路下穿铁路通道	900	3747
12	东站环站北路下穿铁路通道	900	1000
13	新城隧道	800	1400
14	新天地街隧道 1	820	5610
15	新天地街隧道 2	820	5610
16	钱江路隧道	1000	1300
17	海月路人行地道	500	30
18	九华路人行地道	600	0
19	科环人行地道	600	0
20	胜稼路人行地道	600	0
21	久盛路人行地道	600	0
22	九沙大道 3# 人行过街地道	934	0
23	六堡隧道	1000	1000

序号	下穿通道名称	下穿深度（cm）	汇水面积（m²）
24	定安地道	1000	150
25	解放路人行地道	600	25
26	丰乐地道	600	50
27	仁和路地道	630	36.5
28	南复路通道	646	5491
29	富春路隧道	510	4252.5
30	之江路1号隧道	265	17210.5
31	之江路2号隧道	266	11736.51
32	之江路3号隧道	303	16783
33	望江隧道	4000	118335.6
34	博奥隧道	3500	104531.9
35	德胜路延伸下穿通道	600	17416.8
36	昙花庵路下穿通道	160	4291.4
37	天鹤路下穿通道	350	3040
38	机场路下穿通道	80	7104
39	笕丁路下穿通道	260	12040
40	新风路下穿通道	150	6300
41	江城路下穿通道	160	7714
42	凤起路下穿通道	320	3210
43	彭埠下穿通道	150	1820
44	丁兰路下穿通道	100	17172.8
45	水澄北路（下穿浙赣铁路）下穿通道	210	3326.87
46	庆春路（东清巷地道）	1000	1650.93
47	闸弄口人行地道	600	0
48	机场路人行地道	800	0
49	涌金人行地道	600	0
50	九沙大道人行过街地道	800	877.06
51	同协路下穿通道	280	25401.3

序号	下穿通道名称	下穿深度（cm）	汇水面积（m²）
52	涵洞（横塘社区6区2号公园边）	50	175.56
53	涵洞（横塘社区6区79号附近）	200	221.7
54	涵洞（横塘社区1区3号附近）	180	237.73
55	涵洞（横塘社区1区石灰桥附近）	200	727.56
56	涵洞（水墩5组拆迁区块）	80	75.93
57	杭海路地下通道	800	1470
58	新开河游步道浙赣线铁路涵洞	250	138.28
59	沪德立交雨水泵站	100	7419.54
60	宣家埠中心路沪杭高速公路涵洞	300	278.62
61	宣家埠村1区44号北沪杭高速公路涵洞	100	878.21
62	新塘路慢行隧道	180	7604.59
63	九沙大道1#人行过街地道	984	0
64	通盛路人行地道	600	0
65	西湖隧道	938	2795.8
66	石大路下穿通道	200	1541.3

3）河道水位以下低洼地

河道水位以下低洼地指绝对低洼地。在防涝设计标准情况下，地势较低的低洼地，其排水往往受排放水体水位的影响。为了呈现上述受影响区域的整体情况，将地面高程与50年一遇涝标工况下的河道模拟水位进行了对比（见表4-3），对比结果显示，规划范围共有2.74%的区域，其高程低于防涝标准工况下的模拟河道水位；有87.78%的区域，其高程高于防涝标准工况下的模拟河道水位外加0.5m；剩余9.48%的区域，其高程高于防涝标准工况下的模拟河道水位，但两者差值在0.5m以下。

高程低于河道模拟水位的区域，在暴雨期间，有可能面临河水倒灌无法排出的较大风险。

表 4-3 各分区高程与 50 年一遇涝标工况下的河道模拟水位对比一览表

分区名称	分区面积（ha）	$H<$河道模拟水位		河道模拟水位$\leq H<$河道水位+0.5m		$H\geq$河道模拟水位+0.5m	
		面积（ha）	占比（%）	面积（ha）	占比（%）	面积（ha）	占比（%）
丁桥片	1841.79	38.49	2.09	66.12	3.59	1737.17	94.32
笕桥片	2620.94	106.93	4.08	434.02	16.56	2079.97	79.36
九堡片	1461.71	0	0	0	0	1461.71	100.00
彭埠片	1247.72	21.71	1.74	52.90	4.24	1173.10	94.02
运河片	564.29	16.70	2.96	109.69	19.44	437.88	77.60
新塘河片	864.31	24.28	2.81	75.62	8.75	764.39	88.44
新开河片	668.58	60.77	9.09	174.29	26.07	433.50	64.84
东河片	218.98	1.751	0.80	2.01	0.92	215.21	98.28
中河片	1272.61	30.288	2.38	96.97	7.62	1145.34	90.00
合计	10760.93	300.94	2.74	1011.66	9.48	9448.32	87.78

注：H 为地面高程。

（3）下垫面调查

不同地表类型雨水排放径流系数不同，而径流系数是影响排涝的最重要因素之一，因此有必要对规划区整体下垫面情况进行解析。

对项目区地表按建筑屋面、道路、绿化、水体、农林生态用地以及其他进行分类整理，得出整体下垫面情况（见表 4-4 和图 4-1）。其中建筑屋面面积为 18.69km²，占总用地的 15.47%；道路面积为 18.90km²，占总用地的 15.65%；绿化面积为 21.15km²，占总用地的 17.51%；水体面积为 15.34km²，占总用地的 12.70%；农林生态用地面积为 9.90km²，占总用地的 8.20%；其他面积为 36.82km²，占总用地的 30.48%。

表 4-4 下垫面分布及径流系数一览表

类别		建筑屋面	道路	绿化	水体	农林生态用地	其他
面积（km²）		18.69	18.90	21.15	15.34	9.90	36.82
占比（%）		15.47	15.65	17.51	12.70	8.20	30.48
径流系数	全域	0.58					
	建设用地	0.63					

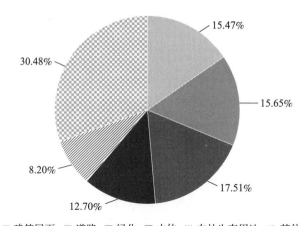

15.47%

30.48%

15.65%

8.20%

17.51%

12.70%

■ 建筑屋面 ■ 道路 ■ 绿化 ■ 水体 ▨ 农林生态用地 ▨ 其他

图 4-1　不同下垫面占比

（4）易涝点调查情况

1）历史灾害发生情况

近十几年来，项目范围内发生了 16 起内涝灾害，均由台风带来的极端降雨所致。致灾降雨量最大的为 2007 年台风"菲特"，降雨量为 186mm，在全区共造成 4 处严重积涝点，馒头山社区因地势较低，在此次强降雨时无法及时排出涝水，最大积水深度达到了 100cm，内涝持续时间 120min。降雨持续时间最长的为 2019 年台风"利奇玛"，降雨时长为 3600min，在全区共造成 5 处严重积涝点，内涝持续时间 90min。

根据有关部门提供的资料，主要将积水点成因分成以下三类：

由于地势较低，周边地块汇水超出管网设计排水能力造成积水；

由于短时降雨超出管网设计排水能力造成积水；

由于规划排出口未实施或未开通，积水无法及时排出。

2）当前尚存积涝点情况

当前区域内现存的积涝点共 10 处，具体情况如表 4-5 所示。

表 4-5　尚存积涝点位信息一览表

编号	积水位置	街道	积水原因
1	九和路（九堡地铁站以西路段）	九堡街道	因施工，此处道路雨水管被堵塞，雨水无法排出
2	九堡地铁站门口	九堡街道	因施工，此处道路雨水管被堵塞，雨水无法排出

编号	积水位置	街道	积水原因
3	地铁景芳站 B 出口（新城时代广场世纪联华超市外侧）	四季青街道	雨水系统因施工问题已堵塞，无法疏通
4	钱江路江锦路路口北侧人行道	四季青街道	最低点缺少雨水口，无法收集低洼积水
5	新塘河新业路西南侧绿化带内	四季青街道	雨水管井未移交市政养护，底数不清、管线不明、出水口情况未知
6	水墩 5 组铁路涵洞	笕桥街道	交通涵洞，地势低洼，地块原因无法彻底整改
7	横塘 1 组涵洞	笕桥街道	交通涵洞，地势低洼，地块原因无法彻底整改
8	横塘 9 组涵洞	笕桥街道	交通涵洞，地势低洼，地块原因无法彻底整改
9	横塘 6 组 1 号附近涵洞	笕桥街道	交通涵洞，地势低洼，地块原因无法彻底整改
10	横塘 6 组东涵洞	笕桥街道	交通涵洞，地势低洼，地块原因无法彻底整改

4.1.1.4　排水防涝设施现状

（1）排水分区

结合流域水系和行政区划，将项目范围划分为 9 个排水分区，分别为中河片、东河片、新开河片、新塘河片、运河片、笕桥片、彭埠片、九堡片和丁桥片（见表 4-6）。

表 4-6　排水分区汇总表

序号	片区	面积（ha）	汇入河道
1	中河片	1272.61	中河
2	东河片	218.98	东河
3	新开河片	668.58	新开河
4	新塘河片	864.31	新塘河
5	运河片	564.29	京杭运河
6	笕桥片	2620.94	京杭运河、上塘河
7	彭埠片	1247.72	上塘河、备塘河
8	九堡片	1461.71	钱塘江
9	丁桥片	1841.79	上塘河、备塘河

（2）排水管网

1）整体情况

现状管网资料来源主要分为三个部分：一是城管局掌握的 2018 年以前的地下雨水管网物探资料；二是新收集的规划范围内各做地主体、市建委补充的 2018 年以后新、改建道路的雨水管网设计资料（施工图、竣工图等）；三是依据市政基础设施普查更新的最新的雨水管网物探资料。

根据管线普查数据和道路施工图统计，现状雨水管总长约 900km，包含市政道路、小区内部等主干次支管。本次方案中由于建模需求，主要统计了外部市政道路雨水管网，概化省略了小区内部管网和局部支管，总长度约615.71km（见表 4-7），管径范围为 D300~D2200，管材以 PVC 管及混凝土管为主，其中管径为 D300 的雨水管道多为 PVC 管，其余管径的雨水管道多为混凝土管。

现有雨水渠道总长度约 27.78km，均为混凝土渠道。

表 4-7　现状市政道路雨水管道统计表

序号	管径（mm）	长度（km）	比例（%）
1	D300	66.12	11
2	D400	80.47	13
3	D500	64.96	11
4	D600	99.09	16
5	D700	0.89	0
6	D800	108.53	18
7	D900	0.59	0
8	D1000	83.27	14
9	D1200	70.04	11
10	D1400	0.26	0
11	D1500	26.77	4
12	D1800	10.47	2
13	D2000	3.29	1
14	D2200	0.96	0
总计	—	615.71	100

2）现状问题

对上述排水管网进行逐段核查，识别其中对排水能力存在影响的问题管段，主要包括道路管线资料缺失、雨水管未连通、排口缺失等，详见表4-8。

表4-8　现状雨水管线问题梳理

序号	分区	道路名称	管道问题	备注
1	彭埠片	九和路	雨水管未连通	单条路雨水管未连通
2	彭埠片	新塘路	雨水管未连通	单条路雨水管未连通
3	彭埠片	红建路	排口缺失	能判断排口位置但无排口信息
4	彭埠片	红建路	雨水管未连通	单条路雨水管未连通
5	彭埠片	同协南路	管网缺失	施工图不全
6	彭埠片	新塘路	雨水管未连通	单条路雨水管未连通
7	彭埠片	昙花庵路	逆坡	—
8	彭埠片	运河之江东路辅路	雨水管未连通	单条路雨水管未连通
9	彭埠片	王庙路	管线缺失	已建片区无管线资料
10	彭埠片	红普路	雨水管未连通	单条路雨水管未连通
11	彭埠片	潮声路	施工图与原管线不符	—
12	彭埠片	艮山东路四号港路之江路红普路合围区域	管线缺失	已建片区无管线资料
13	彭埠片	艮山东路四号港路之江路沪杭高速合围区域	管线缺失	已建片区无管线资料
14	彭埠片	蔡家庵路	排口存疑	缺少排出口数据
15	彭埠片	蔡家庵路之江东路交叉口附近	逆坡	—
16	彭埠片	渡口路附近区域	施工图与道路偏离	—
17	彭埠片	御五弄	排口存疑	缺少排口数据
18	彭埠片	渡口路	排口存疑	缺少排口数据
19	九堡片	科城路、九华路	管道缺失	已建片区无管线资料
20	九堡片	九堡街道办事处南侧	缺少排口	显示只有一根D600的管道，资料可能缺失
21	九堡片	九恒路	缺少排口	影像图中有河道，应该是排口未标注
22	九堡片	杭州市电力局九和路仓库西侧	管道大接小	D1000接入D500中
23	九堡片	九盛路	雨水管未连通	根据管径推测，此处管道应与北侧D1000管道连通
24	九堡片	东湖南路	雨水管未连通	高架桥下方，可能散排到附近空地

序号	分区	道路名称	管道问题	备注
25	九堡片	下沙路	雨水管未连通，管网与道路不匹配	箱涵或暗河起止点不明
26	九堡片	杭海路	管道缺失	已建片区无管线资料
27	笕桥片	城中村周边	排口缺失	能判断排口位置但无排口信息
28	笕桥片	顺仁街片区	管道缺失	新建道路未掌握
29	笕桥片	开创街和相埠路交叉口	管道排口无对应水系	管道排口位置有误
30	笕桥片	滨河路沿线	排口缺失	能判断排口位置但无排口信息
31	笕桥片	德胜东路	排水管网无出路	排水管未与既有管线连通
32	笕桥片	开创街、双良环路	片区雨水无出路	片区雨水管未连通
33	笕桥片	环站北路	雨水管未连通	单条雨水管未连通
34	笕桥片	环站东路	缺少排口信息	无排口信息
35	笕桥片	明月桥路	缺少排口信息	无排口信息
36	笕桥片	同协南路	缺少排口信息	无排口信息
37	笕桥片	机场路	雨水管未连通	单条路雨水管未连通
38	笕桥片	机场路	雨水管未连通	单条路雨水管未连通
39	笕桥片	环站北路	排口缺失	能判断排口位置但无排口信息
40	笕桥片	德胜互通下	雨水管未连通	单条路雨水管未连通
41	笕桥片	同德路	排口缺失	能判断排口位置但无排口信息
42	笕桥片	无名道路（城中村内）	雨水管未连通	单条路雨水管未连通
43	笕桥片	德胜东路	排口缺失	能判断排口位置但无排口信息
44	笕桥片	无名道路（新城兰苑小区北）	雨水管未连通	单条路雨水管未连通
45	丁桥片	皋亭山片区	管道缺失	已建片区无管线资料
46	丁桥片	丁桥路	雨水排口出路存疑	与既有河道不匹配
47	丁桥片	临丁路	雨水管未连通	单条路雨水管未连通
48	丁桥片	临丁路	排口缺失	能判断排口位置但无排口信息
49	丁桥片	华中路	排口缺失	能判断排口位置但无排口信息
50	丁桥片	大农港路	排口缺失	能判断排口位置但无排口信息
51	丁桥片	笕丁路	雨水管未连通	单条路雨水管未连通
52	丁桥片	丁城路	排口缺失	缺少排口数据
53	丁桥片	会林路	排口缺失	缺少排口数据
54	丁桥片	建塘路	排口缺失	缺少排口数据
55	丁桥片	会林路	雨水管未连通	未与现状雨水管连接
56	丁桥片	杭玻街	雨水管未连通	未与现状雨水管连接

序号	分区	道路名称	管道问题	备注
57	运河片	环城北路新塘路运河秋涛路合围区域	管道缺失	地块内部无管线资料
58	运河片	环城北路秋涛路运河合围区域	管道缺失	地块内部无管线资料
59	运河片	凯旋路凤起路秋涛路环城北路合围区域	管道缺失	地块内部无管线资料
60	运河片	华二路	雨水管未连通	单条路雨水管未连通
61	运河片	运河西路	雨水管未连通	单条路雨水管未连通
62	运河片	三新路	雨水管未连通	单条路雨水管未连通
63	新塘河片	下车路	雨水管未连通	未与现状雨水管连接
64	新开河片	东宝路与甘网路之间区域	管道缺失	区域内部分道路已建，但未有管网资料
65	新开河片	钱学森学校南北两侧	管道缺失	区域内部分道路已建，但未有管网资料
66	新开河片	下车路	雨水管未连通	未与现状雨水管连接
67	中河片	湖滨路	排口缺失	管道无雨水排口
68	中河片	开元路	大管接小管	管网存在大管接小管（2000×2000方渠接D1500管道）现象
69	中河片	凤山拾遗创意园东侧道路	排口存疑	排口附近无河道水系
70	东河片	皮市巷	雨水管未连通	单条路雨水管未连通

（3）排水泵站

项目范围内已建桥隧雨水泵站51座，主要分布于立交、隧道等重要设施附近，由市路桥公司负责养护。

4.1.1.5 防涝管理现状

（1）管理体系建设情况

1）日常管理体制

内涝防治系统的日常运行和维护主要由区城管局（综合行政执法局）负责。区城管局（综合行政执法局）负责河道、雨水管网、泵站、积水点的监督管理，日常的管理维护工作需要各部门协同配合，日常管理维护职责较为清晰（见表4-9）。

表 4-9　日常工作事项管理单位

牵头单位	工作内容
区城管局	排水防涝规划、河道规划编制及相关研究工作；防汛水利工程规划建设管理、河道监督管理；排水监督管理、设施运行管理；钱塘江堤防护管理；市政基础设置防汛抗旱、抗雪防冻等方面应急救援物资储备、管理和使用
区住建局	河道建设管理、排水设施建设；绿道建设；海绵城市建设
区应急局	自然灾害综合监测预警；应急预案、救援规划编制实施；提出区级救灾物资储备需求；组织指导防汛应急救援处置工作
区生态环境局	水生态保护修复
区规划资源局	基础设施信息化建设
区气象局	城市水文、气象站网建设，城市暴雨预测预报

2）应急管理体制

该城市防汛防台抗旱应急预案中明确了组织指挥体系及职责、风险识别管控、事件分级、应急响应行动、灾后处置和应急保障、管理与更新。

研究区域根据预案相关规定建立了"区防汛防台抗旱指挥部（配套应急工作组）—各街道级防汛防台抗旱机构—社区（村）、企事业单位防汛防台指挥机构"这一分级分部门的应急管理体系（见图 4-2）。防汛防台工作在区委、区政府的统一领导、统一指挥下，实行各街道行政首长负责制，分级分部门负责，各街道办事处是区域内防汛防台工作的责任主体。

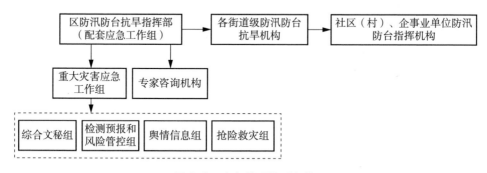

图 4-2　应急管理体系架构

其中，区防汛防台抗旱指挥部（配套应急工作组）在国家防总、省防指、市防指和区委、区政府领导下，组织指挥、统筹协调、督查指导全区防汛防台抗旱和抢险救灾工作；各街道级防汛防台抗旱机构为负责明确承担日常事务的具体工作机构，建立并落实防汛防台抗旱责任制，明确责任人和职责，建立应急抢险队伍，备足抢险物资、设备机具，指挥协调所辖行政区域范围内防汛防台抗旱的预防、预警和抗灾工作，按照区防指要求及时统计上报相关信息；社区（村）、企事业单位防汛防台指挥机构以社区为单位，负责组织本社区的防汛防台巡查、应急救援突击力量，落实应急抢险救援物资、设备及防范措施到点到位，及时统计和上报受损情况及处理相关救灾工作。

3）应急措施与手段

【受灾前】

①准备物资，落实防汛保障

在汛前摸清"家底"，对防汛物资设备进行全面检查，并做好整理、养护及调试，确保各类应急设备第一时间拉得出、用得上。

②排查隐患，强化防汛应对

严格落实雨天巡查机制，增加巡查频次，着重巡查重点区域重点路段。着力排查辖区范围管道排水不畅、道路积水等情况，对道路坑洞、下沉、积水等隐患，井盖弹跳、破损等问题，即查即改，确保市政设施正常运行。

③因地制宜，落实"一点一方案"

严格落实"一点一方案"，对辖区范围内的易积水点位提前准备好沙袋、水泵、警示维护等防汛物资，安排现场蹲守的应急人员，确保出现积水后能第一时间处置积水，全方位保障汛期城市设施运行安全。

【受灾时】

在受强降雨影响时，市政集团启动暴雨应急抢险机制，组织人员对辖区道路进行全方位巡查，发现道路有积水立即处置，及时保障道路通畅和车辆、行人的安全，确保市政设施良好运行。

为确保道路通行安全，一线养护工人冒雨巡查积水点，对重点区域加大巡查频次，加强对重点路段、点位的巡查，重点保障钱江新城亚运场馆周边、各大商城沿线及客运中心等位置，市政工人对低洼地段采用水泵抽水，结合人工促排清疏雨水箅子，确保管网安全畅通。

【受灾后】

灾后对汛期应对工作进行复盘总结，对摸排的易积水点，更新制定应急处置"一点一方案"，进一步全面落实各点位人员、设备和物资。对于排水能力不够的位置采取增加泵站、管道改造等措施提高排水能力。

（2）信息化建设情况

1）城市大脑智慧河道平台

城市大脑智慧河道平台，包括智慧河网、指挥中心、数据中心以及业务管理四个板块。通过实现四项功能，打造数据应用驾驶舱的集成平台、河道水环境风险防范的智能平台、应急响应处置的指挥平台和多部门联合作战的指挥平台。

2）城市内涝和运行安全智能协同应用

应用平台主要包括统筹指挥、监测预警、应急响应、风险管控、救援处置、恢复复盘六个应用模块。平台发挥应急管理局统筹协调作用，建立公安、交警、消防、城管、住建等职能单位及属地街道履行主管职责、社会责任单位积极配合的多跨协同机制，事前全面摸清辖区内各类应急资源及风险隐患分布情况，接入气象实时监测数据和动态预警信息，做到"家底"清、风险明、早布防；事中关联属地责任单位、行业主管部门、社会责任单位，全面掌握事件处置动态，结合 GIS、融合通信、视频感知等技术手段，做到多跨协同、风险提示、督办闭环；事后以时间轴形式进行全流程、各环节可视化展示，做到全记录、可追溯。实现城市运行过程中短临强降雨场景事前、事中、事后全流程闭环管理。

该应用重点突出平战结合的"救援处置"应用模块，已历经 10 余次强风强降雨短临事件。完成积水事件、路面沉降、树木倒伏、工地事件等场景突发事件处置 58 次，多跨协同市、区、街三级部门、国企、街道 25 个，联动防汛责任人 2799 人，全面推行应急处置"135"要求，通过数字赋能，应急处置效率提升数倍。

（3）防灾设施配建情况

1）避灾场所

根据应急管理局统计的相关数据，目前已建避灾场所 205 个，其中县级避灾场所 3 个、乡级 14 个、村级 188 个，平均每 $0.6km^2$ 就有一处避灾场所，避灾场所配建较为完善。

2）应急物资储备

根据应急管理局统计的相关数据，当前各街道整体按标准配置了足量的应急物资储备，部分街道配置不足，目前正在逐步整改中。

4.1.2　成因初步分析

（1）极端降雨应对不足

项目所在地降雨量充沛，当降雨强度小于城市雨水管网系统实际排水能力时，雨水可以通过路面下的管道顺利排出；但当遭遇超标降雨或短历时强降雨时，管道排水作用有限，容易发生内涝。

（2）下垫面渗透性能不足

项目区域在快速城市化背景下地面硬化比例逐年增高，地表径流系数较大，下垫面渗透能力较弱。平原地区整体自然坡度较小，雨水容易在地表积累形成内涝。

（3）排水系统能力不足

各片区因建设年代存在先后，所采用的管道设计标准也有所不同。相对来说，老城区范围内的管道建设年限较久，管道设计排水能力较低。

（4）河网闸站联动不足

平原城市河网密布，城市排水往往通过河道和闸站联动进行快速排放，但当前河道排涝泵站在城市内涝期间通过河道水位调控、优化管网排水能力等联动机制不足。

4.2　模型构建与风险评估

4.2.1　雨型构建

对当地降雨特征的分析研究既是科学开展城市内涝防治设施规划的前提之一，也是开展模型分析的重要条件之一。

4.2.1.1　暴雨强度公式

查阅相关资料，项目地的暴雨强度公式如下：

$$q = \frac{1455.550 \times (1+0.958\lg P)}{(t+5.861)^{0.674}} \tag{4-1}$$

式（4-1）中：P——设计重现期（a）；

q——设计暴雨强度［L/(s·ha)］；

t——降雨历时（min）；

$$t = t_1 + t_2$$

式中：t_1——地面集水时间；

t_2——管内雨水流行时间。

项目地不同降雨重现期暴雨强度曲线、各频率暴雨强度计算结果和各频率降雨量计算结果如图4-3、表4-10和表4-11所示。

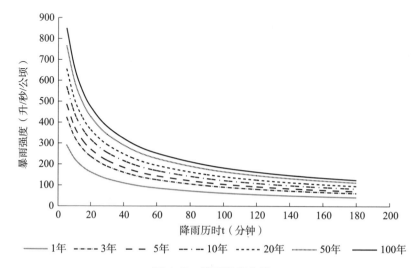

图 4-3　暴雨强度曲线

表 4-10　各频率暴雨强度计算结果

重现期（年）	各降雨历时（min）降雨强度［L/(s·ha)］										
	5	10	15	20	30	45	60	90	120	150	180
1	292	226	188	163	130	103	87	67	56	48	43
3	425	329	274	237	190	150	126	98	82	71	63
5	487	377	314	271	218	172	145	112	93	81	72
10	571	442	368	318	255	202	169	132	110	95	84
20	655	508	422	365	293	231	194	151	126	109	97
50	766	594	494	427	343	271	227	177	147	127	113
100	850	659	548	474	380	300	252	196	163	141	125

表 4-11　各频率降雨量计算结果

重现期（年）	各降雨历时（min）降雨量（mm）										
	5	10	15	20	30	45	60	90	120	150	180
1	9	14	17	19	23	28	31	36	40	44	46
3	13	20	25	28	34	40	45	53	59	63	68
5	15	23	28	32	39	46	52	60	67	73	77
10	17	26	33	38	46	54	61	71	79	85	91
20	20	30	38	44	53	62	70	81	90	98	104
50	23	36	44	51	62	73	82	95	106	114	122
100	25	39	49	57	68	81	91	106	117	127	135

4.2.1.2　短历时降雨

评估管网排水能力时，短历时设计雨型（120min）采用基于芝加哥雨型推导的模式雨型，该雨型中任何历时内的雨量等于设计雨量，若暴雨公式为 $a = \dfrac{S_p}{(t+b)^n}$，则雨强过程为

$$峰前\ i = \frac{S_p}{\left(\dfrac{t}{r}+b\right)^n}\left(1-\frac{nt_1}{t_1+rb}\right) \tag{4-2}$$

$$峰后\ i = \frac{S_p}{\left(\dfrac{t}{1-r}+b\right)^n}\left[1-\frac{nt_2}{t_2+(1-r)b}\right] \tag{4-3}$$

式（4-2）和式（4-3）中：a——历时 t 内的平均雨强（mm/min）；

i——瞬时雨强（mm/min）；

t_1——峰前降雨历时（min）；

t_2——峰后降雨历时（min）；

r——雨峰相对位置；

S_p、b、n——暴雨公式的参数。

根据《城镇内涝防治技术标准》（DB33/T 1109—2020），雨峰系数取 0.4，步长取 5min，得降雨过程线。

项目地 3 年、5 年、10 年、20 年、50 年、100 年一遇 2h 降雨如图 4-4 所示。

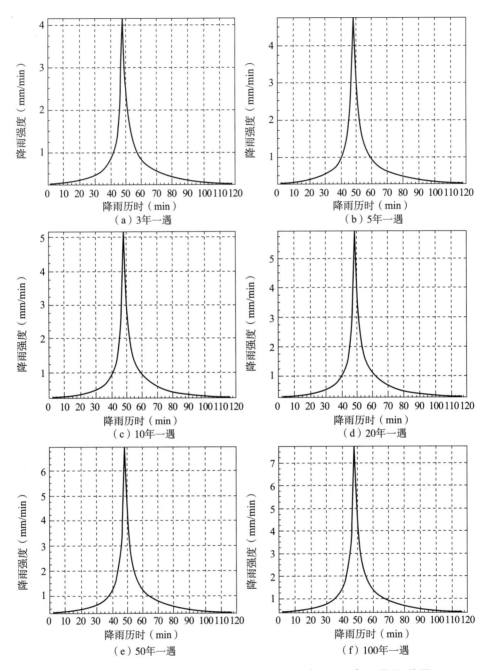

图4-4　项目地3年、5年、10年、20年、50年、100年一遇2h降雨

重现期 3 年，降雨历时 120min，累计雨量 59.0426mm；重现期 5 年，降雨历时 120min，累计雨量 67mm；重现期 10 年，降雨历时 120min，累计雨量 79.4303mm；重现期 20 年，降雨历时 120min，累计雨量 90mm；重现期 50 年，降雨历时 120min，累计雨量 106.4783mm；重现期 100 年，降雨历时 120min，累计雨量 117mm。

4.2.1.3 长历时降雨

水系的汇水面积较大，汇流时间较长，为了模拟分析水系的产、汇流过程，需要建立长历时降雨雨型。根据相关水文图集查算，本次降雨历时取 24h，雨型的时间步长时间取 1h，50 年一遇、100 年一遇的降雨设计雨型如图 4-5、图 4-6 所示。长历时降雨分析如表 4-12 所示。

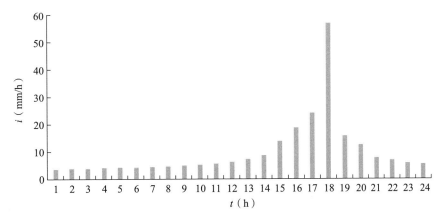

图 4-5　50 年一遇降雨雨型

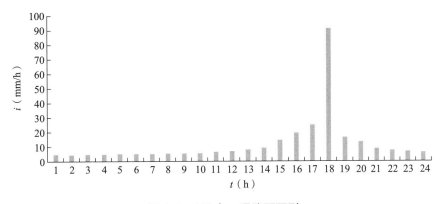

图 4-6　100 年一遇降雨雨型

表 4-12　长历时降雨分析
单位：mm

参数		60min	6h	24h
平均点雨量	均值	43.0	70.0	105.0
	Cv	0.50	0.53	0.55
面雨量	α	0.546	0.809	0.900
	均值	23.5	56.6	94.5
	Cv	0.50	0.53	0.55
设计面雨量	50 年一遇	56.7	142.6	244.7

4.2.2　模型构建

4.2.2.1　基础资料整理

基础资料包括现状、规划资料。本次建模过程中所用资料主要包括管区系统资料（包括雨水管道、渠道、雨水排水泵站）、河系资料（包括河道、闸、站）、降雨数据、高程数据等，主要资料内容如表 4-13 所示。

表 4-13　现状资料来源统计表

编号	文件内容	详细内容	格式
1	排水管网和检查井	管网数据：管径、管底高程、管材、管网拓扑关系等；检查井数据：位置、地面高程、井深、连接关系等	Shp
2	泵站和闸门	泵站：泵站类型、设计资料、分布位置、泵站调度规则等；闸门：分布位置、闸门宽度等	Excel、文本
3	水系数据	水系布局、水系宽度、水系长度、河道水位、河道断面等	Shp、Excel
4	下垫面资料	城市建设基础图层，包括屋顶、道路、水域、绿地等	Shp
5	高程数据	2021 年 DEM 数据，数据精度 20m×20m	DEM
6	降雨数据	暴雨强度公式、短历时暴雨雨型、长历时暴雨雨型	文本、Excel

4.2.2.2　产汇流模式

（1）产流计算

每一个子流域表面被处理为一个非线性蓄水池，其流入项有降水和来自上游子流域的流出；流出项包括入渗、蒸发和地表产流。蓄水池的容量为最大洼地储水量。蓄水池中的水深由子流域的水量平衡计算得出，并且随着时间不断更新。只有当蓄水池水深超过最大洼地储水量时，地表产流才会发生，其大小通过曼宁公式计算得出。

对不透水地表净雨量，只需从降雨过程中扣除初损（主要是填洼量）即可。在未满足初损前，地表不产流，一旦初损满足，便全面产流。对透水地表，除填洼损失，还有下渗的损失。来自透水子区域，下渗到不饱和土壤层的水量可以用三种不同的方法来描述：Horton 下渗、Green-Ampt 下渗及 SCS 曲线数下渗。

评估管网排水能力时，按照雨水分区，采用综合径流系数确定产水。综合径流系数通过地面种类加权平均计算得到，并考虑雨水径流控制情况调查分析成果、各分区的地面高程以及蓄、滞、渗的成效。

评估防涝体系能力时，按照雨水分区，采用初损扣损法确定产水。山丘区土壤最大含水量 I_{max} 为 100mm，土壤前期含水量为 75mm，则初损为 25mm，后损为 0.5mm/h。平原区不同地类采用以下扣损方案：水面按水量平衡方程由降雨扣除水面蒸发推求产水量；水田由降雨扣除水稻蒸腾系数及水田下渗并考虑水田最大持水深度推求产水量；旱地由降雨扣除旱地下渗并考虑旱地最大持水深度推求产水量；其他则采用径流系数法由降雨推求产流过程。具体扣损方案如下。

水面：初损为 0mm，后损为 0.2mm/h。

水田：田间起始水深 40mm，降雨利用最大水深 60mm，初损为 20mm，后损为 0.2mm/h。

旱地：最大持水深 240mm，土壤前期含水量 200mm，初损为 40mm，后损为 0.133mm/h。

建成区：按照雨水分区，采用综合径流系数确定产水。综合径流系数通过地面种类加权平均计算得到，并考虑雨水径流控制情况调查分析成果、各分区的地面高程以及蓄、滞、渗的成效，涝标工况下采用中、高降雨重现期，对各雨水分区的径流系数进行修正。

（2）汇流计算

InfoWorks ICM 模型系统能够精确模拟雨污水收集系统，预测雨污水管道和河道系统的工作状态，或降雨后对环境的影响。其中管流模块中的水力计算引擎采用完全求解的圣·维南方程组模拟管道明渠流，对于明渠超负荷的模拟采用 Preissmann Slot 方法，能够仿真各种复杂的水力状况。利用储存容量合理补偿反映管网储量，避免对管道超负荷、洪灾错误预计。各水力设施真实反映水泵、孔口、堰流、闸门、调蓄池等排水构筑物的水力状况。

有三种方法用于连接管道的汇流计算，即恒定流法、运动波法和动力波法，本次研究采用动力波法。

动力波法通过求解完整的圣·维南方程组来进行汇流计算，是最准确、最复杂的方法。模型建立时，对于连接渠管写出连续和动量平衡方程，对于节点写出水量平衡方程。动力波法可以考虑管渠的蓄变、汇水、入口及出口损失、逆流和有压流动。

$$\begin{cases} B\dfrac{\partial Z}{\partial t}+\dfrac{\partial Q}{\partial s}=q & \text{(4-4)} \\[4mm] \dfrac{1}{g}\dfrac{\partial y}{\partial t}+\dfrac{\partial}{\partial s}\left(Z+\dfrac{v^2}{2g}\right)+\dfrac{Q\mid Q\mid}{F^2K^2}=0 & \text{(4-5)} \end{cases}$$

式（4-4）为连接性方程；式（4-5）为动力方程。

式中：B——水面宽（m）；

Z——水位（m）；

Q——流量（m^3/s）；

q——旁侧流量（m^3/s）；

v——断面平均流速（m/s）；

g——重力加速度（m/s^2）；

F——过水断面面积（m^2）；

K——单位过水断面面积的流量模数。

4.2.2.3 管网模型构建

（1）原始管网数据导入

根据现状雨水管网资料，将项目区域内的相关雨水管线和检查井导入模型，得到原始的现状雨水管网网络模型等。

雨水管网数据录入管道上下游标高、管径、材质等属性，检查井数据录入地面高程、井深及节点编号等属性。本次模型方案现状雨水管网长度为615.71km，检查井个数为20841个。

（2）管网拓扑检查校正

管网拓扑检查主要包括管网连接关系是否完整、同类要素是否重复等。

受限于现状雨水管网资料的质量及勘查时间，资料管网并不完整，建模过程中发现部分管线存在断接，通过问询相关建设主体、现场补测、档案馆资料查找等多种方法，收集梳理资料后对管线进行补充，并在模型中建立管线连接性检查，完善了管网拓扑，保障了所有检查井和管线最终连接到合理的下游终端。管线断接如图 4-7 所示。

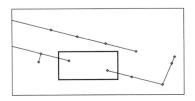

图 4-7 管线断接示意

4.2.2.4 水工构筑物模型构建

闸泵站排涝系统在本次项目中发挥着重要作用，通过资料收集、现场调研、座谈等方式，梳理出具有排涝功能的河道泵闸站 20 座，并将以上闸泵站全部概化进本次模型。在模型中录入全部泵闸站的位置及运行状况信息，包括泵站排量、泵的工作曲线、泵站调度规则等。主要信息如表 4-14 所示。

表 4-14 水工构筑物一览表

序号	工程名称	现状规模			排涝功能
		闸门宽（m）	底高程（m）	泵站规模（m³/s）	
1	三堡闸站	6.0×4	0	排涝 50×4	外排钱塘江
2	五堡临时排涝泵站	—	—	0.7×3	外排钱塘江
3	七堡闸站	8.0×2	1	排水 6.0×4+12.0×3	外排钱塘江
4	新塘河排涝泵站			排水 5.0×4	外排钱塘江
5	中河双向泵站			6	外排钱塘江
6	48 甲泵站			排涝 1.5×4	外排钱塘江
7	三堡排灌站	2.8	1	配水 1.5×4	内河排涝
8	新开河出水闸	4	−0.1		内河排涝
9	新塘河出水闸	4	−0.1		内河排涝
10	横河闸	6×1	1		内河排涝
11	顾家桥闸站	4×1	1.15	1.0×2	内河排涝
12	东风港排涝站	10	1	排涝 3.37×2	内河排涝
13	勤丰港闸站	8×1	1	排涝 1.38×2	内河排涝
14	宣家埠闸站（机场港支流闸站）	3×1	0.8	排涝 0.5×3/配水 0.5×1	内河排涝
15	贴新一闸	10	4.3	—	内河排涝

序号	工程名称	现状规模			排涝功能
		闸门宽 （m）	底高程 （m）	泵站规模 （m³/s）	
16	贴新二闸	1.5×2	4.6	—	内河排涝
17	中河双向泵站 翻板闸（内闸）	10.8	3.5	—	外排钱塘江
18	中河双向泵站 泄洪闸（外闸）	3.46×2	3	—	外排钱塘江
19	九沙东湖闸	10	1	—	内河排涝
20	九堡祥丰河 （六号河）水闸	10×1	2.6	—	内河排涝

4.2.2.5 汇水模型构建

（1）模型排水子分区划分

考虑到水系的整体连通和河网的水流方向，充分结合现状地块排水出路，结合本项目最新收集的道路雨水管线资料及汇水范围，对 2018 年建立的排水模型分区进行了更新与优化，力图模拟真实的汇水分区，划定排水子分区 748 个。

（2）排水分区细分集水区

为每一个检查井或者河道设置汇水区范围，将模型排水分区按照空间位置，结合收集的管道汇水范围信息，合理分配到每个检查井，进一步优化排水管线的排水分区，如图 4-8 所示。

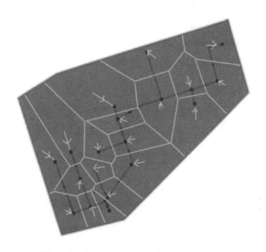

图 4-8　InfoWorks 集水区细分示意

4.2.2.6 河道模型构建

（1）构建流程

结合资料调研及现场踏勘，通过以下方式对建模范围内的河道建模：

考虑水系相关性，本项目河道模型研究范围扩大至运南和上塘范围；

根据水域调查导入河道中心线；

梳理河道典型位置断面数据，标记特征断面位置，导入断面高程数据；

根据河道中心线和河道横断面数据，生成河道一维模型；

进一步生成河岸线，并与二维地面耦合构建河道二维模型。

（2）模型范围

河道水动力计算范围为项目范围中的水系流域扩大范围，东至乔司港，南至钱塘江，西至京杭运河，北至上塘河。计算面积约为198km²。

（3）模型概化

本模型概化骨干排水河道84条，计算河道断面约1667个。概化河道之间根据实际情况，采用河道、排水闸、堰形式等连接，河道糙率系数取0.025~0.035。

4.2.2.7 二维地表漫流模型构建

二维地表漫流模型可以准确模拟雨水溢出检查井之后在地面上的行径，可以获得地面水流的流速、流向、深度及时间等指标。水流在地面上的行径主要依赖地形的变化，即地面高程数据是建立二维地表漫流模型的关键数据。为避免边界地形分割产生误差，地表漫流模型建立范围略大于项目范围。综合考虑模型数据运算高效性和合理性，本项目模型采用的高程数据主要来自2021年20m×20m数字高程模型（DEM），局部重点地区及局部新建区采用最新2m×2m DEM。提取DEM模型高程点数据建立地面TIN模型。

TIN模型建立完成后，利用InfoWorks ICM模型进行2D区间的网格划分，每个网格从TIN模型中读取一个高程数据，考虑到模型计算精度和计算速度等方面的问题，网格划分时需要针对实际需求对网格的密度进行调整。总体遵循的原则为：地形起伏较大的地区，网格面积设置小，网格密度大；而平坦地区的网格面积较大，网格密度小。同时，网格划分考虑区分建成区地块及道路侧石，最终单元网格的大小分布在100~1000m²。

4.2.2.8 内涝耦合模型

内涝耦合模型是将上述各子模型进行耦合以实现子模型之间的水量交换，包括地表产汇流模型与管网模型耦合、管网模型与二维地表漫流模型耦合、管网模型与河道模型耦合。

地表产生径流由雨水口汇入排水管网中实现地表产汇流与管网模型的水量交互。在 InfoWorks ICM 模型中，通过设定子集水区与检查井的指向关系实现二维地表漫流模型与管网模型的耦合，每一个子集水区只能连接一个雨水口，而一个雨水口可以有多个子集水区汇入。

当管网中的水量超过管网的排水能力时，雨水会通过管网的雨水口溢流到地面上，然后随着地面流动，在低洼处形成积水或重新排入排水管网中，因此，雨水口作为排水管网和地面的连接实现管网汇流和地表二维漫流的耦合。在 InfoWorks ICM 模型中，通过将 2D 区间覆盖的雨水口的洪水类型设定为 2D 来实现二维地表漫流模型与管网模型的耦合。

管网中的水通过排水口排入河道，河道的水位上升可能会通过排水口倒灌回管网，排水管网和河道通过排水口实现水量的交互。在 InfoWorks ICM 模型中，通过将排水口的节点类型设定为 break 与河道断面连接实现管网模型与河道模型的耦合。

子模型耦合完成，研究项目耦合内涝模型基本构建完成。

4.2.3　模型参数分析

4.2.3.1　管网参数

水力计算包括沿途水头损失和局部水头损失两部分。

（1）沿途水头损失

沿途损失主要由管材、管长、管径和糙率决定，其中管材、管长和管径为已知属性，糙率取值根据《室外排水设计标准》（GB 50014—2021），管道粗糙度取值 n，混凝土管为 0.013、PVC 管为 0.009、砖石管渠为 0.02。

（2）局部水头损失

局部水头损失是管道进出检查井导致的水头损失，本次采用了 InfoWorks ICM 基于物理实验和理论研究得到的局部水头损失模型。

$$\Delta h = K_{\mu} \cdot K_{s} \cdot K_{\vartheta} \cdot \frac{\vartheta^{2}}{2g} \tag{4-6}$$

式（4-6）中：K_s——管道当前充满度系数；

K_{ϑ}——管道当前流速系数；

K_{μ}——用户自定义系数。

其中，K_s 和 K_{ϑ} 根据当前模拟进行时管道的水力状态转化而来；而 K_{μ} 则是模型预设好的水头损失参数，其值取决于管道间的折角大小。最终根据实际管线间折角和主次关系，确定并输入管道局部水头损失。

4.2.3.2 河道参数

本模型选用了 14 个边界，其中，上塘河向运河侧排水河道如电厂热水河、姚家坝河、德胜河设 3 个水位边界；上塘河、麦庙港、章家坝港（横河港）、引水河、新开河、新塘河、中河排入运河侧设 7 个水位边界；沿钱塘江在七堡排涝泵站、中河双向排涝泵站处设 2 个潮位边界；沿馒头山和皋亭山局部设置 50 年一遇山洪流量边界。

在洪潮遭遇上，按照平均偏不利的原则选择略高于平均值的实际潮型为设计潮型，并优先考虑与设计暴雨同步的实际潮型。

4.2.4 模型率定与验证

为确定模型各参数的合理性，在建模完成之后，对模型所得模拟结果进行率定与验证。本次采用"2021 烟花降雨"实测暴雨进行率定与验证，模型降雨流量过程根据实测雨量站点得到，河道水位边界根据防洪排涝专项规划中运河片和运南片的水位计算结果。根据模型范围内实测河道水位与模型计算水位对比，实际调查积水点与模拟淹没图对照进行模型的率定与验证，进而使模拟结果具有较高的可信度。

（1）"烟花"台风降雨分析

根据"烟花"台风降雨空间分布特性，本次率定共考虑了 4 个实测降雨站点，分别为俞章社区（K1123）、白石社区（K1163）、新塘社区（K1465）、杭州站（58457）。"烟花"台风降雨过程如图 4-9 所示。

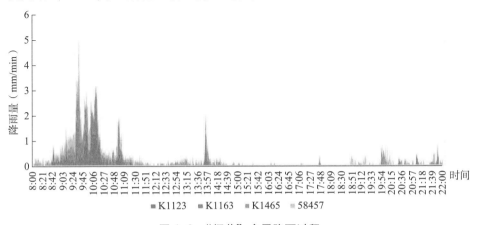

图 4-9 "烟花"台风降雨过程

（2）运南片水位率定

共选取 4 个断面，如表 4-15 所示。

表 4-15　运南片最高洪水位模拟与实测对比值　　　　单位：m

水系片区	项目断面特征点	实测洪水位	计算洪水位	误差
运南片	中河（新宫桥）	5.81	5.89	+0.08
	东河（市三医院）	3.14	3.14	+0.00
	新开河（候潮门）	4.45	4.35	−0.10
	新塘河（清江路南）	4.19	4.14	−0.05

（3）上塘片水位率定

共选取 4 个断面，如表 4-16 所示。

表 4-16　上塘片最高洪水位模拟与实测对比值　　　　单位：m

水系片区	项目断面特征点	实测洪水位	计算洪水位	误差
上塘片	九沙河（胜稼路）	3.75	3.71	−0.04
	备塘河（南黄港口）	3.74	3.73	−0.01
	九号港（九号闸南）	3.99	4.02	+0.03
	和睦港（机场港口）	3.76	3.77	+0.01

（4）内涝风险率定

在本次建模范围内，"烟花"降雨下实际发生的积涝点有 10 处，主要集中在上塘片。据统计，"烟花"实际积涝点与模型模拟结果有 6 处拟合。考虑到本次模型仍为概化模型，无法完全反映实际运行状况，从前文水位、积涝点率定情况来看，率定结果相对较好，认为模型可行，可用于下阶段工作。

4.2.5　风险评估

4.2.5.1　现状情景模拟

本次模拟评估采用现状地形及管道测绘资料、河道断面测绘资料，分别构建现状条件下的雨水管道和河道模型，上塘片模拟 5 年一遇、10 年一遇设计降雨雨型两种工况；运南片模拟 3 年一遇、5 年一遇、10 年一遇设计降雨雨型三种工况。并根据各片区积雨面积、深度，分析规划范围现状内涝防治总体能力。

（1）上塘片

情景一：评估管网和河道在耦合条件下，遭遇5年一遇设计降雨下内涝的分布情况，设计降雨历时采用24h。

在此工况下，上塘片笕桥片区出现积水点，主要分布在新塘路与东宁路交叉口，积水深度达到1.38m。

情景二：评估管网和河道在耦合条件下，遭遇10年一遇设计降雨下内涝的分布情况，设计降雨历时采用24h。

在此工况下上塘片丁桥片区丁桥路（上塘河—临丁路）出现积水，最大积水深度为1.17m；笕桥片区开创街相埠路草庄路合围区域黎明社区周边、开创街（相埠路—药香路）南侧区域、药香路（船兜坊路—开创街）出现积水，新塘路与东宁路交叉口，最大积水深度达到1.8m；彭埠片区杭州市彭雅小学及东侧园丁路出现积水，最大积水深度为0.56m；九堡片区东城小学北侧九乔街、东城实验学校南侧九华路出现积水，最大积水深度为1.40m。

（2）运南片

情景一：评估管网和河道在耦合条件下，遭遇3年一遇设计降雨下内涝的分布情况，设计降雨历时采用24h。

在此工况下运南片运河片区浙大华家池校区北侧严家路、南侧景芳路出现积水，最大积水深度为0.24m；新开河片区茶厂宿舍、四季青服装集团北面出现积水，最大积水深度为0.23m；新塘河片区、东河片区、中河片区均未出现积水。

情景二：评估管网和河道在耦合条件下，遭遇5年一遇设计降雨下内涝的分布情况，设计降雨历时采用24h。

在此工况下运南片运河片区浙大华家池校区北侧严家路、南侧景芳路积水程度加重，最大积水深度为0.32m；新开河片区茶厂宿舍、四季青服装集团北面积水程度加重，最大积水深度为0.33m；新塘河片区、东河片区、中河片区均未出现积水。

情景三：评估管网和河道在耦合条件下，遭遇10年一遇设计降雨下内涝的分布情况，设计降雨历时采用24h。

在此工况下运南片新塘河片区婺江路（秋涛路—钱江路）出现积水，最大积水深度为0.10m；中河片区孝女路（庆春路—长生路）、中河高架路与平海路交叉口东北侧，最大积水深度为0.09m；东河片区西湖大道和建国南路交叉口南侧积水点，最大积水深度为0.10m。

4.2.5.2 评估结果

根据评估结果，规划范围在标准情景下，均出现了不同程度的内涝风险区，从各种不同工况的评估成果来看，不同重现期下的内涝风险空间分布大致情况趋于相同，只是积水时间与积水深度在程度上有所区别。结合模型结果可以得出结论（见表4-17）。

表4-17 各排水分区应对降雨能力评估

排水分区	风险应对能力	对应最大小时降雨量（mm）
丁桥片	10年一遇	61
笕桥片	5年一遇	52
九堡片	10年一遇	61
彭埠片	10年一遇	61
运河片	3年一遇	45
新开河片	3年一遇	45
新塘河片	10年一遇	61
东河片	10年一遇	61
中河片	10年一遇	61

（1）上塘片

遭遇5年一遇的降雨时，笕桥片区出现深度为1.38m的积水点，其余片区均未出现积水情况；遭遇10年一遇的降雨时，丁桥片区、彭埠片区、九堡片区开始出现积水情况，且各片区最大积水深度均已超过0.5m。综合两种工况评估效果，上塘片现状城市治涝体系应对能力为：丁桥片区、彭埠片区、九堡片区基本能够应对10年一遇最大小时降雨量61mm；笕桥片区基本能够应对5年一遇最大小时降雨量52mm。在超过此标准时即可能造成已建城区部分区域受涝，涝标工况下积水范围、积水深度进一步扩大。

（2）运南片

遭遇3年一遇的降雨时，运河片区、新开河片区出现积水点，最大积水深度为0.24m，其余片区均未出现风险；遭遇5年一遇降雨时，新开河片区、运河片区积水程度进一步加重，其余片区均未出现积水；遭遇10年一遇降雨时，东河片区、中河片区、新塘河片区出现积水。综合三种工况评估效果，运南片现状城市治涝体系应对能力为：运河片区、新开河片区基本能够应对3年一遇最大小时降雨量45mm；新塘河片区、东河片区、中河片区基本能够应对10年一遇最大小时降雨量61mm。超过此标准即可能造成已建城区部分区域受涝，涝标工况下积水范围、积水深度进一步扩大。

4.3 防涝特征与面临的问题

4.3.1 防涝特征

4.3.1.1 降雨应对量

根据模型分析结果，丁桥片区、彭埠片区、九堡片区基本能够应对61mm雨量（10年一遇最大小时）；笕桥片区基本能够应对52mm雨量（5年一遇最大小时）。运河片区、新开河片区基本能够应对45mm雨量（3年一遇最大小时）；新塘河片区、东河片区、中河片区基本能够应对61mm雨量（10年一遇最大小时）。

4.3.1.2 下垫面情况

（1）水域面积达到规划要求

在水域面积上，目前研究区域达到了上轮规划的目标要求。

（2）下垫面可渗透性较好

目前研究区域正在推进海绵城市建设，下垫面整体可渗透性较好。区域全域径流系数0.58，其中建设用地径流系数约0.63。按照浙江省发布的《城镇内涝防治技术标准》中的相关规定，在雨水径流控制上，低重现期短历时降雨条件下的径流系数，建成区不得超过0.7，新建区不得超过0.6，目前整体渗透性较好。

4.3.1.3 管渠及泵站

研究范围内下垫面新老交替，各区域因建设年限存在先后，所采用的管道设计标准也有所不同。相对来说，近几年新建的区域，管道设计排水能力整体较好；湖滨等老城区建设年限较久，管道设计排水能力较低。根据In-foWorks ICM分析软件的评估结果可知，区域内整体管道排水能力在3年一遇及以上的长度占比约为42%。

4.3.1.4 河道及闸站

（1）部分河道规模未达规划要求

目前区域内共有24条河道未完全完成整治，断面大多未满足规划规模要求。

（2）当前河道存在淤积现象

研究区域内每3~5年会对河道进行周期性清淤，平时河道清淤工作也在动态实施中。从掌握的情况来看，截至2022年8月，区域内57条河道存在淤积现象，淤积最大厚度在1.2m左右，实际过水断面小于纸面数据。

五号港部分河段淤积情况如图4-10所示。

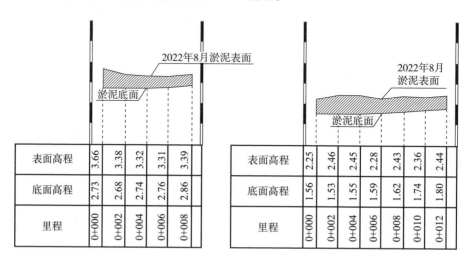

图4-10　五号港部分河段淤积情况（单位：m）

（3）排涝泵站基本成型

目前研究范围内河道强排泵站基本建设成型，部分排水泵站如五堡临时泵站尚未按上位规划要求进行落实，但近期也在逐步落实当中。

4.3.1.5　竖向高程

研究区域地势低平，地形以平原为主，低山丘陵主要分布在南部（馒头山小流域）和北部（皋亭山小流域），海拔最高的是位于丁桥的皋亭山，为361.1m。沿江地区为平原和海塘，是一个由丘陵、平原及残余地貌块状分布的地貌综合体。

研究区域南片地面高程为6.0~9.0m，北片地面高程为4.5~7.0m；整体自然坡度较小，除馒头山和皋亭山外，大约在3%以下。

4.3.1.6　内涝管理

目前，研究区域在内涝治理中已经形成了"事前检查、事中巡查、事后治理"的工作模式，能有效应对大部分的内涝场景；在灾时物资储备与应急避难场所建设上也基本按标准配置完善。但是在部门协调和防汛管理方面仍存在联动不足、智能化水平不高等问题。尤其是智能化应用场景方面，当前内涝应急管理平台仅具备事权分配功能，缺少根据降雨水位实时预报预警功能。

此外，在河道水位管控上，目前因河道水质及水景要求，只能在降雨前通过预排预降对河道水位进行临时调控，但是由于短时强降雨具有突发性和偶发性，预排预降机制仅能较好应对台风等预报机制较好的降雨条件，具有一定的局限性。

4.3.2 防涝面临的问题

4.3.2.1 宏观层面

（1）极端暴雨影响大

近十几年来，项目城市发生多起由台风降雨带来的内涝灾害。致灾降雨量最大的为 2007 年台风"菲特"，降雨量为 186mm，在全区共造成 4 处严重积涝点，馒头山社区因地势较低，在此次强降雨时无法及时排出涝水，最大积水深度达到了 100cm，内涝持续时间 120min；降雨持续时间最长的为 2019 年台风"利奇玛"，降雨时长为 3600min，在全区共造成 5 处严重积涝点，内涝持续时间 90min。

（2）渗透与调蓄有待强化

雨水径流的渗透和调蓄，即在雨水输送过程，结合城市公园绿地、湿地、水体等开发空间，综合考虑竖向、景观要求规划布局雨水调蓄设施，用以削减向下游排放的雨水洪峰流量、延长排放时间。

本项目在水域面积保护上已达到上位规划要求；在海绵城市建设上也积极推进试点建设，工作开展情况较好。2022 年 10 月，项目区开展了系统化全域推进海绵城市建设工作，对区域内新建、已建区域均因地制宜地提出了海绵城市建设要求。近期在内涝治理工作中，也应重视海绵城市相关建设要求，做好源头减排项目的规划衔接，减少地表径流。

（3）管渠有待提升

1）管道能力问题

雨水管道是城市区域地面涝水排入河网的主要通道。目前项目范围内的雨水排水管道还存在逆坡、大接小等影响排水能力正常发挥的结构性问题，加之建设年代较早的管渠标准已无法满足新标准下的排水能力需求。因此项目范围的雨水管渠仍面临改造提升的压力。

2）河道水位影响

汛期项目范围的河网高水位对既有雨水管道的排水有一定影响。在水位顶托情况和3年一遇及以上标准的降雨条件下，管网排水能力下降了72.86km（下降了32.5%）。其中新开河、新塘河排水片区受水位顶托影响最为严重，排水能力下降的管网分别达到了12.62km（下降了61%）和16.26km（下降了64.6%）；运河片、中河片、丁桥片受水位顶托影响次之，排水能力下降的管网分别达到了1.61km（下降了41.5%）、14.47km（下降了43.3%）、8.32km（下降了32.2%）。

与自由出流相比，水位顶托状态下，项目范围内涝风险区面积整体增加了约18.5ha（增加了40%）。其中，新塘河和中河片区，内涝风险区分别增加了2.7ha（增加了100%）和7ha（增加了97.5%）；九堡、彭埠、东河等片区内涝风险区分别增加了0.54ha（增加了86%）、0.18ha（增加了79%）、0.07ha（增加了63%）。

如何降低河网水位对管网排水的影响，改善涝水排放能力，也是项目面临的问题。河道顶托影响如图4-11所示。

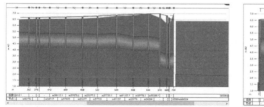 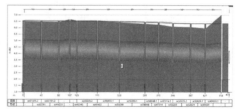

图4-11　河道顶托影响示意

（4）河道及闸站规模亟待提升

1）河道规模未达规划要求

河网是城市涝水排放的去向，规模达标与否将直接影响岸上的防涝安全。经梳理，项目范围内仍有相当规模的河网规模（宽度、深度等）未达到上位规划的整治要求。经评估，在河道规划规模达标的情景下，项目范围的内涝风险区整体减少了4.05ha（下降了6.2%）。其中，河道规模是否达标对九堡和彭埠片区的影响较为显著：九堡片区内涝风险区减少了3.19ha（降低了70%），彭埠片区内涝风险区减少了0.31ha（降低了28.3%）。

2）河道整体清淤亟须强化

河道清淤是用来缓解城市防汛压力较为简单的一种方式，目的是采用清淤除障的方式，以恢复原有水系的排水能力，从而改善片区防洪排涝条件。

项目范围内现状有 15 条河道的河床淤积超过 0.7m，一定程度上影响了河道的过流能力，为此应继续推进对河道的定期清淤工程，疏通主要排水通道，达到汛期顺畅排水的目的。

（5）局部低洼地要重点关注

在 50 年一遇涝标降雨下，项目范围存在部分低于河道模拟水位的地区，由于模拟水位高于地面高程，上述区域面临两个方面的问题：一方面是涝水无法自流外排至河道，另一方面存在河道水倒灌的风险。经统计评估，约有 2.74% 的区域，其地面高程低于涝标工况下的模拟河道水位，其余大部分区域的地面竖向标高在河道模拟水位以上。

（6）内涝管理机制有待完善

目前，项目所在地的内涝应急物资储备相对完善，但在内涝治理机制上仍有待完善。

首先，项目所在地当前内涝防治依托"城市内涝和运行安全智能协同应用"数字化平台进行管控，降雨时依托"现场巡查—反馈—事权分配"的模式进行灾害处理，尚缺少有效的灾前预警功能，容易延误最佳处置时机，抢险效率不高。

其次，项目所在地在内涝防治中，缺少与基层居民之间的信息互动，基层管理部门、广大市民对于汛情的认识不足，缺乏对内涝危险的感知，容易造成进一步的灾害损失。

因此，为了发挥广大基层工作人员的能力，提高降雨时市民对于内涝灾害的警惕性，在市、区已有应急预案的基础上，有必要补充建立一项以基层自治为核心的内涝工作体系。

4.3.2.2　中观层面

对 9 个排水片区现状本底及排水特征进行梳理，在中观层面上，各片区存在各自的排水问题特征，总结如表 4-18 所示。

表 4-18　各排水片区特征一览表

分区名称	下垫面情况	排水特征
彭埠片区	未开发、在建为主	未建区域竖向较低；已建区域按标准建设排水管网；风险区较少
九堡片区	近几年新建为主；低洼地较多	低洼地较多，潜在风险区较多；已建区域按标准建设排水管网，河道断面未达标，整体风险区较少

分区名称	下垫面情况	排水特征
运河片区	老城区、秋涛方渠特征问题	有水位顶托影响，排水能力不足，风险区较多
新塘河片区	新建为主、行政中心、亚运场地	水位顶托严重影响排水能力，但内涝风险较小
新开河片区	建设用地新老交替	水位顶托严重影响排水能力；已建区域按标准建设排水管网；内涝风险区较多
中河片区	老城区、商业区、开发建设程度高、人流量大、文保古建多	整体管道排水能力较低，水位顶托对排水能力有一定影响，但是内涝风险较小
丁桥片区	新建、在建为主	已建区域按标准建设排水管网；水位顶托对排水能力有一定影响，但是内涝风险较小
笕桥片区	新建、在建地块多；城中村；铁路下穿多	铁路下穿通道较多，潜在风险区较多；已建区域按标准建设排水管网，整体风险区较少
东河片区	老城区为主	整体管道排水能力较低，但风险区较少

4.3.2.3 微观层面

（1）存在大量下穿区域

项目范围内沪昆铁路、沪昆高铁贯穿全域，形成了大量的隧道涵洞等低洼区域。自然灾害风险普查资料显示，登记下穿通道66处，其中51处已设置排涝泵站，未设置排涝泵站的区域在强降雨时存在较高的内涝风险，将进一步加剧项目范围潜在的内涝风险。

（2）存在局部地势低洼地

本项目共存在14处最高点与最低点高差大于15cm的地势低洼地，虽然大多数低洼地周边均有雨水收集排出设施，但在短时强降雨情况下因雨量过大，现有雨水收集设施在较短时间内无法排出，增加了规划范围潜在的内涝风险。局部低洼地如图4-12所示。

图4-12　局部低洼地

4.4 防治目标

针对现状问题及特征，在规划目标上重点考虑建设管控、监测预警、应急联动、智慧管控等方面；在标准制定上采用源头径流控制标准、雨水管渠设计标准、内涝防治标准等。

4.4.1 总体目标

结合城市经济和人口发展情况，提出本地区的规划内涝防治目标。

规划到 2025 年，建立完善的城市排水防涝工程体系和智慧化管控体系，形成完备的应急联动和信息共享机制，城市排水防涝能力显著提升，内涝治理成效显著，基本消除严重城市内涝现象，城市安全运行得到基本保障。其中，城市内涝防治达标率达到 95%。

到 2035 年，建成完善的城市内涝治理体系和智慧化预报预警机制，按照"细雨留得住、强雨排得畅、暴雨不成涝、极端可应对"的目标要求，总体消除城市易涝区域和防治标准内降雨条件下的城市内涝灾害现象。

4.4.2 防治标准

内涝防治标准上，统一设置"管标、涝标和超标"三个层次。

"管标"降雨重现期：不低于 3 年一遇；

"涝标"降雨重现期：以 50 年一遇及以下降雨作为标准内降雨，同时以 50 年一遇设计降雨作为标准内最大降雨开展应对能力的分析；

"超标"降雨重现期：以 50 年一遇以上降雨作为超标降雨，采用 100 年一遇设计降雨和河南省郑州市 2021 年 7 月 20 日降雨作为超标极端降雨下的特征雨型开展应对能力的分析。

4.5 实施策略

基于城市现状防涝特征及问题，规划策略包括控源头、强河网、提管泵、保低洼、优管理五大方面。

4.5.1　控源头

针对地区短历时降雨与下垫面径流特征，源头控制措施是径流控制的有效手段。结合地区海绵城市建设相关要求，在新建区域，对不同类型的新开发地块以及道路、广场、绿地等提出具体的径流控制指标和策略，建设下凹式绿地、绿色屋顶、透水铺装、生物滞留、植草沟等径流控制设施，确保土地的开发虽然会一定程度上改变下垫面特征，但是地块外排径流总量和峰值流量能得以控制，从而保证下游已建管网收集的径流总量不会随城市化进程逐年急剧增加；在城市建成区，充分结合规划范围海绵城市系统化实施方案中的相关要求，结合城区改造，同步落实源头减排提升类项目，满足区域整体内涝控制目标。

4.5.2　强河网

针对内河顶托严重或者排水出路不畅的地区，提出内河整治和排水出路拓展措施，保证排水通畅。一是要"通"，规划范围内存在部分断头河道尚未连通，本次需要通过工程措施加以连通，保证排水的顺畅性；二是要"拓"，目前规划范围内未整治的河道中大部分未达到规划断面要求，对于区域排水能力有较大影响，应按照规划要求，在保证可实施的前提下，整治拓宽至规划排水能力断面要求；三是要"清"，规划范围内存在河道阻水点，且反复清淤整治后效果均不理想，近期需要对有关片区内的河道阻水情况进行调查，并实施阻水点清除工程，保障排水能力不受限。

4.5.3　提管泵

河道流域层面，对排涝能力不达标或建设不到位的泵站，提出新改建工程，确保片区防涝能力符合要求。

城市建设层面，城市新建区域，严格按照规范要求的设计标准进行雨水管渠及附属设施规划和建设，以保证排水设施能力；城市建成区，应尽量减少对已建管道的开挖及改造，对经评估不能满足排水能力需求且确实存在严重内涝积水的区域，结合实际情况，提出不得不改造的管道实施方案，在实际工作中可结合道路大修等项目同步实施，尽可能减少道路开挖对城市运行的影响。

日常维护方面，也要注重雨水口、雨水管道的养护及疏通，减少人为原因造成的内涝积水问题。

4.5.4 保低洼

首先，在涝标情况下，规划范围内有大约 2.7% 的区域竖向高程位于河道水位以下，以上地区的排水往往受排放水体水位的影响，降雨时容易造成排水不畅、河水倒灌等风险；其次，沪昆铁路、沪昆高铁贯穿全域，形成了大量的隧道涵洞等低洼区域，其中 51 处已设置排涝泵站，还有 15 处未设置排涝泵站，在强降雨时存在较高的内涝风险，将进一步加剧规划范围潜在的内涝风险。

4.5.5 优管理

除提出工程性措施，还提出非工程性措施，包括建立内涝防治设施的运行监控体系、预警应急机制以及建议出台相应法律法规等。针对地区当前防涝管理中灾时预警不足、基层力量调动不足的问题，创新性地建立一项以基层自治为核心的内涝工作体系——"内涝治理单元"。依托专业的在线智能感知设备，提高降雨时市民对于内涝灾害的警惕性，充分发挥街道和社区基层工作人员的能力，在市、区已有应急预案的基础上，有效提升规划范围内涝响应处理速度，创建"无涝"社区。

4.6 韧性提升措施

4.6.1 多要素集成

4.6.1.1 多因子、多系统协同治理

（1）河道阻水治理

河网是城市涝水排放的去向，规模达标与否将直接影响岸上的防涝安全。本项目中河道需完全落实规划断面要求，补全河道沟通工程，且定期进行河道清淤和阻水点治理，建全河道闸泵站，提高河道作为排涝通道的过流能力。

1）加强河道清淤疏浚、健全河道闸泵站

加强河道清淤疏浚与健全河道闸泵站是城市防洪排涝工作中两项至关重要的措施。加强河道清淤疏浚能够有效提高河道的输水能力，减少河床淤积，确保水流畅通，有助于迅速排除城市内暴雨等极端天气条件下可能引发的内

涝风险；健全河道闸泵站则为城市防洪排涝提供了更灵活、精准的水资源管理手段。通过合理设置和优化河道闸泵站，我们可以在不同季节、不同气象条件下灵活调控水位，实现对洪水和涝灾的精准防控。同时，这也为城市提供了更可靠的供水和排水系统，提高了城市抗洪排涝的整体应对能力。

规划新建桃花湖、疏浚大农港；疏浚笕桥港、新城港（二号港）、机场港；疏浚云普港（彭埠备塘河）、提升改造三堡排灌站、新建五堡排涝泵站、新建引水河节制闸；新建江干河（江干渠）节制闸工程。

2）阻水点调查和治理、河道连通

为进一步强化城市防洪排涝体系，需要开展阻水点调查和治理以及河道连通。通过科学调查和评估，全面了解城市内可能存在的各类阻水点，包括堤坝、渠道、桥梁等。通过治理阻水点，能够有效消除或降低潜在的阻水隐患，提高城市整体的防洪排涝能力。河道连通被视为提升城市水系系统整体运行效能的关键手段。通过优化和建设河道之间的互通通道，可以提高整个水系的承载能力，降低局部内涝风险。河道连通也有助于形成一个更为完整、有机的水域生态系统，促进水质净化、生态平衡维护，为城市提供更加可持续的水资源管理解决方案。

规划对勤丰港、东风港等河道开展阻水点调查和治理；新开河、新塘河开展河道阻水点调查和治理，实施新塘河与新开河沟通工程；引水河运河东路交叉口阻水点改造、新城港（二号港）艮山东路交叉口阻水点改造。

3）河道断面拓宽

通过增加河道断面的宽度，将有效增加水体的容积，为城市提供更大的水流储备空间。在面临暴雨等极端气象条件时，能够增强城市的洪水应对能力，减缓洪水带来的影响。

河道断面拓宽是落实上位规划一项至关重要的措施，通过前期科学合理的规划，确保在面临极端天气等挑战时，能够更加稳健地保护城市居民的生命和财产安全。

规划拓宽云普港（彭埠备塘河）与新城港（二号港）交叉口河道。

（2）排水管网优化

为全面提升城市防洪排涝体系的整体效能，规划重点推进排水管网的优化工作。排水管网优化是一项关键措施，通过科学规划和技术改造，可以提高城市排水系统的运行效率，确保在降雨过程中能够迅速、有效地排出雨水，防止发生内涝。

本次排水管网的优化主要包括雨水管道新建、倒坡逆坡管道改造、排水能力不足管道改善。通过细致入微的排水管网优化工作，将提高城市在极端天气条件下的排水能力，降低城市内涝风险，实现城市防洪排涝效能的全面提升。

本项目在排水管网优化方面重点有三：一是随城市规划建设补全未建成区域雨水管网；二是对部分还存在逆坡、大接小等影响排水能力正常发挥的雨水管道进行结构性问题改造；三是对无法满足新标准的老旧雨水管渠进行提升改造。

（3）易涝点治理与应急管理

针对易涝积水点与模拟分析得出的局部内涝风险区域，需规划展开"一点一策"治理，减少局部区域内涝风险。雨天需重点关注内涝高风险区域的应急响应和处置速度，加强巡查，保障第一时间内涝风险处置。易造成严重内涝灾害的区域，应设置水位监测系统。当典型区域的积水深度达到某一预警水位时，应采取临时封闭措施。

易涝点与风险区需规划足量配备排涝抢险专用设备。各级应急排涝管理部门和单位要按防涝应急设施配置标准配置防涝应急设施，包括移动排水设施，储备柴油机、柴油、雨衣、雨伞、靴子、铁锹、车辆、手电、编织袋等抗洪排涝抢险物资，保证抢险需要。

根据浙江省发布的《城镇内涝防治技术标准》，防涝应急设施排水能力宜根据城镇内涝风险等级，按表4-19规定配置。

表4-19　防涝应急设施排水能力配置标准

区块类型	防涝应急设施排水能力配置 [m³/（h·km²）]
内涝高风险区	≥150
内涝中风险区	≥130
内涝低风险区	≥100

根据规划范围内排水分区及其内涝风险等级情况，通过配备移动泵车来满足规划防涝应急设施排水能力。

（4）交通保障

1）地下通道与地铁

规划在下穿通道出入口处设置道闸和警示标志，当下穿通道内有客水进入，地面产生1~2cm的积水时，应及时向交警部门提出封道需求，当下穿通道内地面积水达到15cm时，应立即封闭整个通道，设置交通禁行标志，同时向交警部门或监管部门报告。

人行地下通道的出入口高出周边道路 15cm 以上的，当周边道路的客水漫延至出入口时，应立即采取措施封闭出入口。若人行地下通道的出入口与周边道路齐平，应当在出入口两侧配备沙袋或者临时排水泵等设备，人行地下通道的出入口处应设置挡水板、水位标尺和警示标志，当出入口处的积水深度达到 15cm 时，应立即封闭整个通道，设置交通禁行标志，同时向监管部门报告。

地铁出入口准备防汛挡板，当水位达到预警标线后，及时发布预警，安装防汛挡板并叠加沙袋，进行加固。

2）应急疏散

梳理现状城区内连接医疗机构、避难场所等的主干道，确保城区主干道路的畅通。在发生超标降雨前，应及时预警并疏散内涝中高风险区域的居民；降雨过程中通过抢险泵车抽排应急疏散通道上的内涝积水至周边河道，保障应急疏散通道畅通；内涝积水严重时，依靠橡皮艇、冲锋舟等应急设施沿救灾通道转移受灾群众。

4.6.1.2 多情景模拟与应对

除管标、涝标等标准工况内的情景模拟与措施制定外，还需对超标降雨情景进行模拟与措施制定。

（1）多情景模拟

超标应急管理所对应的情形，既包括超出城镇内涝防治标准的降雨，也包括极端天气带来的可能最大降雨，规划以 50 年一遇以上降雨作为超标降雨，以郑州"7·20"降雨作为极端降雨开展应对能力的分析。

本次模拟评估采用 100 年一遇超标降雨、郑州"7·20"极端降雨设计工况。在此两种工况下，评估管网和河道耦合后内涝积水情况，并根据内涝风险评估标准，划分相应的高、中、低风险区域，设计降雨历时采用 24h。

1）100 年一遇超标降雨设计工况

100 年一遇超标降雨工况下，新增风险范围进一步扩大、风险程度进一步加重。内涝风险区面积达到 136.9ha，其中高风险区面积 15.79ha、中风险区面积 27.97ha、低风险区面积 93.14ha。

相较于涝标工况下风险区面积，100 年一遇超标降雨工况下总风险区面积增加了 71.77ha。其中高风险区面积增加 13.73ha、中风险区面积增加 14.15ha、低风险区面积增加 43.89ha。

2）郑州"7·20"极端降雨设计工况

郑州"7·20"极端降雨设计工况下，新增风险范围进一步扩大、风险程度进一步加重。内涝风险区面积达到 158.44ha，其中高风险区面积 54.55ha、中风险区面积 64.41ha、低风险区面积 39.48ha。

相较于 50 年一遇标准内降雨风险区面积，郑州"7·20"极端降雨工况下总风险区面积增加了 112.85ha，其中高风险区面积增加 52.49ha、中风险区面积增加 50.59ha、低风险区面积增加 9.77ha。对比 100 年一遇超标降雨风险区面积，总风险区面积增加了 21.54ha，其中高风险区面积增加了 38.76ha，中风险区面积增加了 36.44ha，低风险区面积减少了 53.66ha。从整体上来看，总风险区面积增加较少，但风险恶化区域较多。

（2）超标应对

超标降雨已经超出了城市内涝防治系统的排涝能力，出现城市积水内涝是必然的，避险、抢险、救灾是应对超标情景降雨的主要方向。避险的方式包括预警预报、应急响应以及提前采取的各种工程措施和非工程措施等。抢险和救灾能力是城市管理能力的综合体现，也是政府社会管理能力的体现，需要借助于现代化、信息化、智慧化手段，快速反应、协同应对。特别是通过科普宣传和教育培训让群众养成主动避险意识，提高自救互助能力，对于降低灾害损失至关重要。

4.6.2 全过程闭环

全过程闭环是韧性防涝体系的重要保障。涵盖预防、准备、应对、恢复以及提升等各环节。通过源头预防、充分准备、有效应对和灾后提升，不仅能在灾后迅速恢复生产、生活秩序，也能不断完善和提升城市的防涝韧性。

规划针对防洪排涝的实际，建立统一领导分级负责、综合协调的集预防、准备、应对、恢复、提升全过程于一体且闭环的管理体系。依托城市内涝和运行安全智能协同应用，事前全面摸清辖区内各类应急资源及风险隐患分布情况，接入气象实时监测数据和动态预警信息，做到家底清、风险明、早布防；事中关联属地责任单位、行业主管部门、社会责任单位，全面掌握事件处置动态，结合 GIS、融合通信、视频感知等技术手段，做到多跨协同、风险提示、督办闭环；事后以时间轴形式进行全流程、各环节可视化展示，做到全记录、可追溯。实现城市运行过程中短临强降雨场景事前、事中、事后全流程闭环管理。

4.6.2.1 管理体制

该城市防涝管理主体主要是区城管局和区应急局。区城管局是城市排水防涝的行政主管部门，负责城市排水防涝的组织、指导、监督、检查、协调工作。区城管局下设路通集团负责市政排水防涝设施的日常运行、养护和管理。

防汛防台应急状态下，区政府设立人民政府防汛防台抗旱指挥部（以下简称"区防指"），在国家防总、省防指、市防指和区委、区政府领导下，组织指挥、统筹协调、督查指导全区防汛防台抗旱和抢险救灾工作。区防指办公室（以下简称"区防指办"），设在区应急管理局，办公室主任由区应急管理局局长兼任，办公室常务副主任由区应急管理局分管副局长兼任，办公室副主任由区住建局、区综合行政执法局、规划资源分局、区人武部等单位分管负责人担任。

建立有利于城市排水防涝统一管理的体制机制，城市排水主管部门要加强统筹，做好城市排水防涝规划、设施建设和相关工作，确保规划的要求全面落实到建设和运行管理上。

第一，要建立切实有效的防汛工程体系，形成以江堤河堤、区域除涝、城镇排水为骨干的"三道防线"防汛工程体系。

第二，要建立健全组织指挥体系，依据国家、市、区有关防汛法规，市、区（县）两级政府均建立防汛指挥部，市、区（县）各有关部门也有相应的工作机构，形成统一指挥、分级负责、条块结合、以块为主的防汛指挥体系。

第三，建立健全预案预警体系，按照应急管理的规范要求，防汛防台实行四色预警等级响应机制。市、区（县）两级政府和相关部门制订的防汛防台专项应急预案，对指挥调度信息发布、避险引导、人员撤离、应急抢险、物资调配、医疗救护等均需设定应急状态下的操作方案。

第四，建立信息保障体系，市级防汛指挥机构应建立信息系统，集成本市和流域的气象、水文、海洋、海事等信息，基本实现水情、雨情、灾情的实时采集和传输，防汛设施和抢险物资的数字化管理，以及多部门的远程会商和预警信息的即时群发。

第五，建立健全抢险救援体系，抢险救援体系主要由抢险物资和抢险救援队伍构成。抢险物资采取市级、区（县）级和专业三种方式储备，抢险救援队伍由防汛指挥部各成员单位的专业抢险队伍等组成。

4.6.2.2 日常预防

为进一步提升城区内涝防治能力，结合相关要求，提出排水防涝日常预防维护管理要求如下。

（1）建立防涝设施运行维护管理体系

加大对排水管网、泵站、涵闸、截污堰、溢流井、鸭嘴阀等设施和城市排水井盖的日常巡查与维护力度，加强对各类排水机械、电器设备养护的抽查巡检。排水设施维护单位要建立定期检查维护制度，积极采用 CCTV（闭路电视检测系统）、管网机器人等新技术、新设备、新工艺进行检测，提高运维养护效率。切实做好排水管道清疏，依据管网的实际情况和存泥量科学确定清淤次数，及时解决管道堵塞、淤积、损坏等问题。原则上，小型雨水管道（管径<600mm）清疏每年不得少于 2 次；中型雨水管道（600mm≤管径≤1000mm）清疏每 2 年不得少于 3 次；大型雨水管道（1000mm<管径）清疏每 2 年不得少于 1 次。

市政道路上的一、二级市政排水管道主要由市政管理部门负责清淤，目前基本上已建立起规范化的养护机制。在此基础上，还需建立起地块内针对三级排水管道的养护制度，聘请物业服务企业的住宅小区，由物业服务企业负责；实行自我管理的住宅小区，由业主委员会负责；机关企事业单位为单位内排水设施的责任主体，可采用自管或委托物业管理；商业区的排水设施管理责任由经营管理单位负责，可采用自管或委托物业管理。上述管理主体缺乏技术力量时，可通过购买服务的方式聘请有相应资质的第三方进行排水管道的清淤和养护。

（2）建立城镇洪涝灾害在线监测系统

建立城镇内涝在线监测系统，在内涝风险区、内涝风险点所在的主干河道、排水主干管道和雨水管网关键节点等位置设置监测流量、流速及管网运行情况等装置，监测装置宜采用自动控制系统。

雨水管网关键节点指雨水泵站、雨水排出口、雨水管网中流量可能发生较大变化的位置、位于主干道路交叉口的雨水管渠等。配备于雨水管网关键节点的监测装置，取得典型场景下雨水流量、地面积水深度、积水时间及流速等资料，可用于城镇防涝模型的率定，有利于提高城镇防涝模型的准确性，为内涝预警提供必要的科学支撑。

（3）建立常态化隐患排查机制

落实城市排水防涝设施隐患排查制度和安全操作技术规程，汛期前全面开展隐患排查和整治，清疏养护排水设施。对城区排水管网、泵站、涵闸等设施设备管理维护情况进行系统检查；对易淹易涝区域的排涝站、电源设备及雨水收集系统和汇水面等现场管控情况进行全面核查；对在建工地周边的排水设施开展重点摸排，查清排水管网堵塞、损毁等情况。加强安全事故防范，防止窨井致人坠落等安全事故。

（4）加强防涝设施执法管理

落实防涝设施维护管理责任制和联动管理机制，规范防涝设施管理，加大对堵塞防涝设施、随意填埋河道、损坏雨水管渠和盗窃窨井盖等行为的查处力度；重视新建雨水管网竣工验收工作，确保新建雨水管网按标准施工完成，方可达到防涝设计标准。

4.6.2.3　汛前准备

（1）健全应急指挥体系，筑牢安全防线

一是建立健全防汛预案。及时调整完善防汛应急预案，融合先进经验，整合优质资源，促使组织体系完整、人员信息完善，并通过细化应急工作任务、固化应急操作流程、强化应急值班制度，形成"集中指挥、统一调度、联合行动、条线处置"的系统应急指挥体系。二是全面部署落实责任。需实地检查防汛防台准备、处置等相关工作的落实情况，并全面部署、坐班指挥，分赴重点社区、重点点位，督导防御工作。各条线、各单位应立足岗位职责，机制顺畅、措施到位，即查即改重点安全隐患。

（2）强化应急处置能力，夯实防汛基础

一是扩充应急队伍力量。按要求调整防汛专业队伍结构，组建涵盖执法、环卫、市政、河道等条线的应急抢险队，分区域、分街道、分网格落实责任。并积极开展应急培训。更新完善系统防汛防台应急联系方式，确保沟通顺畅。二是整合应急物资储备。提前摸清"家底"，调试养护各类应急物资，确保汛情时调得动、用得上。

（3）全面处置防汛隐患，有效应对汛情

一是突出重点，强化保障。针对低洼地段、交通关键要道等部位以及涉河关键区域，重点强化风险管控，定人、定物资、定装备，形成高效应急处置圈，全面落实积水点的"一点一方案"。巡查重点区域，切实做好整改。针对各停车场（库）做好排水设施检查、排水沟清理以及沙包围挡等准备工作。二是注重数智，排除隐患。充分利用管道检测机器人、人行道砖等新型工具、材料，做好管网清淤等专项整治工作。

4.6.2.4　汛期应对

（1）监测与预警

1）信息监测预警

区综合行政执法局应加强对暴雨、洪水、台风、风暴潮、旱情的监测和预报，将结果报送区防指，并按权限及时向社会发布有关信息。区规划资源分局应加强对地质灾害的监测和预报，将结果报送区防指，并按权限及时向社会发布有关信息。遭遇重大灾害性天气时，应加强联合监测、会商和预报，尽可能延长预见期，并对未来可能发展趋势及影响作出评估，将评估成果报送区防指。

区防指建立监测预报预警信息定期会商制和周报制。区防指在汛前、入梅、出梅、台风来临前、汛后组织定期会商，必要时根据防汛形势随时会商；汛期，综合行政执法、规划资源部门每周一次向区防指报告监测、预报、预警、调度信息。对于可能发生或已经发生洪涝灾害和衍生事件的，事发地街道（管委会）和有关部门应及时向区防指办报告情况，初次报告不得超过20min（注：事件发生时至报告时；法律、法规、规章另有规定的，按规定办理）。重要汛情实行态势变化进程报告和日报告制度。报告内容主要包括时间、地点、信息来源、影响范围、事件性质、事件发展趋势和采取的措施等。应急响应启动后，按响应行动规定报送。

2）监测预报

区综合行政执法局及时收集发布省、市气象、水利等部门台风（含热带风暴、热带低压等）、暴雨、洪水、风暴潮预报信息；及时发布城市积涝信息；按照相关预案和规定发布河道、水利工程预警信息；牵头负责钱塘江堤塘和排涝站、闸管理单位建立日常巡查制度与安全监测、监管制度。

规划资源分局、各相关街道（管委会）以及有关社区（村）应当确定监测预警员，落实监测预警职责，及时将山洪灾害、地质灾害监测资料和信息报告区防指。

区住建局牵头危旧房信息监测工作，及时将危旧房监测资料和信息报告区防指。

3）预警措施

各街道和各有关部门要整合现有雨水情监测系统，充分利用信息化方法，加强重点目标和重点区域的监控。各部门要按照专业分工，明确监测科目，完善监测点位，并配备必要的监测和预警传播设备、设施和专兼职监测人员，在确认可能引发洪涝灾害的预警信息后，应根据各自制订的预案及时开展部署，迅速通知各有关单位和部门采取行动，防止事件的发生或事态的进一步扩大。

①降雨实时预警

区综合行政执法局收集提供降雨预警信息，区防指及时发布降雨预警，街道办事处、部门成员单位和有关单位接到预警后，应及时向所辖区域发出预警信息。

②台风预警

根据气象部门预报的台风（含热带风暴、热带低压等）动向及未来趋势预报，区防指办应及时将台风中心位置、强度、移动方向和速度等信息报告区防指，并通知街道和其他区防指成员单位。

各级防汛防台指挥、办事机构应加强值班，跟踪台风动向，通知相关部门和人员做好防台风工作。

区防指、区综合行政执法局和各街道应根据台风影响的范围，及时通知有关堤塘、水闸、泵站管理单位，做好防范工作。

各防指成员单位根据职责分工加强对辖区危旧房、地质风险防范区、地下空间、在建工地、桥涵、户外广告牌、行道树等设施的检查并采取加固措施。

③山洪和地质灾害预警

区主管部门和属地街道应编制山洪灾害防御预案，划分并确定区域内易发生山洪灾害的地点及范围，制订安全转移方案，明确工作职责和责任人。

凡可能遭受地质灾害威胁的地方，应根据地质灾害的成因和特点，采取预防和避险措施。区规划资源分局应及时向区防指汇报，按照有关规定程序发布预报警报。

山洪和地质灾害易发区应建立专业监测与群测群防相结合的监测体系，落实观测措施。汛期降雨期间应坚持 24h 值班巡查制度，一旦发现危险征兆，立即向可能影响区域发出警报，转移群众，并报区防指。

④内涝灾害预警

当气象预报将出现较大降雨或短历时暴雨时，区、街道防汛防台指挥机构及住建、综合行政执法等部门应按照各自职责，做好区域内有关设施排涝的准备工作。必要时，通知建筑工地、低洼地区居（村）民及企事业单位及时转移财产、组织人员疏散。

（2）应急处置

出现内涝灾害或防汛工程发生险情后，各街道、防指成员单位应迅速对事件进行应急处置、监控、追踪，并立即报告区防指；事发地所在街道（管委会）应当按照预案，根据事件具体情况，立即提出紧急处置建议，供区防指或上一级相关部门指挥决策；区防指应当迅速调集资源和力量，提供支持，组织有关部门和人员，迅速开展现场处置或救援工作；处置洪涝、台风等灾害和工程一般以上险情时，应当按照职能分工，由区防指或上级防指统一指挥，各部门和单位各司其职、团结协作、快速反应、高效处置，最大限度地减少损失。一是开展城市低洼积水地区的排涝抢险，抽调大功率水泵进行抽排水；二是组织应急救援抢险，实施危险区域、危险地段人员安全转移，进行临时安置；三是协调市有关部门加强城市河道防汛排涝调度，有效降低内河水位。

4.6.2.5 恢复提升

内涝灾害发生后的恢复提升工作涉及多个方面，包括居民住房、基础设施、城市内涝治理、产业恢复振兴、生态环境修复和应急管理等。具体措施如下。

• 居民住房：对受损的居民住房进行评估和重建，确保其安全性和适用性。住建部门应组织评估小组，对因灾倒损民房情况进行评估，并做好受损民房的质量评估工作。

• 基础设施：尽快修复被损坏的交通、水利、气象、通信、供水、排水、供电、供气、供热等公共设施，以恢复正常的社会秩序。特别是要修复受暴雨洪涝灾害影响而受损的河道和截污管道，提高行洪排涝能力。

• 城市内涝治理：完善城市排水与内涝防范相关应急预案，明确预警等级内涵，落实各相关部门工作任务、响应程序和处置措施。充分利用自然力量排水，及时启动应急响应。此外，还需加强流域洪涝和自然灾害风险监测预警，按职责及时准确发布预警预报等动态信息。

● 产业恢复振兴：根据洪涝灾害损失情况，出台支持受灾地社会经济和有关行业发展的优惠政策，鼓励各部门和社区的关键利益相关者参与决策过程。提供临时工作机会，如清理废墟、建筑施工、公共宣传活动等；与非政府组织合作，提供可持续的生活支持，包括生产工具和培训机会等。

● 生态环境修复：植被恢复尤其是自然恢复是切实可行的生态恢复措施，可以显著提升土壤碳氮固持能力，并有效抵御极端气候灾害带来的负面影响。保护修复城市江河、湖泊、湿地、山体等，保留天然生态系统。

● 应急管理：完善应急预案，有效应对风险，加强应急队伍建设，强化关键部位防范措施。在灾后评估与诊断中，利用内涝积水监测系统记录并分析灾害发生时的各项数据，为灾后评估提供翔实的数据支持。

4.6.3 多维度协同

4.6.3.1 强化空间管控与引导

强化国土空间的管控与引导。对发挥防洪防涝作用或处于洪泛区的公园绿地、公共空间以及沿海、滨水的重点功能区和社区，分别设置不同的管控指标体系，引导不同类型的用地朝着更具防涝适应性的方向发展，以整体功能优化为导向推动国土空间要素配置不断优化，对内涝风险较大的区域要限制其开发强度与建设密度。

（1）开发管控

重点加强城市竖向开发建设的管控，以避免因城市建设问题导致局部低洼，进而引起城市内涝。

规划范围内部分区块尚未开发建设，根据城市竖向专项规划、排水防涝专项规划、控制性详细规划等专业规划，新建地块地坪应按河道 50 年一遇洪水位加 0.5m 超高控制，同时应至少比地块周边道路高 0.2m。

在规划管控中，通过制定严格的建设规范和用地政策，确保新建项目在选址和设计阶段充分考虑竖向设计条件，避免因建设管控不足产生新的竖向问题。

在项目实施中，加大对城市竖向建设的监管力度，建立定期巡查和检测机制，及时发现并解决潜在的内涝隐患。对于存在排水问题的区域，第一时间进行整改，确保排水通畅，防止因城市竖向建设而导致的积水问题。

（2）海绵城市建设

为更全面优化城市防洪排涝体系，推进海绵城市建设，以创造更具韧性和可持续性的韧性环境。海绵城市建设旨在将城市规划与水资源管理相融合，通过自然和人工手段，最大限度地提升城市对降雨等极端天气条件的适应能力。

项目范围内在建及未开发建设用地，均要按要求落实海绵城市建设指标要求，做好雨水源头削减工作。根据海绵城市专项规划，对分区内源头场地及道路提出源头年径流总量控制率等具体管控要求，在降雨初期通过雨水花园等低影响开发设施调蓄部分雨水，一定程度上降低排水管网的汇水压力。

4.6.3.2 建立"内涝治理单元"工作体系

（1）工作体系

通过建立"内涝韧性单元"，可较为有效地优化空间布局，充分考虑人员的活动、国土空间与防涝体系的协同关系，确保规划措施在实际执行中的有效性。

为进一步提升城市防涝韧性，在市、区已有应急预案的基础上，建立以基层自治为核心的"内涝治理单元"工作体系。

"内涝治理单元"强调的是相对较小的治理范围，体现了基层治理工作的即时性。以规划范围为例，通过将全区空间划分为若干个内涝治理的基本单元，以内涝治理单元为基层治理的基本细胞，将不同层级的应急预案、应急启动措施、应急人员调配等，分解到各个治理单元。当单元内某一区域发生内涝时，内涝点所属治理单元能自动采取应急措施，做好灾害的防治工作。

以街道为单位，划分为14个基层治理单元，并重点选取每个单元中内涝高风险区域作为治理单元内的特征区域。

"内涝治理单元"依托防汛防台抗旱应急预案中的组织指挥体系，是街道、社区层面具体工作的优化。"内涝治理单元"确保应急措施既能系统统筹，也能自主高效运行，避免层层上报审批，影响应急处置效率。

总体来说，在此层面，街道应建立并落实防汛防台责任制，明确责任人及其工作职责，建立应急抢险队伍，备足抢险物资、设备机具，指挥协调所辖行政区域范围内防汛防台抗旱的预防、预警和抗灾工作，按照区防指要求及时统计上报相关信息；社区层面应负责组织本社区的防汛防台巡查、应急救援突击力量，落实应急抢险救援物资、设备及防范措施到点到位，及时统计和上报受损情况及处理相关救灾工作。

（2）响应机制

依托数字化治水平台，在降雨时，通过智能感知设备实时上传的积水水位信息，在相关部门的应急管理平台上可以直观显示出"城市积水状况一张图"，并实时展示各监测点位积水深度变化。

1）内涝险情响应——事发地预警

第一时间优先通知险情周边的人群。

降雨时，通过分布式液位仪可实时监测低洼区域的路面积水深度，水情警示屏幕同步展示液位计对应各等级的预警图例；当监测水深达到内涝风险等级下的预警水位时，警示屏幕立即显示路面水深及应对建议，通过显示屏幕第一时间对所处风险区及周边的居民、路人发出预警信息，并给出相关避灾建议；平台同步通过短信、微信、邮件等方式将积水预警信息实时推送至治理单元内的相关居民，并给出相关出行或避灾建议。

2）内涝险情处置——街道、社区应急响应

同步地，将内涝险情发送至所处社区及街道，根据险情第一时间进行风险处置。

在易涝点出现水位预警时，同步将险情实时上报社区及街道相关管理部门、险情所在的街道和社区，应及时根据内涝程度，组织开展相应的抢险工作。内涝发生后第一时间在治理单元内即可发现并解决。

3）内涝险情决策——城市应急响应

城市层面结合监测点位的险情，做好城市内涝风险的预判工作，及时组织对其他地区进行巡查抢险。

降雨期间，城市层面通过管控平台，可直观看到城市重点内涝点的风险情况。有重大内涝风险发生时，也会同步反映至管理决策平台中，防汛指挥部根据街道和社区的抢险工作开展情况，制定相应的防汛指挥机制。当内涝风险过大时，区防指应适时组织启动现场巡查工作，及时发现其他未监测到的险情并迅速进行抢险工作。内涝单元工作流程如图 4-13 所示。

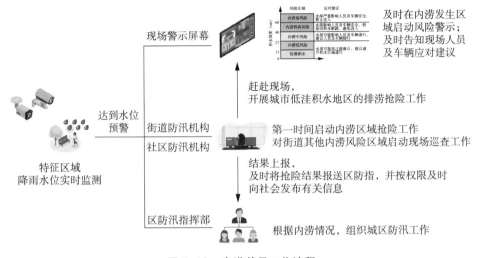

图 4-13　内涝单元工作流程

4.7　实施效果

　　管道采用推荐方案提标改造，骨干河道整治和排涝泵站、拍门设置等措施增加后，模拟 50 年一遇降雨下和河道耦合之后的积水情况。结果显示规划范围内高风险区已全部消除，中风险区共计有 25.89ha，低风险区共计有 9.25ha，内涝风险区总面积为 35.14ha。

　　与现状条件下的情况相比，内涝风险区域面积减少了 46.1%，其中高风险区域面积减少了 100%，规划实施后全区的内涝防治整体达标率为 99.71%。

　　按照规划制定的治理任务和实施计划后，项目范围内高风险区已全面消除，中、低风险区面积也大幅减少，方案预期治理效果已达到规划目标，并满足区域内涝风险防控要求。

5

实践篇二：丘陵城市内涝防治规划

丘陵地区一般分布在山地或高原与平原的过渡地带，丘陵地区的内涝防治规划需要兼顾管网系统的排水问题与山洪入城的问题，同时需结合场地实际条件，对区域内的内涝防治设施进行系统规划。

本章以浙江省东南部某丘陵城市为案例项目，介绍了典型丘陵城市内涝规划方案，以期为类似地区的内涝防治规划设计提供参考。

5.1　城市本底要素详查

5.1.1　城市概况

5.1.1.1　城市定位

该市行政区域面积 1105km²，现辖 8 个街道办事处、6 个建制镇，其下属 454 个行政村、94 个社区。

该市是全球最大的小商品集散中心，被联合国、世界银行等国际权威机构确定为世界第一大市场。先后荣获"2020 年度金五星优秀会展城市""2020 年度中国最具影响力会展名城"，是唯一获这两项殊荣的县级市。

5.1.1.2　人口规模

2020 年末，全市户籍总人口 853378 人，其中乡村人口 334220 人，城镇人口 519158 人。2020 年全市实现地区生产总值 1485.6 亿元，同比增长 4.0%；全市财政总收入 162.3 亿元，同比增长 6.4%；全体居民人均可支配收入达 71210 元，同比增长 4.5%，其中城镇常住居民人均可支配收入为 80137

元，增长 3.9%，农村常住居民人均可支配收入为 42158 元，同比增长 6.7%。

5.1.1.3 降雨及气候特征

研究区域属亚热带季风气候区，光温同步，雨热同季，温和湿润，光照充足，雨量充沛，四季分明。

该市多年平均气温 17℃，平均气温以 7 月最高，为 29.3℃，1 月最低，为 4.2℃。多年平均降水为 1418mm，以春雨、梅雨和台风雨为主；降雨量年内分配不均，其中 6 月降雨量最大（多年平均为 247mm），12 月降雨量最小（多年平均为 54mm），最大与最小比值为 4.6；汛期主要集中于 3—9 月，降雨量占全年降雨量的 76%。根据佛堂站 1980—2014 年实测蒸发资料（E601 型蒸发皿数据），多年平均蒸发量 882mm，最大年蒸发量 1008mm（2013 年），最小年蒸发量 727mm（1983 年）。

根据该城市雨量站 1951—2020 年历年实测资料分析统计：该市多年平均降雨量为 1378.9mm；年最大降雨量为 2010 年的 1962.4mm，其次是 2012 年的 1861.4mm；年最小降雨量为 1951 年的 796.3mm。年内降雨主要集中在 4—10 月，占年雨量的 71.3%；最大月平均雨量为 6 月的 248.6mm，占年雨量的 18.0%；最小月平均雨量为 12 月的 50.0mm，占年雨量的 3.63%。

5.1.1.4 地形地貌

研究区域以丘陵为主，东、南、北三面环山，地势自东北向西南缓降，构成一个南北长、东西短的长廊式盆地。地貌类型有低山丘陵、低丘岗地坳谷、河谷平原，分别占市域面积的 50.8%、36.9%、12.3%。南部与永康市交界的大寒尖，海拔 925.6m，为全市最高峰；北部大陈江边的瓦窑头，海拔 41.9m，为全市最低点。境内山地、丘陵、平原呈阶梯状分布。

该市境内地势起伏较大，东北部的大山海拔 906.6m，南部的大寒尖海拔 925.6m，西部的鹅毛尖海拔 840.7m，这三座山呈三足鼎立之势耸立在市域边界。中部为义乌江、大陈江、洪巡溪冲积而成的河谷平原。境内山地、丘陵、平原呈阶梯状分布，上游河道山高坡陡，河道比降大，河道较窄，遭遇大暴雨时，洪水流速大，涨势猛，冲刷力强，破坏力大，易于产生滑坡和泥石流。

5.1.1.5 河流水系

该市的河流分属钱塘江流域的东阳江水系、浦阳江水系和武义江水系。其中东阳江（该市段）水系位于该市中部，流域面积 812.9km²，约占全市总面积的 74%；浦阳江水系位于城市北部，流域面积 270.4km²，约占全市总面积的 24%；武义江水系位于城市南部，流域面积 21.8km²，约占全市总面积的 2%。

该市共有河道 635 条（主要河道 370 条），总长度 1251km，其中市级河道 3 条，即东阳江（该市段）、南江和大陈江，总长度 65.37km；县级河道 5 条，即航慈溪、铜溪、吴溪、八都溪和洪巡溪，总长度 75.22km。其他主要小河道 17 条，分别为前溪、后溪、六都溪、东青溪、青口溪、洪溪、鲇溪、蛇龙溪、城南河、杨村溪、香溪、石溪、和溪、环溪、东溪、西溪、缸窑河等。

5.1.2 历史内涝调查与积水点调查

5.1.2.1 历史洪水灾害

该市洪水灾害大都发生于 5—9 月，因梅雨或台风带来的暴雨造成，5—6 月以梅雨洪水为主，7—9 月以台风暴雨为主。山溪源短坡陡，两岸沙土不坚，易冲易淤。遇连日阵雨，则山洪暴发，洪峰异常迅猛，若伴随狂风冰雹，破坏性更为严重。

据资料记载，民国以前有记载的洪水有 5 次，民国十一年至三十六年的 25 年中，发生大水灾 8 次，其中洪水入城 2 次。中华人民共和国成立之后的 1950—2020 年，发生全市性水灾 13 次，局部性 6 次，洪水入城 3 次，洪涝灾害十分严重。

1950 年 6 月 22 日、23 日义乌江及沿岸溪沟泛滥。被淹稻田 5.69 万亩[①]，成灾面积 1.6 万亩；毁田 204 亩；毁较大水坝 12 处，溺死 1 人，受伤 2 人，冲倒房屋 25 间，溃堤 19 处；重灾区有下骆宅、抱湖塘、江湾、合作、佛堂等地沿义乌江堤岸处，以及义亭、上溪、苏溪、稠城等地大部分村庄。

1989 年 7 月 23 日突降特大暴雨，洪巡溪山洪暴发，洪水从东北角冲入城区，城中路以东以及新马路以西的人民医院受淹严重，最大淹没深度在 1.2m 以上。佛堂水文站实测义乌江洪峰水位 55.79m，流量 2810m³/s。巧溪水库溢洪道出水高 2.09m。全县有 22 个乡镇 207 个行政村被围困，巧溪、江湾、合作等 5 个乡镇政府被迫迁移上山，受灾面积 22.256 万亩，成灾面积 9.25 万

---

① 1 亩约为 667 平方米。

亩，损失粮食 106 万千克，受灾人口 25.16 万人，死 17 人，伤 160 人，总损失 1.056 亿元，是中华人民共和国成立以来最大一次洪水。该市市委、市政府领导亲临现场指挥抗洪，全市军民紧急动员，投入抗洪第一线，挽回了部分损失，保住大批农田、桥梁。而后又发动群众生产自救，抢修河道农田、修复冲毁路桥。

1997 年 7 月 7—11 日降暴雨。义亭、后宅、稠城、佛堂、倍磊、东塘、荷叶塘、廿三里、下骆宅、大陈、毛店、楂林等地受灾严重。一度被洪水围困的达 7500 人，毁坏公路 600km，山塘水库堤防决口 20 处，冲坏桥梁 5 座，高压线路损坏 6200m，经济损失达 3115 万元。8 月 19 日夜里，受 9711 号台风正面袭击，造成 40 年来未遇的大灾。导致 23 个乡镇、520 个行政村受灾，受灾人口达 21.4 万人，被洪水围困的人数达 13.7 万人，紧急转移安置 3600 余人，倒塌房屋 681 间，堤防毁坏 10.25km，其中决口 1.08km，38 条供电线路中断，城区各专业市场设施遭受较大损害，经济损失达 2.2 亿元。

2011 年 6 月连续 3 次遭遇大范围强暴雨。入梅前 1 次，梅汛期 2 次。6 月 3 日 16 时—7 日 16 时，平均雨量为 96mm；6 月 11 日 17 时—16 日 8 时，平均雨量为 220.2mm；6 月 18 日 22 时—20 日 8 时，平均雨量为 104.6mm。特别是由于某几个时段降水强度过大，导致农田、城镇村庄、道路等来不及排水或排不出去，形成内涝、积水、冲刷、浸泡，容易发生山洪、山体滑坡、泥石流和城市内涝、田间积涝等灾害。倒塌房屋 374 间，新增 22 处地质灾害点；农业直接经济损失 3518 万元，农作物受灾面积 3.58 万亩，绝收 5888 亩，损毁农田 176 亩；城镇低洼处积水较重，交通受阻，老铁路桥涵下、立交桥下、涵洞等低洼处积水严重，部分地区地下室发生渗透或进水。城区道路 19 处发生 150~1450mm 的积水，有几处 12 日、15 日、19 日都发生较深积水，严重影响交通，另 8 处公路漫水无法通行；农村公路塌方 62 处，塌方量 3035m³；挡墙倒塌 3 处 105m，路基塌方 4 处 34m；部分水利设施受到不同程度损坏，主要是堤防、水闸、山塘和渠道等水利设施，直接经济损失 3790 万元。

2019 年 6 月中下旬，由于连续多日降雨，造成该市多地发生洪涝灾害，据调查，全市主要洪涝灾害发生 40 余处，范围涉及佛堂、苏溪、上溪、大陈、义亭、赤岸、稠城、福田、江东、稠江、北苑、后宅、廿三里、城西 14 个街镇，如福田街道国际商贸城一区受淹，赤岸镇南青口、雅治街等村 2000 多亩农田受涝等，洪涝灾害损失较大。

2020 年 8 月 4 日下午，受 202004 号台风"黑格比"影响，该市普降暴雨，部分地区出现特大暴雨，河水暴涨，导致赤岸镇部分道路受阻、少数村庄开始出现积水，部分村民被困家中，山区有民房倒塌。据气象部门统计，8月4日10时至23时，全市平均面雨量达88.7mm，超过100mm的站点有10个。赤岸、大陈、苏溪都出现长时间强降雨天气，赤岸辖区内倍鱼线出现多处塌方和道路被毁，蒋坑、盆塘、鱼曹头等村供电、通信全部中断。

5.1.2.2 历史内涝灾害

（1）2014年6月内涝灾害

据全市水文监测系统统计，全市梅雨期平均降雨量为371.9mm，排历史监测记录第12位，比常年梅雨期降雨量245.8mm偏多51.3%，比上一年167.5mm偏多122%。最大雨量站点为上溪长富站464.5mm，最小雨量站点为东塘水库站284.0mm。

梅雨期暴雨相对集中，暴雨强度大。主要是6月20—22日出现了连续强降雨过程，全市6月22日平均降雨量为96.1mm，50个雨量监测点有26个站超过了100mm，全市6月20—22日三天降雨量平均达203.8mm。按最大24h雨量频率分析，义亭镇区域22日暴雨强度最大24h面雨量为10年一遇标准。点雨量姑塘水库、义亭铜溪站为10年一遇标准，利民水库、城市水文站接近10年一遇标准。

降雨量时空分布不均，且分布一反常态。义北山区常年高值区反而少，义西低值区反而大。三天面雨量最大为上溪的253.4mm，最小为大陈的167.8mm，最大值为最小值的1.5倍。特别是22日雨量最大的义亭达到131mm，是大陈（54mm）的2.4倍。

中南部区域暴雨集中，水库山塘均高水位运行，岩口、长堰2座中型水库和深塘、姑塘、南山坑、利民、蜀墅塘5座小（1）型水库超汛限水位，义乌江23日14时45分佛堂水文站洪峰水位54.19m，超警戒水位1.02m。由于河网水位高，部分河段出现漫顶，并造成大面积农田受淹和部分农户进水。据初步统计，全市农田受灾面积4.19万亩，850户农户进水，受灾人口39579人，直接经济损失巨大，上溪、佛堂、义亭等镇街受淹受灾较为严重。

（2）2015年7月内涝灾害

2015年7月17日18时55分至18日1时，该市上溪镇、城西街道、北苑街道、后宅街道等地出现特大暴雨灾害天气，降雨量为有水文历史记录以来的极值，超100年一遇。这次强降雨造成后宅街道32个村受涝、2500多户进水、倒塌房屋 10 处。该市机场新候机楼大厅被雨水淹没，跑道也有严重积水，机场临时取消了多个航班。

民航机场所处位置为北苑与后宅街道交界处，周边多为农田，排水渠按 5 年一遇要求建设，发生超 100 年一遇的大暴雨，雨水无法及时排出，造成机场被淹。

（3）历史内涝降雨量分析

由近 10 年历史内涝日最大降雨量分布（见图 5-1）可知，10 年来最大日降雨量在 2014 年 6 月 22 日，为 126mm，较低的最大日降雨量为 77mm，时间为 2020 年 6 月 19 日。从该分布图可看出，降雨时空分布不均匀，基本上每年夏季汛期城市都遭遇了暴雨，面临着强降雨袭击的风险，短时间的强降雨事件往往带来城市排水系统的瘫痪，排水不及时便会造成内涝，另外，城市快速发展带来的城市热岛效应、雨岛效应进一步影响了降雨的分布和强度，这会使得区域暴雨中心逐渐向城市化地区转移，加之该市的自然地势比较复杂，城市发生高强度暴雨的可能性更大。

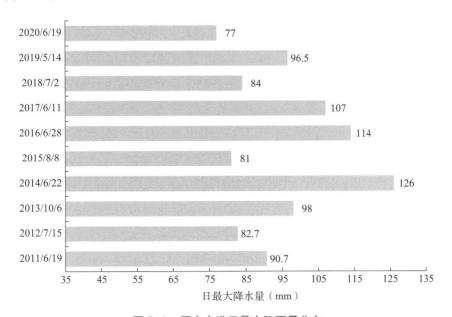

图 5-1　历史内涝日最大降雨量分布

5.1.2.3　积水点情况

历年的积水点都存在明显的空间聚集效应，空间分布格局主要是以老旧城区为核心的连片高密度分布以及城市新区零星散落分布的一核多点的空间分布格局。梳理该市历年易涝积水点个数发现，近年来内涝积水点的个数总体呈上升的趋势，并且出现不少整治后的积水点仍然产生内涝的情况，究其原因还是随着城市现代化进程的加快，城市规模不断扩大，城市病也不断增多。

根据形成原因，积水点主要可以分成以下五类：

- 由于瞬时雨量大，树叶、垃圾等堵塞雨水进水口造成积水；
- 由于雨水管道堵塞造成积水；
- 由于下游河道水位顶托导致河水倒灌，管道排水不畅，区域积水无法排出造成积水；
- 由于短时降雨超出设计排水能力造成积水；
- 由于施工原因造成积水。

5.1.3 防涝工程体系

5.1.3.1 城市防洪工程

该市规划主城区各防洪分区防洪标准为 20~50 年一遇。主城区为 50 年一遇标准，国际商贸城区为 100 年一遇标准，其他分区为 20 年一遇标准，城市排涝标准为 20 年一遇。该市城市防洪采取分区设防，分别建防洪堤形成防洪闭合圈，保护城市防洪安全。至"十三五"期末，义乌江主流已按规划基本建成 50 年一遇防洪闭合圈，佛堂镇区等重要区域防洪标准已从 10 年一遇提升到 50 年一遇；其他主要江河重要河段防洪标准在 20 年一遇以上；防洪、排涝、防灾的工程体系格局基本建成。

城区上游分布有不少的小型水库及高坝山塘、屋顶山塘，遭遇低重现期降雨时有一定的滞蓄能力，但遭遇超标暴雨洪水时，存在山塘水库垮坝风险。

5.1.3.2 内河水系

城区河道大部分为义乌江支流，主要分为江北和江南两大块，江北主要有前溪、后溪、六都溪、东青溪、洪溪、城南河、杨村溪、香溪，江南主要有青口溪、鲇溪、赤塘溪和石溪等。这些支流均发源于城市上游的山区，出山区后进入城区，然后穿城而过汇入义乌江。北苑街道部分、后宅街道全部雨水排入洪巡溪，最终汇入浦阳江。

城区河道按照 20 年一遇的规划防洪标准建设，大多已经过整治，除部分上游河道，基本上建设了堤防和驳坎，现状河道规模大小不一，宽度在 5~30m，道断面大多为矩形或梯形的直立式，护岸材质则多采用砌石和生态砌块等。但由于建设时间不一，没有统一的规划指导，内河断面未综合进行布局，部分河道有被缩窄和"卡脖子"现象，导致河道断面防洪排涝不能满足要求。

5.1.3.3 雨水管渠及附属设施

（1）现状雨水分区

根据用地性质、行政区划、地势地貌以及排入河道的不同，本次研究范围分为 5 个分区（见表 5-1）。

表 5-1 雨水系统划分

分区	名称	建成区汇水面积（km²）	排放河道
1	主城分区	42.8	城南河、杨村溪、香溪、义乌江
2	福田分区	13.3	洪溪、六都溪、东青溪、义乌江
3	江东分区	15.1	青口溪、鲇溪、赤塘溪、石溪、义乌江
4	廿三里分区	11.5	前溪、后溪、义乌江
5	后宅分区	9.8	洪巡溪、静安溪

（2）雨水泵站

该市为丘陵型地区，主要排水系统均为自然排入河道，现状无排涝通道设施及排涝泵站。雨水采用自流排放形式，区内雨水管道根据地形坡降敷设，分别就近自流排入青口溪、鲇溪、赤塘溪及石溪，但小部分流经下穿隧道的雨水无法自然排出，因此在下穿处设置雨水提升泵站。目前共计有 6 座雨水泵站。

（3）雨水管渠

根据 2020 年统计年鉴，该市 2020 年拥有市政排水管道总长度约 2161km，污水管道总长度约 1084km，雨水管道总长度约 1076km，无雨污合流管道。CCTV 检测报告覆盖的管网总长度达 293.32km，涵盖 118 条路段。会对管道过水断面面积产生损耗从而影响雨水系统的输水能力的功能性缺陷主要包括沉积、结垢、障碍物、残墙、异物穿入、坍塌、电缆线等。排水公司已对检测过程中发现的大部分问题进行了整治。

5.1.3.4 平面及竖向控制

（1）总体地势分析

根据 DEM 数字高程分析，中心城区局部的地势低洼点主要集中在义乌江两侧、后宅街道的城北路（环城北路以北）两侧、民航路以及商城大道（环城北路以北）附近片区。沿义乌江两侧的建成区地形标高普遍在 66~67m，处于区域的相对低点，与周边新建区域的标高差值有 1~2m，容易导致排水不畅。

（2）下垫面解析

对该市城区现状的土地类型情况进行解析，从表 5-2 中可以看出，现状建设用地、道路等硬化地表的类型占到总面积的 46%，水面占总面积的 5.9%，农用地等非建设用地占总面积的 8.8%。

表 5-2　中心城区下垫面情况

地表类型	建设用地	水面	农用地	绿地	道路	合计
用地面积（km²）	92.8	16.67	24.9	111.88	38.2	284.45
占比	32.6%	5.9%	8.8%	39.3%	13.4%	100%

对比 2011 年与 2020 年市域影像图，整个城市的现状布局随着义北、义南、北苑工业园区的新建相较于 10 年前更饱满，表现出典型的外延扩张特征，工业用地、商业用地与其他建设用地均有扩张，城市化的快速推进对城市下垫面影响较大，原先的可渗透地表转变为建成区后，径流系数发生较大变化，主城区内老城区建筑密度高，建筑、路面等不透水地面占比较大，新城区按新的城市规划标准建设，建筑密度相对较低，地面硬化程度也比老城区低；国际商贸城区块市场开发强度高，地面硬化程度高，其他分区的河道、水面、绿地面积较大。

5.1.3.5　下穿隧道与低洼区域现状

（1）下穿隧道

现有下穿隧道 17 处，分别为环城北路隧道、机场路隧道、洪深路隧道、柳青路隧道、春晗路隧道、环城西路隧道、北苑路隧道、国贸大道隧道、西站大道隧道、四季路隧道、雪峰西路隧道、同和路隧道、江滨南路隧道、佛堂大道隧道、城北路隧道、宗泽东路隧道、地下环路。

（2）低洼区域

对该市城区范围内的竖向控制情况进行了分析，将地块标高与其雨水排放对应河道的 30 年一遇降雨模拟水位进行对比分析，筛选出低于河道模拟水位的地块，经统计共 28 处。

5.1.3.6　生命线现状情况

生命线工程包括供水工程、排水工程、供电工程、通信工程、燃气工程、交通设施等重大基础设施。位于地势较低区域的供排水设施有江东污水厂、宗泽路—清波路雨水泵站、城北给水厂、篁园路污水泵站、钓鱼矶污水泵站，燃气设施有后宅二站汽车加气站与江东二站汽车加气站，电力设施有江东变、开诚变、长岛变、福田变，通信设施有四处通信机楼，处于低洼区域的公共服务设施主要分布在义乌江两侧以及规划范围线内的西北角，具有一定的内涝风险，主要地点为该市后宅中学、后宅小学、商城学校、丹溪中学、復元私立医院。

5.1.4　防涝管理现状

5.1.4.1　管理体系现状

目前该市的城市防洪排涝管理职能由建设、水利、市政等多部门共同承担，其中水利部门负责外江防洪、建设部门负责城区内涝，现有管理体系的智慧化程度还比较欠缺，应引入科技手段，提高极端天气预警后的应对管理效率。

5.1.4.2　应急体系与预案

该市现状应急体制表现为横向分散型，较为重视组织分工与分类管理，各个部门及相关单位都有较为完善的应急预案，这样能依据管理对象的属性不同而采取更具针对性的管理措施和手段，但是现状体系横向协调性不够，组织运行容易出现部门各自为政、互不隶属的情况，横向沟通成本较高，在跨部门协同时缺乏统筹协调的抓手，部门间机制打通情况还需要进一步加强。

5.1.4.3　生命线工程保障措施

目前生命线工程的抢修和维护职能都在企业，生命线工程的保障措施分受灾前和受灾期间两个阶段，相关部门针对超标降雨的应对措施还需要健全与完善。

5.1.4.4　灾害预警和智控设施现状

该市"智慧排水"综合管控系统作为金华市首个"城乡一体化、市域全覆盖"的综合性管控系统，是集监测、预警、分析、协同、解决于一体的全流程动态管控体系，综合管控污水厂、泵站、配套管网、在线监测点、源头监管、内河水系激活等要素，实时查看液位、水质、设施运行、事件上报处理等情况，达到排水设施信息化管理、智能化管控、高效化运维目标，切实提升该市雨污水管网应急处置能力。

5.1.4.5　超标洪涝应对

该市水务局已编制完成《超标洪水防御预案》，预案适用于东阳江干流发生超标洪水的防御及应急处置，重点为该市主城区。

5.2　模型构建与风险评估

5.2.1　模型构建

城市暴雨洪水内涝的模拟是建立具有代表性的城市排水管网系统和河流系统的数学模型，以及利用模型测试系统对不同条件的反映，以此了解其运作及相应效果的过程，更为真实地模拟地下排水管网系统与地表收纳水体之间的相互作用。本书采用数学模型法开展内涝风险评估，并以此为依据进行编制。

5.2.1.1　模型选择与方法

研究利用 MIKE Urban 对城市地下排水系统建模、MIKE 11 对城区河流系统建模，构建 MIKE 21 二维城市地表模型对研究区地表淹没情况进行模拟，发挥 MIKE FLOOD 模块的优势，将一、二维模型链接起来，弥补单一模型运行的不足，更真实地反映水流的交换过程，通过实测水位过程、淹没情况对模型进行率定，使计算结果更贴近实际。模型构建流程如图 5-2 所示。

5.2.1.2　模型概化

研究范围为该市中心城区，研究区总面积为 265.5km²。模型以义乌江为边界，分江北片、江南片两个片区研究，江北片面积为 212.1km²、江南片面积为 53.4km²。

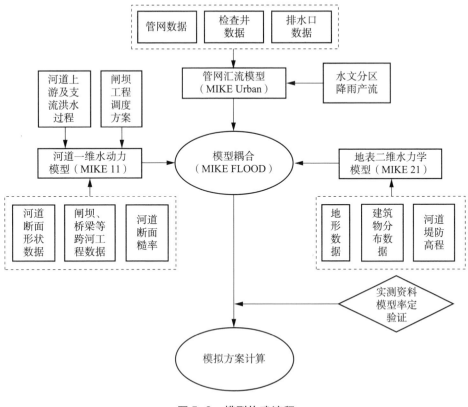

图 5-2　模型构建流程

（1）一维河网模型

一维河网模型基于实际河道走向、实测断面形状构建，并对阻水建筑物进行概化处理，能较真实地反映河道情况，模拟洪水在河道的演进过程，分析河道的防洪排涝能力，反映河道存在的问题。

1）江南片

根据水域调查及现场踏勘测量成果，江南片一维河网水利计算概化河道8 条，长约 24.7km，采用 119 个断面，共设置 20 处桥涵，堰坝 3 座。上边界山区入流采用流量边界，区间根据河道水系布局以旁侧入流的方式汇入河道，下边界采用义乌江水位。计算参数：计算时间步长 ΔS 取 5s，河道糙率取0.025~0.035。

2）江北片

根据水域调查及现场踏勘测量成果，江北片一维河网水利计算概化河道34 条，长约 144.7km，采用 702 个断面，共设置 211 处桥涵，堰坝 66 座。上边界山区入流采用流量边界，区间根据河道水系布局以旁侧入流的方式汇入河道，下边界采用义乌江水位。计算参数：计算时间步长 ΔS 取 5s，河道糙率取 0.025~0.035。

（2）一维管网模型

城市排水系统是由排水管道、明暗渠道、检查井、排水口以及其他附属构筑物组成的。模型在排水管网系统的建立中输入排水管段的管长、管径、流向、管底标高、坡度、检查井标高，输入检查井的管径、管底标高、管顶标高等。

通过一维管网模型的构建能够尽可能地模拟管网真实状态下的产汇流状态，从而对管网的排水能力进行分析。

1）江南片

①排水管网概化

根据管网普查资料及现场踏勘测量成果，江南片共概化检查井节点 5130 个，排水管道 5124 条，管道总长度 133.3km，排水口 114 处。

②子汇水区划分

模型构建中，子汇水区的划分结果应尽可能与实际的降雨径流汇流情况相符。本次根据流域情况划分城市水文单元，然后根据管道收集雨水情况，将城市水文分区划分子集水片区，将排水管网中的每个节点作为泰森多边形的划分依据，利用模型中汇水区自动划分工具对子集水片区进行再划分，成为子汇水单元。根据地类划分不同下垫面类型，对各子汇水单元设置不同的不透水系数，对子汇水单元划分及参数设置完成之后，再将各个子汇水区与每个节点相关联。

本次江南片共划分子流域 5120 片，总面积为 19.4km^2。

2）江北片

①排水管网概化

根据管网普查资料及现场踏勘测量成果，江北片共概化检查井节点 11088 个，排水管道 11186 条，管道总长度 557.8km，排水口 447 处。

②子汇水区划分

本次江北片共划分子流域 11550 片，总面积为 103.1km^2。

（3）二维地表漫流模型

二维地表漫流模拟的是在降雨后一维河网和一维管网漫出水后在二维地形的溢流过程，由 MIKE 21 模块实现，用来评估地面积水范围、时间及深度。

1）江南片

根据最新一轮水域调查收集的 DEM（2m×2m），利用 MIKE ZERO 将 DEM 处理成为 MIKE 21 模型可以识别的 dfs2 格式地形文件，计算网格精度为 24m×24m，地形图由 561×426 共 238986 个网格组成，将非研究区域处的地形设置为远大于研究区的地形，并设置为闭边界，得到研究区江南片的二维地形数据。

2）江北片

江北计算网格精度为 24m×24m，地形图由 953×827 共 788131 个网格组成，将非研究区域处的地形设置为远大于研究区的地形，并设置为闭边界，得到研究区江北片的二维地形数据。

（4）内涝耦合模型

通过把建立的一维河网模型（MIKE 11）、一维排水管网模型（MIKE Urban）和二维地表漫流模型（MIKE 21）在 MIKE FLOOD 平台上耦合模拟，能够反映研究区域城区中河道、雨水管网中水流流态过程及暴雨过程中地面可能积水的地方。

1）江南片

江南片区 8 条河道以侧向连接的形式与二维地形耦合，5130 个检查井节点与二维地形耦合，114 处排水口与河道耦合（其中外排义乌江的排水口设置水位边界）。

2）江北片

江北片区 34 条河道以侧向连接的形式与二维地形耦合，11088 个检查井节点与二维地形耦合，447 处排水口与河道耦合（其中外排义乌江的排水口设置水位边界）。

5.2.1.3 模型率定与验证

为验证模型各参数的合理性，在建模完成之后，对模型所得模拟结果进行率定与验证。本次采用研究区域 2021 年 5 月 12 日和 2021 年 7 月 30 日两场实测暴雨进行率定与验证，模型降雨流量过程通过实测雨量站点得到，河道水位边界通过义乌江实测水位站点内插得到。根据模型范围内实测河道水位与模型计算水位对比，实际调查积水点与模拟淹没图对照进行模型的率定与验证，进而使模拟结果具有较高的可信度。

（1）2021 年 5 月 12 日暴雨洪水验证

1）江南片

江南片选取鲇溪和青口溪两处典型实测水位站点，站点最高水位差均小于 0.07m，洪峰过程线重合度较好（见表 5-3）。实际调查易涝点与模拟淹没对照如图 5-3 所示。

表 5-3　2021 年 5 月 12 日暴雨洪水江南片水位站点实测与计算最高水位对比

单位：m

水位站点名称	计算最高水位	实测最高水位	相差
鲇溪站	60.41	60.35	0.06
青口溪站	60.49	60.56	-0.07

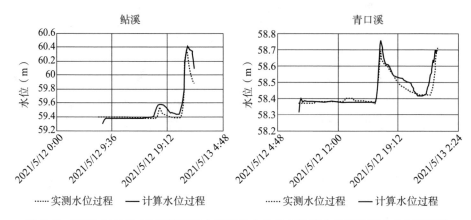

图 5-3　2021 年 5 月 12 日暴雨洪水江南片水位站点计算水位和实测水位过程对比

2）江北片

江北片选取东青溪、洪溪、杨村溪、六都溪、城西河、洪巡溪（后宅）6 处典型实测水位站点，站点最高水位差均小于或等于 0.10m，洪峰过程线重合度较好（见表 5-4）。实际调查易涝点与模拟淹没对照如图 5-4 所示。

表 5-4　2021 年 5 月 12 日暴雨洪水江北片水位站点实测与计算最高水位对比

单位：m

水位站点名称	计算最高水位	实测最高水位	相差
东青溪站	65.78	65.68	0.10
洪溪站	62.72	62.69	0.03
杨村溪站	57.00	56.90	0.10
六都溪站	63.53	63.48	0.05
城西河站	61.22	61.31	-0.09
洪巡溪（后宅）站	53.24	53.22	0.02

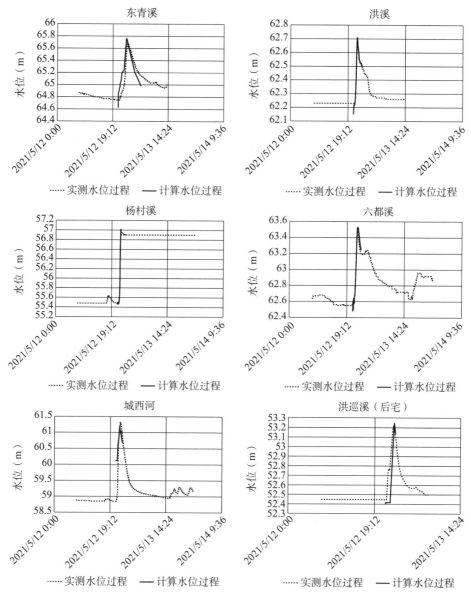

图5-4　2021年5月12日暴雨洪水江北片水位站点计算水位和实测水位过程对比

3）内涝风险率定

在本次建模范围内，2021年5月12日暴雨下实际发生的积涝点有45处，实际积涝点与模型模拟结果有31处拟合。考虑到本次模型仍为概化模型，无法完全反映实际运行状况，从前文水位、积涝点率定情况来看，率定结果相对较好，认为模型可行，可用于下阶段工作。

（2）2021 年 7 月 30 日暴雨洪水验证

1）江南片

江南片选取鲇溪和青口溪两处典型实测水位站点。站点最高水位差均小于 0.1m，洪峰过程重合度较好（见表 5-5）。实际调查易涝点与模拟淹没对照如图 5-5 所示。

表 5-5　2021 年 7 月 30 日暴雨洪水江南片水位站点实测与计算最高水位对比

单位：m

水位站点名称	计算最高水位	实测最高水位	相差
鲇溪站	59.69	59.71	−0.02
青口溪站	58.76	58.71	0.05

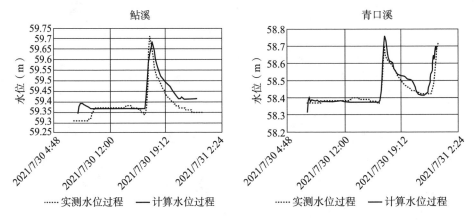

图 5-5　2021 年 7 月 30 日暴雨洪水江南片水位站计算水位和实测水位过程对比

2）江北片

江北片选取东青溪、洪溪、杨村溪、六都溪、城西河、洪巡溪（后宅）6 处典型实测水位站点。站点最高水位差除城西河站为 0.11m 外，其他站点均小于或等于 0.04m，洪峰过程重合度较好（见表 5-6）。实际调查易涝点与模拟淹没对照如图 5-6 所示。

表 5-6　2021 年 7 月 30 日暴雨洪水江北片水位站点实测与计算最高水位对比

单位：m

水位站点名称	计算最高水位	实测最高水位	相差
东青溪站	65.77	65.77	0
洪溪站	62.70	62.68	0.02
杨村溪站	57.67	57.63	0.04

续表

水位站点名称	计算最高水位	实测最高水位	相差
六都溪站	62.97	62.93	0.04
城西河站	61.30	61.19	0.11
洪巡溪（后宅）站	53.15	53.13	0.02

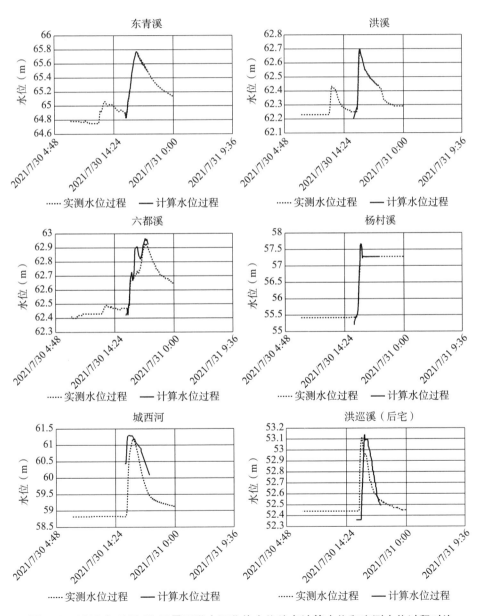

图 5-6 2021 年 7 月 30 日暴雨洪水江北片水位站点计算水位和实测水位过程对比

3）积水点率定

在本次建模范围内，2021年7月30日暴雨下实际发生的积涝点有34处，实际积涝点与模型模拟结果有26处拟合。考虑到本次模型仍为概化模型，无法完全反映实际运行状况，从前文水位、积涝点率定情况来看，率定结果相对较好，认为模型可行，可用于下阶段工作。

5.2.2 规划标准制定

5.2.2.1 雨水径流控制标准

根据《城镇内涝防治技术标准》（DB33/T 1109—2020）的规定，雨水径流控制应包括平面及竖向控制和源头控制。

城镇规划建设宜采用渗透和调蓄等措施控制区域综合径流系数。低重现期短历时降雨条件下的径流系数不得超过表5-7规定的限值。

表5-7　低重现期短历时降雨条件下的径流系数控制要求

区块类型	径流系数控制要求
建成区	0.7
新建区	0.6

城镇用地改建时，相同设计重现期下，改建后的径流量不得超过原有径流量。新建城区雨水宜就地处理和利用，综合径流系数应不超过0.6。综合径流系数高于0.6的地区应采取渗透、调蓄等措施。

5.2.2.2 雨水管渠设计标准

城市管渠和泵站的设计标准、径流系数等设计参数根据《室外排水设计标准》（GB 50014—2021）及《城镇内涝防治技术标准》（DB33/T 1109—2020）的要求确定。其中，径流系数应按照不考虑雨水控制设施情况下的规范规定取值，以保障系统运行安全。

（1）《室外排水设计标准》（GB 50014—2021）

《室外排水设计标准》雨水管渠设计重现期如表5-8所示。

表5-8 《室外排水设计标准》雨水管渠设计重现期　　　　单位：年

城镇类型	城区类型			
	中心城区	非中心城区	中心城区的重要地区	中心城区地下通道和下沉式广场等
超大城市和特大城市	3～5	2～3	5～10	30～50
大城市	2～5	2～3	5～10	20～30
中等城市和小城市	2～3	2～3	3～5	10～20

注：1. 表中所列设计重现期适用于采用年最大值法确定的暴雨强度公式；

2. 雨水管渠按重力流、满管流计算；

3. 超大城市指城区常住人口在1000万人以上的城市；特大城市指城区常住人口在500万人以上1000万人以下的城市；大城市指城区常住人口在100万人以上500万人以下的城市；中等城市指城区常住人口在50万人以上100万人以下的城市；小城市指城区常住人口在50万人以下的城市（以上包括本数，以下不包括本数）。

（2）浙江省《城镇内涝防治技术标准》（DB33/T 1109—2020）

《城镇内涝防治技术标准》雨水管渠设计重现期如表5-9所示。

表5-9 《城镇内涝防治技术标准》雨水管渠设计重现期　　　　单位：年

城镇类型		城区类型			
		中心城区	非中心城区	中心城区的重要地区	中心城区地下通道和下沉式广场等
杭州、宁波		3～5	2～3	5～10	30～50
其他地级市及义乌	浙东沿海、浙北平原	2～5	2～3	5～10	20～30
	浙西、浙中南丘陵山区	2～3	2	3～5	10～20
县级市、县城和其他建制镇	浙东沿海、浙北平原	2～3	2～3	3～5	3～5
	浙西、浙中南丘陵山区	2	2	2～3	

注：1. 经济条件较好，且人口密集、洪滞灾害易发的城镇，应采用规定的上限；

2. 新建地区应按规定执行；老城区应结合地区及道路改建，按本标准改造排水系统；

3. 同一排水系统可采用不同设计重现期，其中，下游雨水干管（渠）宜取上限；

4. 中心城区重要地区主要指行政中心、交通枢纽、学校、医院、商业聚集区及重要市政基础设施等。

5.2.2.3 内涝防治设计重现期

（1）《城市排水（雨水）防涝综合规划》要求

上一版《城市排水（雨水）防涝综合规划》中提到该市的内涝防治标准为：中心城区能有效应对不低于30年一遇的暴雨，国际商贸城区域能有效应对不低于 50 年一遇的暴雨，其他各乡镇能有效应对不低于 20 年一遇的暴雨。

（2）《室外排水设计标准》（GB 50014—2021）要求

1）内涝防治设计重现期（见表 5-10）

表 5-10　内涝防治设计重现期
单位：年

城镇类型	重现期	地面积水设计标准
超大城市	100	1. 居民住宅和工商业建筑物的底层不进水； 2. 道路中一条车道的积水深度不超过 15cm
特大城市	50~100	
大城市	30~50	
中等城市和小城市	20~30	

2）对应重现期下的最大允许退水时间

内涝防治设计重现期下的最大允许退水时间应符合表 5-11 的规定。人口密集、内涝易发、特别重要且经济条件较好的城区，最大允许退水时间应采用规定的下限，交通枢纽的最大退水时间应为 0.5h。

表 5-11　最大允许退水时间
单位：h

城区类型	中心城区	非中心城区	中心城区的重要地区
最大允许退水时间	1.0~3.0	1.5~4.0	0.5~2.0

（3）浙江省《城镇内涝防治技术标准》（DB33/T 1109—2020）要求

1）内涝防治设计重现期（见表 5-12）

表 5-12　内涝防治设计重现期
单位：年

城镇类型	城区类型	
	中心城区	非中心城区
杭州、宁波	50~100	20~50
其他地级市及义乌	30~50	20~30
县级市、县城和其他建制镇	20~30	10~20

注：1. 其他地级市指温州市、台州市、金华市、绍兴市、嘉兴市、湖州市、衢州市、丽水市、舟山市；其他建制镇指浙江省除 11 个地级市及义乌市外的城镇；

2. 经济条件较好，且人口密集、洪涝灾害易发的城镇，宜采用规定的上限或更高标准；

3. 同一城镇的不同地区可采用不同的内涝防治设计重现期，重要城市基础设施及中心城区重要地区宜采用规定的上限或更高标准；

4. 特殊地区需要对标准进行适当调整的，应进行专门说明，必要时应进行专题论证；

5. 表中所列重现期均为按年最大值法取样统计分析确定。

2）城镇内涝的控制要求（见表 5-13）

表 5-13　内涝防治设计重现期下城镇内涝的控制要求

重要程度	积水范围	积水时间（h）	积水深度（cm）
中心城区重要地区	住宅小区底层住户不进水，工商业建筑物一楼不进水	t≤0.5	h≤15（8）
中心城区		t≤1.0	
非中心城区		t≤1.5	

注：1. 积水深度的控制要求是指城镇干道中至少双向各一条车道的积水深度不超过限值；

　　2. 括弧内数值为地面积水流速超过 2m/s 地区的积水深度控制要求；

　　3. 积水范围、积水时间、积水深度的控制要求需同时满足。

5.2.2.4　该市城市防涝标准制定

根据《室外排水设计标准》（GB 50014—2021）、浙江省《城镇内涝防治技术标准》（DB33/T 1109—2020）的有关要求，结合该市的实际情况，提出综合、系统、统一、分层次的城市防涝规划标准，主要包括以下内容。

（1）综合、系统的防涝标准

对《室外排水设计标准》（GB 50014—2021）和《城镇内涝防治技术标准》（DB33/T 1109—2020）的有关规定进行综合，明确城市防涝标准是指包括市政排水工程体系、水利排涝工程体系在内的城市防涝体系的防涝标准，体现城市防涝的综合性和防涝标准的系统性。在这个标准下，城市防涝体系是一个有机整体，不再单独设置市政排水工程的排水标准和水利排涝工程的排涝标准。

（2）统一、分层次的防涝效果

城市防涝标准统一设置管标、涝标和超标三个层次，三个层次的防涝标准对应三个不同的防涝目标效果，防涝效果主要以在城市防涝体系协同发挥作用情况下的积水深度、积水时间、城市基本功能正常发挥程度等指标体现。在这个标准下，管标适用于雨水管渠设计，涝标和超标适用于整个城市防涝体系设计与能力复核。

1）管标

重现期：2~30 年，其中中心城区 3 年，非中心城区 2 年，中心城区重要地区 5~10 年，中心城区地下通道和下沉式广场等 30 年。

中心城区下穿立交道路的重现期应按上述规定执行，非中心城区下穿立交道路的重现期不应小于 10 年，高架道路雨水管渠设计重现期不应小于 5 年。

防涝效果：除了低洼绿地、低地公园等用于蓄滞雨水的空间，建成区地表不产生积水，可以概括为"管标降雨畅快排"。

2）涝标

重现期：20~50年，其中国际商贸城、机场、下穿立交、隧道和下沉式广场以及生命线工程等重要区域为50年，中心城区其他区域为30年，非中心城区为20年。

防涝效果：积水深度为居民住宅、工商业建筑物、公共建筑物的底层不进水，道路中一条车道的积水深度不超过15cm；积水时间为重要区域不超过0.5h，城区其他区域不超过1.0h。可以概括为"涝标降雨不成灾"。

3）超标

重现期：将50年一遇以上降雨作为超标降雨，同时以中心城区100年一遇设计降雨和河南省郑州市2021年7月20日降雨作为极端降雨开展应对能力的分析。

防涝效果：人的生命安全和城市生命线工程安全有效保障，城市基础设施运转基本正常，城市公共服务基本正常发挥，可以概括为"超标降雨可应对"。

（3）统一的水文条件

1）边界条件

①管标：城市集水区降雨重现期为管标，遭遇义乌江5年一遇洪水位。

②涝标：需考虑两种组合，城市区域在这两种组合时都应能够达到涝标的防涝效果。组合一：城市集水区降雨重现期为涝标，遭遇义乌江5年一遇洪水位。组合二：城市集水区降雨重现期为管标，遭遇义乌江50年一遇洪水位。

③超标：50~100年一遇或河南省郑州市"7·20"实际暴雨、浙江省余姚市2013年"菲特"实际暴雨，遭遇义乌江50年一遇洪水位。

2）降雨历时

城市防涝规划设计降雨历时统一为24h。

3）降雨过程

24h内的雨型按照《浙江省短历时暴雨》规定的模式确定，最大1h雨量采用该市城市暴雨公式计算成果，并采用芝加哥雨型进行分配；其余各小时的逐时降雨在扣除最大1h雨量后按照《浙江省短历时暴雨》提供的方法和参数确定。

4）降雨产流规则

统一采用初损稳损法确定，按照不同地类逐时净雨计算产流过程，建成区按综合径流系数确定产水，涝标、超标工况下对各雨水分区的径流系数进行修正。

5.2.3 风险评估

5.2.3.1 管道排水能力评估

模拟管网和河道耦合后的真实工作状态下的管网排水能力，得出真实状态下，在 1~5 年重现期的设计降雨下，非满管的管网长度约为 154.61km，占比 22%，满管长度约为 549.7km，占比 78%。

5.2.3.2 内涝风险评估

（1）现状情景模拟

本次模拟评估采用义乌江遭遇 5 年一遇防洪水位作为河道水位边界，采用现状地形及管道测绘资料、河道断面测绘资料，分别构建现状条件下的雨水管道和河道模型，中心城区分别模拟 2 年一遇、5 年一遇、30 年一遇、50 年一遇设计降雨四种工况，并根据内涝风险评估标准，将区域的防涝标准划分相应的高、中、低风险区域。

情景一：评估管网和河道在耦合条件下，遭遇 2 年一遇设计降雨下内涝的分布情况，设计降雨历时采用 24h。

江南片积水区主要分布在阳光大道南侧青口物流中心附近、阳光大道江东东路附近路段、万厦御园小区、桥东社区、江南 5 区、江南 4 区、南山路下傅小区附近路段、后园村局部区域等。

江北片积水区主要分布在城北路沿线、宗泽北路环城路附近路段、北站大道附近、香溪路西城路附近路段、商城大道西城北路交叉口北侧区域、冬青溪两侧、六都溪两侧、涌金大道开元北街附近路段、诚信大道武德路附近路段等。

情景二：评估管网和河道在耦合条件下，遭遇 5 年一遇设计降雨下内涝的分布情况，设计降雨历时采用 24h。

遭遇城区 5 年一遇雨量（最大小时降雨量 58.0mm、外江 5 年顶托）局部低洼区块积水深度已经超过 0.5m，相较于 2 年一遇降雨积水范围更大、程度更深。

情景三：评估管网和河道在耦合条件下，遭遇 30 年一遇设计降雨下内涝的分布情况，设计降雨历时采用 24h。

从结果得知，内涝积水深度和积水时间分布规律大致相同，江南片区集中的积水区域主要分布在香溪路两侧、江东中路和阳光大道附近，其中积水深度在 0.15m 以上、积水时长在 0.5h 以上的道路主要分布在香溪路、江东南路、南山路、江东中路、义东路、宾王路、阳光大道、环城南路、五爱路、宗泽东路、下王路、江东东路、商博路。

江北片区的积水区域主要分布在六都溪两岸、冬青溪两岸和城北路沿线。其中积水道路主要是北站大道、城北路、稠州北路、商城大道、紫金路、兴隆大街、丹溪北路、新科路、富港大道、香溪路、四季路。

情景四：评估管网和河道在耦合条件下，遭遇 50 年一遇设计降雨下内涝的分布情况，设计降雨历时采用 24h。

江南片区集中的积水区域基本与情景一相同，积水深度略有增加，江北片区集中的积水区域相比情景一有所增加，积水深度也略有增加。增加的积水道路主要是宾王路。

（2）内涝风险区划

将城区 30 年一遇降雨、外江 5 年顶托工况和城区 50 年一遇降雨、外江 5 年顶托工况下模拟结果进行叠加，国际商贸城和机场区域按照 50 年一遇降雨下的内涝积水范围，中心城区其余区域按照 30 年一遇降雨下的内涝积水范围进行叠加，得到该市现状条件下在内涝标准内降雨的条件下可能出现积水的最大积水范围。

内涝标准下，中心城区高风险区共计有 1038.61ha，中风险区共计有 514.03ha，低风险区共计有 661.33ha。

在内涝标准下，中心城区去掉农用地、绿地等还有风险区域共计 1275.71ha。

内涝防治达标率(%)＝(达到内涝防治标准的面积/建成区总面积)×100%；

根据《2021 年该市国民经济和社会发展统计公报》，截至 2021 年末建成区面积达到 111.11km²，则现中心城区的内涝防治整体达标率为

$$\frac{(111.11-12.7571)}{111.11} \times 100\% = 88.5\%$$

（3）生命线工程风险评估

生命线工程主要包括供排水工程、供电工程、通信工程、燃气工程、城

市交通工程等设施。同时考虑医院、学校、行政机关等公建单位的重要性，因此它们也是本次规划生命线工程保障的重要内容之一。

在遭遇城区 30 年一遇设计降雨，义乌江 5 年一遇洪水的条件下，经统计共有 14 处重要公建设施、14 处重要市政设施、3 处下穿隧道、27 条主要市政道路面临积水风险。

国际商贸城整体积水深度都在 0.5m 以上，购物旅游区的积水深度在 2m 以上，浙江大学医学院附属第四医院的积水深度达到了 2.59m，不仅该地块的正常使用功能受到影响，同时也容易产生次生灾害。

市政设施地块最大积水深度没有超过 2m，但是宗泽路江东路泵站、第一污水厂、110kV 山翁变、四季路下穿环城路北雨水泵站、环卫处有机生物处理中心等地块的最大积水深度都超过了 1m，不仅该地块的正常使用功能受到影响，同时也容易产生次生灾害。

城北路下穿隧道、四季路下穿隧道、地下环路三处设施的最大积水深度都超过了 0.15m，已影响机动车的正常通行，需要对上述道路进行封闭，并采取临时交通管制措施，发布消息对市民进行告知。

对于市政道路的积水情况进行梳理，共计有 27 条道路产生不同程度的积水，像新科路（戚继光路—贝村路）、稠州路（戚继光路—贝村路）、城北路（二绕—北站大道）、城北路（兴隆大街—阳光大道）、南山路（江东南路—南门街）等路段最大积水深度都在 3m 以上，实际一旦发生将严重影响交通出行和市民生命安全，需要采取临时交通管制措施，并发布消息对市民进行告知，避免出现人员伤亡。

（4）居住区及工商业地块风险

在一般地区遭遇城区 30 年一遇设计降雨、义乌江 5 年一遇洪水，重要地区遭遇城区 50 年一遇设计降雨、义乌江 5 年一遇洪水的条件下，经统计共有 125 处居住小区、工商业建筑面临积水风险。

5.3 问题与成因分析

5.3.1 自然层面

该市自然状况复杂，亚热带季风气候特点明显，梅雨和台风暴雨是造成该市内涝的主要灾害天气，梅雨性洪水总量大、历时长、范围广，台风暴雨降雨强度大、历时短，造成严重的风暴与内涝灾害。近年来，在全球气候变暖引起的极端天气影响下，该市降雨呈现短历时、强降雨加重的变化趋势，极端天气引起的特大暴雨是造成城市内涝灾害的最主要原因。

对"0512 场次降雨""0730 场次降雨"2 场暴雨各站点的最大小时降雨量与调查的暴雨积水点进行空间分析，强降雨与暴雨积水点分布的重合度较高。目前该市采用的是最新暴雨强度公式，与旧公式结果相比，在降雨历时15~60min 时段，增加了 22%～29% 的雨水量，而该市政排水管计算采用的降雨历时基本位于这个时段，改用新公式后，现状雨水管的标准降低。

5.3.2　城市层面

5.3.2.1　部分河道行洪断面不满足要求

该市为丘陵型地区，城区水系发源于城市上游的山区，出山区后进入城区，穿城而过后汇入义乌江（北苑街道部分、后宅街道全部雨水排入洪巡溪）。现状河道规模大小不一，宽度在 5~30m，河道断面大多为矩形或梯形的直立式，护岸材质则多采用砌石和生态砌块等。但由于建设时间不一，没有统一的规划指导，内河断面未综合进行布局，部分河道有被缩窄和"卡脖子"现象，导致河道断面防洪排涝不能满足要求。根据分析，城区河道防洪未达标的有：城中河雪峰西路至工人西路段、城东河新马路—怡乐新村段、城南河，洪溪支流商城大道及出口段，东青溪城区段商贸城附近（诚信大道—银海路），六都溪云溪村—入江口段，前溪拨浪鼓广场附近，后溪金桥人家—入江口。

5.3.2.2　上游山区洪水汇入城区，下游地势低洼受义乌江水位顶托

该市的地形决定了防洪的复杂性，中心城区依江而建，局部的地势低洼点主要集中在义乌江两侧区域，自身地势标高较低，同时城区水系上蓄不足，山区性河流源短流急、洪水量小峰大、历时短，每遇大范围持久降雨或局部大暴雨时，山区洪水汇入城区，下游又有义乌江水位的顶托，导致老城区低洼区域管网排水不畅或河水漫溢，较易发生积水内涝。从地形地势的分布图上可以看出，自北向南呈现两头低中间高的地势分布，义乌江沿线和高铁站周边区域的地势整体低于其他地区，洪水出路不足，造成区域内

涝灾害时有发生。

5.3.2.3 中心城区水面率不足

随着经济社会的快速发展，该市的建成区面积从 1981 年的 3.72km² 增长至 2020 年的 109.5km²，城市化水平从 2000 年的 55.2% 增长至 2020 年的 80% 左右。

随着该市城市化建设的迅速推进，水域空间形势变得十分严峻，破坏河湖水域的乱占、乱采、乱堆、乱建的现象仍然存在，乡镇河道和农村河沟水系极易被占用，一些水系被工程建设割裂得四分五裂，形成一个个孤岛、一条条"断头沟"、死水沟，局部区域内涝严重。2019 年，该市共查证水域监测变化图斑 120 处，其中查处占用水域图斑 43 处。目前，乡镇河道和农村河沟等水系确权划界工作尚在推进中，水域空间尚未明确，全市水域一张图工作尚需积极创建，水域空间管控难度大。

根据《浙江省河道建设标准》规定，新建开发区（工业园区）或城市新区建设，应同步进行水系布局，一般应有 8% 以上的水面率。目前中心城区的水面率为 5.86%，与标准还有一定的距离，应严格禁止随意填埋坑塘、水面和占用河道的现象。

5.3.2.4 排水行泄通道和滞蓄空间不足

该市和我国很多城市都缺乏超过管网排水能力降雨径流的行泄通道，即大排水系统，另外还缺乏滞蓄洪涝的空间。城区许多可以调蓄的水体（如绣湖、秦塘、麒麟塘、杨村水库等），均未发挥调蓄水体的功能。大多数城市公园绿地没有规划建设接入周边区域雨洪的通道和消纳雨洪的设施，有的公园绿地高程甚至比周边地面还高，自身的雨洪也经常排入市政管网，这样就使得公园绿地没有发挥滞蓄和消纳周边区域雨洪的功能。

5.3.2.5 地面硬化导致径流系数增大

高密度城市建设挤占雨水滞蓄空间、改变径流状况。高密度的城市开发建设改善了人们的生存环境，同时也带来防洪排涝方面的问题。原来的池塘、湖泊被填埋，雨水的自然调蓄空间减少，增加地表径流量；原来的绿地、农田被不透水的水泥路面或密集建筑物所覆盖，地表渗蓄能力下降，雨水径流系数增大，径流量增大，光滑的水泥地表面导致汇流时间缩短，雨水迅速汇集形成大流量，增大管网、河道排水压力，易带来积水内涝问题。

5.3.3　设施层面

5.3.3.1　雨水管渠存在质量问题，影响排水能力

通过分析，管道中的逆坡、大管接小管等问题较为突出，尤其是大管接小管导致管道排水能力受下游管道能力限制，从而影响了雨水的快速排出。

5.3.3.2　雨水管道过水断面被占用，降低了排水能力

在某一特定管道中，障碍物、侵入异物、结垢、树根和沉积、变形、坍塌、残墙等均会对管道过水断面造成一定的破坏。收集到的 CCTV 检测报告覆盖的管网总长度为 293.32km，涵盖 118 条路段。排水公司已对检测过程中发现的大部分问题进行了整治。

5.3.3.3　管道规模较小

通过河道与管网耦合模型分析，从管道排水能力的评估结果来看，实际排水重现期不足 2 年的管网长度为 527.2 公里，占总长度的 77% 左右，主干道路大范围积水与管道规模不够有关。即使在自由出流条件下，非满管管道长度约为 197.73km，占比仅 29%；满管管道长度约为 481.95m，占比 71%。从上述数据分析，70% 以上的管道由于自身排水能力不足或汇水范围过大引起积水。

5.3.4　管理层面

5.3.4.1　防洪和排涝系统之间缺乏互动协调

流域防洪工程注重水库、大片区河道堤防和排涝泵闸站等规划建设和调度，很少涉及城市排涝体系和保护对象细节；城市排水防涝体系关注城市管网等工程细节，但往往建立于假设河道安全的基础上。随着城市面积的不断扩大，城市产水的流域特性越来越重要，水利主导的流域防洪与城建主导的排水防涝体系，在设计标准内边界条件的互动耦合，以及超标特大暴雨研究时，打破业务边界的技术思路，变得非常必要。

5.3.4.2 竖向标高缺乏整体分析

该市暂时没有编制竖向规划，且自身属于丘陵地区，地形标高起伏较大，在道路的标高、坡度（如下穿隧洞、立交、涵洞等）以及地块的竖向标高确定时没有进行科学的分析，沿义乌江两侧的建成区地形标高普遍在 66~67m，处于区域的相对低点，与周边新建区域的标高差值有 1~2m，容易导致排水不畅。

5.3.4.3 日常维护管理不完善

根据 2021 年 5 月和 7 月几处积水点的前期调查，积水的成因中树叶、垃圾等堵塞雨水进水口占到 80% 以上，说明道路积水之后的日常维护管理措施还不是很到位。

5.3.4.4 超标降雨应对能力不足

目前该市针对超标降雨引发城市内涝的应对措施和应急能力不足，还需要在后续不断加强和完善。

5.4 防治目标

坚持以人为本、适度超前、设施完备、防范严密、确保安全的原则，加快补齐设施短板，健全城市防涝工作机制，加快构建高效完善的城市防涝体系。

到 2025 年，进一步完善城市防涝工程体系，防涝能力显著提升，有效应对管网排水标准内的降雨，全面消除低洼地区严重影响生产生活秩序的易涝积水点。

到 2035 年，全面形成"源头减量、山洪分滞；管网汇集、河渠畅排；蓄排并举、超标应急"的城市防涝体系，有效应对防涝体系标准内的降雨。在超标准降雨条件下，城市生命线工程等重要基础设施功能不丧失，不造成重大财产损失和人员伤亡，基本保障城市安全运行。形成与防涝能力匹配的韧性城市工程与非工程体系。

根据《浙江省城市内涝治理"十四五"规划》（浙发改规划〔2021〕202 号）的要求，同时结合该市实际情况确定本次具体指标，如表 5-14 所示。

表 5-14　规划主要指标要求　　　　　　　　　　　　　单位：%

序号	类别	主要指标	2025 年目标	2035 年目标	指标属性
1	综合治理	城市内涝防治达标率	95	98	约束性
2		城市防洪达标率	100	100	约束性
3		城市应急排涝能力达标率	100	100	约束性
4		规划水面率	≥4.76	≥4.77	预期性
5	风险管控	现存易涝区域处置率	100	100	预期性
6	数字赋能	易涝风险区域智慧化覆盖率	98	100	预期性
7		市政排水管网智能化监测率	≥30	≥80	预期性
8	海绵城市	海绵城市建设目标达到建成区面积比例	≥25	≥80	预期性

注：1. ①内涝防治达标率＝（达到内涝防治标准的面积/建成区总面积）×100%；
　　　　②评价依据：《室外排水设计标准》（GB 50014—2021）规定。
　　2. 评价依据：流域（区域）防洪、城市防洪等规划、国家《防洪标准》（GB 50201—2014），由水利部门牵头。
　　3. 城市建成区每平方公里应急排涝能力不低于 $100m^3/h$ 的标准（其中高风险区每平方公里应急排涝能力不低于 $150m^3/h$），配备所需抽水泵、移动泵车和相应的自主发电设备等排涝抢险专用设备。
　　4. 规划水面率：根据《水域保护规划修编报告》规划水面率指标确定，保留池塘、低地等自然调蓄空间，推广海绵型公园和绿地，消纳自身雨水，并为滞蓄周边区域雨水提供空间。高新技术园区、工业园区等建设，要求编制区域水域调整方案，并满足不透水地表面积比例≤55%的要求。
　　5. 风险管控：①指现存和当年新发生的易涝区域处置比例。易涝区域处置率＝（现存易涝区域处置数/现存易涝区域总数）×100%。②评价依据：《浙江省城市易涝区域整治三年行动方案（2020—2022）》。
　　6~7. 数字赋能：①城市易涝风险区域落实智慧化管控比例。易涝风险区域智慧化覆盖率＝（易涝区域智慧化管控数/易涝区域总数）×100%。②包括但不限于易涝区域周边的监控站点、水位探测、自控排水等智能化装置。
　　8. 海绵城市：①海绵城市建设目标达标率＝（所在市县海绵城市建设面积/建成区面积）×100%；②评价依据：《浙江省海绵城市建设区域评估办法》。

5.5　实施策略

5.5.1　总体要求

完善与提升城市内涝防治体系，构建集排水、防涝、应急于一体的城市防涝综合体系，形成"源头减量、山洪分滞；管网汇集、河渠畅排；蓄排并举、超标应急"的城市内涝多层次防治体系，最大限度降低内涝灾害损失。

坚持统筹的方式、系统的办法，统筹区域流域生态环境治理和城市建设、统筹城市水资源利用和防灾减灾、统筹城市防洪和排涝工作，以现状内涝风险评估为基础，结合本地气候和降雨特点、城市地形地貌、河湖水系分布等自然地理条件，以及城市竖向、雨洪利用要求等城市建设条件，因地制宜确定本地城市排水防涝总体策略和格局。落实海绵城市理念，分析源头减量、汇集畅排、蓄排并举、超标应急等不同措施对内涝防治能力的分担和贡献。

5.5.2 规划策略

5.5.2.1 系统性

城市排水防涝安全是一项涉及城市外江（排水防涝的边界条件、水位不可控）、城市内河（排涝主通道、水位可控）、雨水调蓄设施、排涝泵站、城市雨水管涵的复杂的系统性问题。城市排水防涝安全体系的构建必须以流域（排水防涝分区）为基本技术单元，从研究流域水系入手，构建包括城市外江、内河、二维地形、雨水管网、调蓄设施、排涝泵站等要素在内的耦合系统。

5.5.2.2 协调性

防涝体系必须与城市防洪体系相衔接，防涝规划应与防洪规划相衔接。此外，内涝防治设施应注重与城镇排水、城市防洪、河道水系、道路交通、园林绿地等专项规划相协调，还应充分考虑建设地区的地形特点、水文条件、水体状况、原有排水设施现状等因素。

5.5.2.3 因地制宜

为保障城市在内涝防治设计重现期标准下不受灾，建成区应根据内涝风险评估结果，整治和扩建防涝设施以消除风险，新建地区则应按照标准建设防涝设施。

5.5.2.4 全面规划、利用现状、综合治理、分期分区实施

合理划分防涝系统分区，充分利用和发挥原有排涝设施的作用，使规划防涝系统与现状排涝系统合理地有机结合，理顺和规划各分区城市雨水行泄通道，行泄通道以河流水系为基础，充分利用干沟、干渠、河道及道路排水，建设地表涝水行泄通道，规划实施注重问题的轻重缓急，有序安排实施。

5.6 韧性提升措施与效果

5.6.1 多要素集成

5.6.1.1 多因子治理

（1）流域治理

该市城区位于低丘缓坡区，城市后方山区洪水入城后，一方面洪水可能侵入城区转化为涝水，另一方面内河洪水位高涨也明显影响城区涝水排放。因此，城市集水区范围内的流域治理是该市城市防涝的重要组成部分。

该市城市规划防洪排涝中的流域治理总体布局为"上蓄、中疏、下泄、强排"，通过"山洪削峰减量、河道整治工程、城市排涝设施"三大类工程建设，全面提高流域防洪标准和城市排涝能力，全面建立完善的防洪减灾安全保障体系。

上蓄，即发挥上游水库、山塘的调蓄能力。目前，该市规划城区集水区域范围内无中型水库，建有卫星水库、建设水库、红渠水库、幸福水库、王大坑水库、利民水库、泮塘水库、岭口水库8座小（1）型水库，毛里殿水库、伏虎水库、里塘水库等33座小（2）型水库，另有双龙塘山塘、上麻车村长坑山塘、马公塘山塘等133座山塘。小型水库总体上难以有效拦蓄洪水，上蓄能力有限，而该市地形地貌决定了除现有的水库工程，很难再新建较大的水库，规划采取对部分小型水库综合治理、洪水期从河道抽水入库、水库山塘科学预泄预排等方式，充分挖掘现有水库、山塘的调蓄能力，尽量减少山洪进城。

中疏，即恢复城市内河水系及其支流等主要行洪通道的空间，提升河道的排水能力。该市城区河道由于建设时间不一，没有统一的规划指导，内河水系排水能力未综合进行布局，部分河道存在行洪能力"瓶颈"，桥梁、管涵阻水，或河道暗渠化，导致部分河道泄流能力不足，达不到设计标准，遇连续多日降雨，涝水不能及时排出，主城区面临较大的排涝压力。在对该市城市内河水系排涝能力分析的基础上，提出对未达标河段进行拓浚、加高加固堤防建设，并对沿线阻水建筑物拆除重建、打通卡口。通过河道整治，增加河道输水能力，降低河道水位，为城市排水创造良好条件。

下泄，即充分发挥义乌江主要洪水排出通道的空间。义乌江是流域洪水下泄的主要通道，义乌江经过近几年的标准堤防建设，主城区的防洪能力基本已达50年一遇。但义乌江局部河段因城市地面较低、堤防堤顶高程偏低，未达到规划设计洪水标准。通过义乌江美丽城防工程、清淤疏浚等措施成体系地对义乌江进行综合治理，提升义乌江的"下泄"能力。

强排，即结合海绵城市建设，加强衔接城市"排涝水"工作，通过增设必要外排口门、加快低洼片区排水改造等措施，改善区域排水条件。为适应该市主城区土地资源紧缺、水力坡降缓、河道排水不畅等条件，借鉴国内外城市排水设计的先进理念和经验，在城市内河中上游通过河隧结合、泵站强排等手段将一部分涝水直接外排至义乌江，增加排水出路和强排能力，实现涝水快排。

该市规划城市格局进一步扩大，丝路新区、双江湖新区等新区建设也对区域行洪排涝能力提出了更高的要求。本项目根据城市排水和内涝防治标准，结合该市地形地势和区域产汇流特点，考虑降雨、城市排水、河道布局及规模、排水口门以及该市基础设施建设的影响等因素，不同河道采取不同的措施，研究提出各流域综合治理方案。

1）山洪削峰减量

该市主城区处于丘陵与平原的过渡地带，大部分本地的山洪是通过内河水系进城的，进入内河水系的山洪也肯定会影响城市排水，所以该市除了及时排出平原地区的涝水，还应及时拦截并排出沿山坡倾泻而下的山洪流量。由于山区地形坡度大、集水时间短、洪水历时不长，所以水流急、流势猛，且水流中还夹带着砂石等杂质，冲刷力大，容易使山坡下的地块受到破坏而造成严重损失。因此，必须在受山洪威胁的外围开沟以拦截山洪，并通过排洪沟道将洪水引出保护区，排入附近水体。有条件的区域，应考虑新、扩建水库山塘，提高针对山洪的削峰减量能力。该市水资源供需矛盾十分突出，通过水库综合治理、扩建加固，又可以进行雨洪资源利用，挖潜提升该市水资源供给能力。

2）河道整治工程

该市城市内河均按照20年一遇的防洪标准规划建设，且大部分已建成，按照本次该市城市防涝综合规划的城市内涝防治标准：一般区域30年一遇、重要区域50年一遇，高于城区河道的现状防洪标准。因此，本项目对城市内河防洪标准与城市内涝防治标准进行衔接，并以此为依据对支流河道进行整治，确定河道规模和两岸堤顶或地面控制高程。雨水管网设计时也应做好城市排水与水位的控制衔接，合理确定排水口位置和高程。

通过对涝水的汇集路径进行分析，结合城市竖向和受纳水体分布，合理布局涝水行泄通道，提出城市内河水系重构、拓疏内河、干沟、干渠等内容。特别是针对明显阻水的河段，需提出可行、有效的措施。河道整治原则为：城区河段通过加高加固堤防结合生态化治理以达到规划标准，上游山区、农村河段则以修建防冲不防淹的堤防为主，减少洪峰压力；农业保留区由于调蓄能力相对较强，仍采用蓄排结合的缓冲式排水模式，雨水经农田、池塘调蓄后，再排入河道；新建城区结合河道洪水位合理确定竖向标高，采用渗透、调蓄等措施有效控制雨水径流外排量，从源头降低城市内涝风险。

对于严重阻水建筑物，应根据规划河道规模，严格按照跨河建筑物控制要求进行拆除或改建，以满足河道过流能力的要求。如果已建成区桥梁拆复建实施比较困难，可以考虑以阻水建筑物附近新建桥涵的方式增加河道过水断面。

3）城市排涝设施

该市城市内河水系在入江口段部分地块现状地面高程低于或接近义乌江50年一遇洪水位，会产生义乌江水倒灌现象，规划通过抬高地块高程或设置河口排涝泵站、雨水提升泵站，解决局部低洼地块排水问题。

（2）排水系统优化

为全面提升城市防洪排涝体系的整体效能，本项目重点推进排水管网的优化工作。排水管网优化是一项关键措施，通过科学规划和技术改造，可以提高城市排水系统的运行效率，确保在降雨过程中能够迅速、有效地排出雨水，防止因排水不畅导致的内涝风险。

本项目结合内涝防治系统的设计要求，对于30年一遇设计降雨下产生积水的道路进行梳理，通过局部积水路段改造以及整体提标改造对排水管渠项目进行梳理。

总体来看，在流域性的防洪排涝工程实施之后，系统性的内涝风险已经降低。排水管渠提升改造工程分成两个部分：一是为了消除局部路段积水的风险，需要新建或改建的管道；二是排水标准提高后，新建区域需要按照新的管道建设标准进行高质量的管网建设。

1）改造雨水管道

借助模型的模拟分析，流域性的水利措施和骨干河道整治实施之后，在遭遇内涝防治标准下降雨时仍然容易产生积水的管道，有计划地予以更新替换。

2）新建雨水管道

对于建成区，收水设施与排水能力不匹配、布局不合理、排水出路不畅的管道，考虑新增排水出路予以解决。

对于新建区按照国家标准制订排水管渠建设方案，设计重现期按照一般地区不低于 3 年一遇，重要地区不低于 5 年一遇，地下通道和下沉式广场等不低于 20 年一遇的标准进行建设。

针对一些由于管道不达标而造成积涝较严重的区域，通过改造局部重要管道，新增部分雨水管道，使其能够有效消除积水点。

3）雨水口优化

①新建雨水口设置要求

道路上的雨水首先经过雨水口的收集，然后通过雨水连接管汇入雨水管道内，雨水口作为城市排水系统的第一道防御屏障，需要提高其设计标准，对未满足规范要求的雨水口进行改造，增大雨水口的过水断面。

雨水口的布置原则如下：

● 雨水口的形式、数量和布置，应按汇水面积所产生的流量、雨水口的泄水能力和道路形式确定。立算式雨水口的宽度和平算式雨水口的开孔长度和开孔方向应根据设计流量、道路纵坡和横坡等参数确定。

● 雨水口易被路面垃圾和杂物堵塞，雨水口和雨水连接管流量应为雨水管渠设计重现期计算流量的 2~3 倍。

● 雨水口的设置应确保快速有效地将地面雨水排出，在道路交叉口处应根据竖向设计布置雨水口；若道路宽度较窄、路口转弯半径较小，雨水口可以布置在转弯处。对于整治后的道路，需要根据道路纵段相应调整雨水口的位置。

● 雨水口串联时一般不宜多于 3 个，雨水口只宜横向串联，不应横、纵向一起串联。

● 雨水口间距应根据算子的过水能力和数量计算确定。

● 雨水口通过连接管接入检查井，连接管道坡度一般不小于 0.01，每段长度一般不宜大于 25m，连接管管径根据算数及泄水量计算确定。

● 对于易积水路段，需要根据具体情况调整雨水口、调高立算的安装高度或增加平算数量，增大雨水口的泄水能力。

● 对于道路纵坡较大路段，尤其是立交桥的引道处，应采用平箅式雨水口收水，且在上游就开始布置雨水口，在下游段相应设连续多箅雨水口，形成线形收水井，让径流雨水从上游开始就收进管道，避免汇到下游或桥下造成积水。

● 下穿立交应保证其独立的出水系统，其桥头应增加截流设施，以分流雨水。

● 采用立箅雨水口时，应根据道路路牙高度，保证有足够收水断面，路牙高度不足时，立箅与路面衔接处应做成三面坡。

● 对于景区、落叶树木较多的雨水口，宜在雨水井内设置可定期拆卸清洗的拦截装置，减少落叶、石子、固体废物等造成的管道堵塞现象。

②现有雨水口改造

2025年前完成易积水道路的雨水口改造和清淤工作，在局部低洼点增设雨水口，加强日常监管和维护，禁止将油污直接倾倒到街道旁的雨水箅井内，造成管道局部堵塞。2030年前完成全市已建道路的雨水口清淤、复查工作，对不满足新规范要求的雨水口进行提标改造，以最大限度地发挥雨水口的排水作用。

（3）竖向开发管控

城市竖向与内涝防治关系十分紧密，竖向规划若没有充分考虑防涝需求、容易形成内涝隐患，例如，城市中有不少低洼小区、低洼道路、下凹式立交桥等，不仅向外排水困难，而且周边地势高的地区客水大量汇入，汛期经常发生严重积水。合理管控竖向开发是实现城市建设工程技术合理、造价经济、景观美好的重要手段；同时，城市竖向对河流水系的流向、雨水径流的排出、雨水管渠系统的布设具有重要作用。因此，合理地控制城市用地竖向高程，是规避内涝风险、防治城市内涝的有力手段之一，是从源头上降低城市内涝风险的有效方法之一。本节根据竖向高程关联性分析识别出重点内涝防治对象，对新城区用地竖向规划提出调整意见，还对地下空间、下沉空间、低洼易涝区域防治工程提出管控建议。

1）重点内涝防治对象

识别竖向低洼区域和地表雨水径流汇集通道，分析城镇排水与雨水受纳水体的设防标准对应的洪、涝水位之间的竖向关系。

将地块标高与其雨水排放对应河道的水位进行对比分析，筛选出低于河道水位的地块；同时梳理低于河道水位的重要设施地块情况。经统计共28处。

将学校、医院、公建、市政设施等共 215 处地块与所处子汇水区河道的 30 年一遇水位进行对比，梳理出现状低于河道水位的设施共 15 处作为重点内涝防治对象。

2）新城区用地竖向规划调整

对比总体规划中确定的建设用地范围和建成区范围，得到新建区域的范围，然后根据 30 年一遇降雨下的河道不同断面水位的模拟结果，按照每个排水子分区对应的河道断面水位 +0.5m 的安全超高作为新建区域的地块建设最低竖向控制标高进行控制。

新建城区采用雨水纳管入河的排水方式时，应结合周边区域地面高程、与河道的距离、雨水排水路径长短、是否存在积水风险等因素，考虑增加一定的安全超高（管道汇水坡度）。

（4）海绵城市建设

为更全面提升城市防洪排涝体系，规划推进海绵城市建设，以创造更具韧性和可持续性的韧性环境。海绵城市建设旨在将城市规划与水资源管理相融合，通过自然和人工手段，最大限度地提升城市对降雨等极端天气条件的适应能力。

1）雨水调蓄设施

地块内调蓄设施属于城市排水防涝中的源头设施，考虑到调蓄设施的可实施性，本项目中的雨水调蓄以落实上位规划及相关建设计划为主，作为城市排水防涝的补充措施。

通过衔接《"十四五"中心城区海绵城市建设实施方案》中相关项目的建设计划，共落实 11 处地块建设调蓄设施，总调蓄规模达 8645m^3。

2）雨水源头减排

按照海绵城市建设要求，实现相应雨水径流控制目标，项目应包括公共建筑、居住社区、道路广场、公园绿地、水系治理等类型。老城区结合城市更新，明确源头减排项目分布，开展老旧小区内涝积水治理、雨污分流和管网混错接改造，因地制宜建设屋顶绿化、植草沟、旱溪、湿塘等设施，控制源头雨水径流。根据本地水资源禀赋条件，提出雨水资源化利用的用途、方式和措施。

根据《"十四五"中心城区海绵城市建设实施方案》中确定的规划目标，到 2025 年，该市城市建成区 55% 以上的面积年径流总量控制率不低于 75%，其中老城区部分不应低于 70%。到 2035 年，城市建成区 80% 以上的面积年径流总量控制率不低于75%。

依据规划，最终将中心城区的海绵分区划分为38个。根据城市的建设程度以及未来规划的主要范围，将海绵分区划分为已建区、拟建区、备用地三大类。再根据下垫面具体的位置划分为已建居住区、已建商业区、已建工业区和拟建居住区、拟建商业区、拟建工业区6个小类。参考《"十四五"中心城区海绵城市建设实施方案》中相关内容，建设项目按类型的不同，主要分为建筑与小区类、市政道路类、绿地与广场类、工业仓储类，不同用地类型项目建设指引如下。

①建筑与小区类

建筑与小区类包括居住用地、商务服务设施用地、公共管理与公共服务用地、工业工地及物流仓储用地。该类项目雨水控制利用策略为实现中小降雨径流的自我消纳，进行适度回用。

在建设时，建筑屋面和小区路面径流雨水应通过有组织的汇流与转输，经截污等预处理后引入绿地内的以雨水渗透、储存、调节等为主要功能的低影响开发设施。因空间限制等不能满足控制目标的建筑与小区，径流雨水还可通过城市雨水管渠系统引入城市绿地与广场内的低影响开发设施。低影响开发设施的选择应因地制宜、经济有效、方便易行，如结合小区绿地和景观水体优先设计生物滞留设施、渗井、湿塘和雨水湿地等。建筑与小区低影响开发设施的选择与应用如图5-7所示。

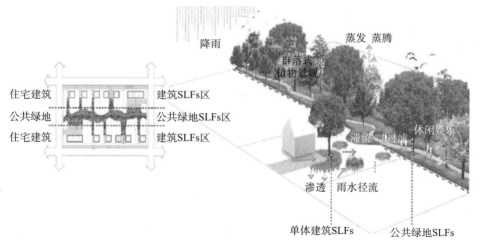

图5-7　建筑与小区低影响开发设施的选择与应用示意

适宜采用的设施：透水铺装、绿色屋顶、下沉式绿地、雨水花园、生态树池、植草沟、渗井、雨落管断接、雨水储存罐/池。

A. 新建建筑与小区设计要点

平屋面或坡度较缓的屋顶宜采用绿色屋顶；大面积屋面雨水径流优先引入生物滞留设施；利用绿地滞蓄雨水，利用景观水体调蓄雨水；优先采用植草沟、渗透沟渠等地表排水形式。云栖小镇国际会展中心二期项目俯瞰如图5-8所示。

图5-8 云栖小镇国际会展中心二期项目俯瞰

B. 建筑与小区改造设计要点

平屋面或坡度较缓的屋顶荷载能力高，可改造建设绿色屋顶；充分利用现有绿地改造建设下沉式绿地、雨水花园、雨水塘等调蓄雨水；路面有条件的情况下宜改造使用渗透铺装材料；通过断接改造方式将雨水径流优先引入低影响开发设施再溢流至市政管线。

②市政道路类

在道路建设时，城市道路径流雨水应通过有组织的汇流与转输，经截污等预处理后引入道路红线内、外绿地内，并通过设置在绿地内的以雨水渗透、储存、调节等为主要功能的低影响开发设施进行处理。低影响开发设施的选择应因地制宜、经济有效、方便易行，如结合道路绿化带和道路红线外绿地优先设计下沉式绿地、生物滞留带、雨水湿地等。

市政道路类项目应最大限度地增加滞蓄空间，通过植物根系和土壤削减初雨污染。市政道路类项目也是雨水径流污染较为严重的下垫面之一，应通过滞留净化削减道路外排污染物负荷。市政道路适宜采用的设施有透水铺装、下沉式绿地、生态树池、植草沟、环保雨水口。道路低影响开发设施的选择与应用如图5-9所示。

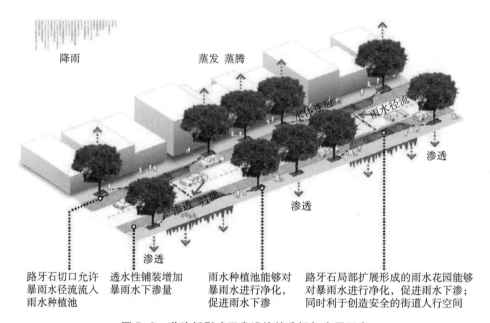

图5-9 道路低影响开发设施的选择与应用示意

③绿地与广场类

公园绿地及广场应为周边客水预留滞蓄空间，为周边地块预留集中调蓄容积，以使排水区域整体达到目标要求。公园绿地及广场也是雨水回用的主要对象，通过绿化浇洒、生态补水等措施回用雨水。

在建设时，城市绿地、广场及周边区域径流雨水应通过有组织的汇流与转输，经截污等预处理后引入城市绿地内的以雨水渗透、储存、调节等为主要功能的低影响开发设施，消纳自身及周边区域径流雨水，并衔接区域内的雨水管渠系统和超标雨水径流排放系统，提高区域内涝防治能力。低影响开发设施的选择应因地制宜、经济有效、方便易行，如湿地公园和有景观水体的城市绿地与广场宜设计雨水湿地、湿塘等。

绿地与广场适宜采用的设施有植草沟、渗井、生物滞留设施、生态树池、雨水花园、雨水湿地、植被缓冲带、雨水收集回用设施。绿地与广场低影响开发设施的选择与应用如图5-10所示。

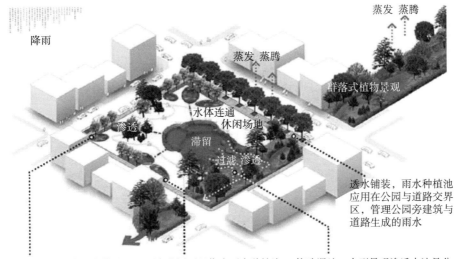

降雨

蒸发 蒸腾

蒸发 蒸腾

群落式植物景观

渗透

水体连通
休闲场地

滞留

过滤 渗透

透水铺装，雨水种植池
应用在公园与道路交界
区，管理公园旁建筑与
道路生成的雨水

雨水种植沟，雨水过滤带设置
在公园与城市道路的交界处，
管理园址旁边的建筑与道路生
成的雨水

雨水花园可以作为雨水种植沟、
雨水过滤带与公园大型雨水景
观设施连通的途径，如大型景
观渗透水池，构造湿地

构造湿地、大型景观渗透水池是公
园核心雨水景观设施，对雨水进行
滞留、过滤、渗透、净化管理

图 5-10　绿地与广场低影响开发设施的选择与应用示意

④工业仓储类

工业仓储类用地适宜采用的设施有绿色屋顶、生态树池、植草沟、生物滞留设施、雨落管断接、雨水收集回用设施。

针对工业仓储类用地的总控制目标与设施引导性指标如下。

- 总控制目标：年径流总量控制率≥70%，污染物（SS）削减率≥50%，综合雨量径流系数≤0.6；

- 设施引导性指标：绿地下沉比例≥60%，绿色屋顶覆盖比例20%～50%，不透水下垫面径流控制比例≥50%。

（M、W类用地中的绿色屋顶覆盖比例，对于研发、创意、设计等新型产业用地的厂房，应当按上述指标执行；对于采用轻钢、彩钢板为主要结构的厂房和仓库，不具备建设绿色屋顶条件的，可不执行该指标。）

工业用地类建设项目的海绵城市建设配套设施建设要点如表5-15所示。

表 5-15　工业用地类建设项目的海绵城市建设配套设施建设要点

类型	分项建设要点
屋面	工业区比较大的平屋面（坡度较缓小于15°）的屋顶宜采用屋顶绿化的方式蓄存雨水；溢流雨水宜收集回用，不能收集回用的应引入建筑周围绿地入渗

类型	分项建设要点
绿地	1. 应建设下凹式绿地，充分利用厂区绿地入渗雨水。 2. 绿地高程应低于地面 50~100mm，并应确保雨水流进绿地中。 3. 在绿地适宜位置可增建植草沟、植生滞留槽、渗透池（塘）等雨水滞留、渗透设施。 4. 地下室顶板上绿地宜有 0.8m 厚覆土。 5. 对产生污染物及有毒害物的工业建筑，绿地中不宜设置雨水入渗系统，宜设置雨水截流设施，防止污染水体对土壤和地下水造成污染
道路广场	1. 工业区内非机动车道路、人行道、小车露天停车场必须采用透水铺装地面。非机动车道路可选用透水沥青路面、透水性混凝土、透水砖；人行道可选用透水砖、碎石路面等；小车露天停车场可选用草格、透水砖等。 2. 非机动车道路超渗的雨水应集中引入两边的绿地中入渗，人行道、小车露天停车场应尽量坡向绿地，或建适当的引水设施，以便雨水能够自流入绿地下渗。 3. 雨水口宜设于绿化带内，雨水口高程宜高于绿地而低于周围硬化地面，超渗雨水排入市政管网
水景	1. 小区景观水体应兼有雨水调蓄功能、自净功能，并设溢水口，超过设计标准的雨水排入市政管网中。 2. 景观水体宜与工业区内雨水调蓄设施设计相结合，当景观水体不足以调蓄洪峰流量时，应建雨水调蓄池
排水系统	1. 优化排水系统，通过径流系本底分析与雨水综合利用后建设排水系统。 2. 雨水口宜采用环保型，雨水口内宜设截污挂篮。 3. 合理设置超渗系统，并按现行规范标准建设室外排水管网

5.6.1.2 多情景应对

（1）超标模拟

使用模型方法，对超标降雨条件下的洪涝风险单独开展研究。

针对超标状态，对三种水雨情开展模拟评估。情景 1：城区 50 年一遇降雨遭遇义乌江 50 年一遇洪水位；情景 2：城区 100 年一遇降雨遭遇义乌江 50 年一遇洪水位；情景 3：城区发生郑州"7·20"降雨遭遇义乌江 50 年一遇洪水位。

相比标准内降雨，经统计在模拟郑州"7·20"极端降雨工况下共有 13.41km^2 的新增风险区域，9.56km^2 的区域风险状况加重，风险范围扩大或加重的区域中，共有 26 处重要公建设施、32 处重要市政设施、13 处下穿隧道、2 处地下车站、48 条主要市政道路面临积水风险。

在遭遇超标降雨时，重要公建单位、市政设施、市政道路、下穿立交及地下车站等重大生命线工程面临着功能失效的风险，可能造成更大范围的灾害。因此，这些设施是未来应急状态需要重点强化的部位，亟须制定应急措施以应对超标降雨下的内涝灾害。

（2）超标应对

超标防涝应急规划应重点针对超出城镇内涝防治标准的极端降雨条件下城镇安全运行的应急措施制定，应以城镇生命线工程以及重要市政基础设施功能不丧失、避免人员伤亡为出发点提出应急管理措施。

超标降雨已经超过了内涝防治系统的排涝能力，规划主要通过应急措施来应对，包括超标涝水的行泄通道规划、应急能力提升、应急通道、应急避难场所规划、生命线工程保障等，实现"超标降雨可应对"这一目标。

超标应急管理所对应的情形，既包括超出城镇内涝防治标准的降雨，也包括极端天气带来的可能最大降雨，规划将50年一遇以上降雨作为"超标降雨可应对"的降雨标准，同时以该市中心城区100年一遇设计降雨和河南省郑州市"7·20"降雨作为极端降雨开展应对能力的分析。超标降雨对应的防涝目标如表5-16所示。

表5-16　超标降雨对应的防涝目标

降雨类型	对应降雨总量	对应降雨重现期	防涝具体目标
超标降雨	1h 雨量>87.9mm 或 24h 雨量>213mm	50 年一遇	发生超标降雨时，城市生命线工程等重要市政基础设施功能不丧失，基本保障城市安全运行

1）极端天气应对策略

在该市城市排水防涝能力尚未全面达到规范要求标准的状况下，在全球气候变化和极端天气增多的背景下，避险、抢险、救灾是今后应对极端天气灾害的发展方向。避险的方式包括预警预报、应急响应以及提前采取各种工程措施和非工程措施等。抢险和救灾能力既是城市管理能力的综合体现，也是政府社会管理能力的体现，需要借助现代化、信息化、智慧化手段，快速反应、协同应对。特别是通过科普宣传和教育培训让群众养成主动避险意识，提高自救互助能力，对于降低灾害损失至关重要。对于一场远超过雨水管渠设计标准和城市内涝防治标准的降雨，出现城市积水内涝是必然的，关键是如何采取措施减少灾害损失、避免人员伤亡。只要提前建设好完善的工程体系、加强预报预警、及时应急响应、做好避险转移、有序抢险救灾、科学恢复重建，灾害损失一定能降低到最小值，人员伤亡也一定能尽量避免。

2）涝水行泄通道

该市地形为丘陵地貌，根据此地形特点和水系分布情况，各内河流域控制地形坡度较大，雨水进入河道路线短，在发生超标雨水时，除局部低洼地块外，雨水均可沿各自道路排入河流中。

河道行泄通道：河道本身即为城市涝水的主要调蓄和行泄通道，本项目对六都溪、石溪等有改造条件的河道，采用梯形或二级驳坎，在蓝线范围不断情况下增加涝水行泄断面（见图 5-11 和图 5-12）。

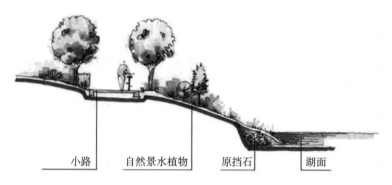

小路　　自然景水植物　　原挡石　　湖面

图 5-11　梯形驳坎示意

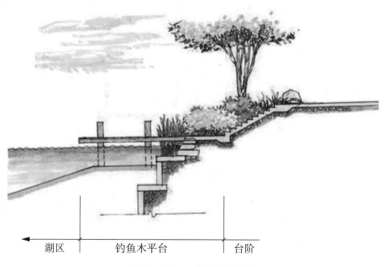

湖区　　钓鱼木平台　　台阶

图 5-12　二级驳坎示意

地下排涝通道：在城南河、东青溪、六都溪等城市内河中上游通过河隧结合、泵站强排等手段将一部分涝水直接外排至义乌江，增加排水出路和强排能力，实现涝水快排。

道路行泄通道：该市地形为丘陵地貌，道路纵坡较大，本项目在以河道行泄、地下排涝通道构筑的防涝体系基础上，在排水区主要利用城市干沟、干渠和道路作为超标雨水行泄通道。

鉴于排水防涝现状机制尚不能适应城市经济社会发展的要求，应按照《城镇内涝治理系统化实施方案编制技术标准》要求，针对日常以及本地排水防涝标准以内降雨条件下排水防涝设施管理调度要求，构建符合城市化进程的排水防涝管理体制。

3）应急通道规划

在超标降雨的情况下，部分居民楼、公建、学校地块和市政道路会面临积水的风险，在该情况下需要对人员进行疏散，同时确保汛期的物资供应、交通运输不发生中断，对于应急通道沿线应提前准备好大功率抽水泵、沙袋、应急照明灯具、移动油机及油料等防汛物资，提前构筑拦水坝，清扫道路雨水口，防止落叶、杂物堵塞，将路面积水控制在 15cm 以下，道路积水时间不得超过 1h，保障应急通道的运行畅通。

①应急货运通道

在遭遇极端降雨条件下，虽然中心城区的骨干道路遭遇了不同程度的积水，比如丹溪大道、城北路、南山路、江东中路、江东南路的可通行性较差，但仍然有一些道路可以作为应急通道使用。

该市作为重要的物流枢纽，需要确保货运和人员疏散通道的畅通。综合现状建成的物流园区、货运主干道、超标降雨情况下可通行道路分布情况，最终梳理出以下 11 条道路作为应急货运通道（见表 5-17）。其中，部分道路在超标状况下有局部轻微积水的，可通过抢险泵车抽水强排至周边河道，保障至少有 1 条车道能正常通行，确保物流园区的正常运转。

表 5-17　规划应急货运通道一览表

序号	类型	道路名称	规划措施
1	应急货运通道	疏港快速路	四海大道交叉口有局部积水点，通过抢险泵车抽水强排至周边河道
2	应急货运通道	香溪路	局部道路有轻微积水点，通过抢险泵车抽水强排至周边河道
3	应急货运通道	四海大道	局部道路有轻微积水点，通过抢险泵车抽水强排至周边河道

序号	类型	道路名称	规划措施
4	应急货运通道	国贸大道	局部道路有轻微积水点，通过抢险泵车抽水强排至周边河道
5	应急货运通道	阳光大道	—
6	应急货运通道	环城北路	—
7	应急货运通道	宗泽东路	—
8	应急货运通道	龙海路	—
9	应急货运通道	五洲大道	—
10	应急货运通道	春风大道	—
11	应急货运通道	环城南路	—

②应急疏散通道

通过梳理现状城区内连接医疗机构、避难场所等的主干道，规划需要确保应急疏散通道的畅通。在发生超标降雨前，应及时预警并疏散内涝中高风险区域的居民；降雨过程中通过抢险泵车抽排应急疏散通道上的内涝积水至周边河道，保障应急疏散通道畅通；内涝积水严重时，依靠橡皮艇、冲锋舟等应急设施沿救灾通道转移受灾群众。

③下穿隧道和人行地下通道

下穿隧道出入口处应当设置道闸和警示标志，当下穿通道内有客水进入、地面产生 1~2cm 的积水时，应及时向交警部门提出封道请求，当下穿通道内地面积水达到 15cm 时，应立即封闭整个通道，设置交通禁行标志，同时向交警部门或监管部门报告。

人行地下通道的出入口高出周边道路 15cm 以上的，当周边道路的客水漫延至出入口时，应立即采取措施封闭出入口，若人行地下通道的出入口与周边道路齐平，应当在出入口两侧配备沙袋或者临时排水泵等设备，人行地下通道的出入口处应设置挡水板、水位标尺和警示标志，当出入口处的积水深度达到 15cm 时，应立即封闭整个通道，设置交通禁行标志，同时向监管部门报告。

④应急避难场所

梳理在超标降雨情况下不受淹或受淹情况较为可控的学校、绿地广场等公共服务设施作为应急避难场所，本次规划共提出 26 处应急避难场所，建议结合上述场所并配置相关应急物资及救援设施。

本次应急避难场所主要服务现状建成区内，在超标降雨情况下受淹严重的区域。对于现状农田或村庄等区域的内涝风险区，通过保障应急疏散通道的正常运行功能，就近疏散至建成区内避难场所。

5.6.1.3 多系统保障

（1）地下空间、下沉空间、低洼易涝区域防治工程

地下空间应包括地表以下自然形成或人工开发的空间，是地面空间的延伸和补充，包括地下道路设施、地下轨道交通设施、地下公共人行通道、地下交通场站、地下停车设施等地下道路与交通设施，地下市政场站、地下市政管线、地下市政管廊等地下公用设施，以及地下商业服务设施、地下人民防空设施等；下沉空间应包括经设计的下沉式广场、下穿立交等；低洼区域应包括除下沉空间外，比周边地形低洼0.15m及以上的区域。

1）防御措施

有地下空间、下沉空间、低洼区域等的地块，在规划设计阶段应做好竖向控制，并应采取防止客水进入的措施。内部雨水无法重力自排时，应设置雨水泵站进行强排，并应确保用电可靠性。建立内涝预警和控制系统，并纳入综合应急指挥平台体系。

①地下空间

地下空间出入口的周边地面高程应高于所在区域雨水受纳水体的防洪（涝）水位，并应考虑安全加高；地下空间的出入口应设置反坡，且坡顶高程应高于周边地面高程，车行出入口高程宜高出周边地面0.15m及以上，人行出入口高程宜高出周边地面0.5m及以上。

地下空间出入口宜设置防淹门或防淹挡板，防淹门或防淹挡板高度应高于出入口外端超标降雨积水深度，并应考虑安全加高。防淹门或防淹挡板高度不宜低于0.5m。应设置就地手动操作装置，并进行防水处理。

地下空间出入口宜设置延伸至地下空间出入口外端的遮雨措施，以防止雨水直接进入地下空间内部。

地下空间的出入口外端及低端应设置排水沟；当出入口无遮雨设施时，应在敞开段的较低处增设截水沟，敞开段设计重现期不应低于该区域内涝防治设计重现期。

地下空间内部设置的供电、应急等设施及重要用房应避免设置在最低点，其室内地坪或门槛应高出所在楼层地面0.15m及以上。

②下沉空间

下沉广场等下沉空间上部出入口的周边地面高程应高于所在区域雨水受纳水体的防洪（涝）水位，并应考虑安全加高；当条件受限时，也可采取设置防洪墙、防淹挡板等防涝措施。

下沉广场等下沉空间的内部地面设有建筑入口时，下沉空间地面应比建筑室内地面低0.15m及以上，并宜在内部出入口处设置应急挡水设施。

下沉空间出入口应设置反坡，且坡顶高程应高于周边地面高程，并应考虑安全加高。车辆通道出入口坡顶高程宜高出周边地面0.15m及以上，人行通道出入口坡顶高程宜高出周边地面0.5m及以上。

下沉空间内部设置的供电、应急等设施及重要用房应避免设置在最低点，其地面或门槛应高出所在楼层地面0.15m及以上。

下沉空间宜设置独立的排水系统，且排水泵出水管末端应设置防止外部水体倒灌的措施。

③低洼区域

在不造成新的低洼区域或内涝风险点的前提下，低洼区域防涝措施应优先考虑优化竖向，从源头消除内涝风险点；应通过设置反坡、优化排水分区等措施，缩小低洼区域的汇水范围，减小其内涝风险。

2）应急措施

易汇水区域的应急措施以监测预警、泵站强排、临时封闭为主。

地下空间、下沉空间及低洼区域的雨水无法重力自排时，应设置雨水泵站进行强排，并应确保用电可靠性；

地下空间内宜设置水位监测系统，当出入口有雨水进入且内部积水深度超过警戒水位时，应报警并关闭地下空间出入口处的防淹门或防淹挡板；

下沉空间内部通道最低点宜设置水位监测系统，当车行通道积水深度超过0.3m或人行通道积水深度超过0.5m时，应采取临时封闭措施；

低洼深度超过0.3m的车行通道地面、超过0.5m的人行通道地面，低洼区域最低点宜设置水位监测系统。当车行通道积水深度超过0.3m或人行通道积水深度超过0.5m时，应采取临时封闭措施。

（2）生命线工程保障

1）竖向要求

对于新建的水厂、污水厂、变电站、通信、燃气、环卫、医院、学校、消防站等生命线工程的地坪标高应按照所处排水分区内历史最高洪水位、50

年一遇涝水位+0.5m 安全超高、100 年一遇涝水位来进行校核，确保竖向上满足要求。

采取可靠措施，使主要设备底座和生产建筑物室内地坪标高不低于上述水位标高。当竖向控制不能满足时，重要生命线设施应当考虑建设防洪墙，或加固围墙，筑牢第一道防线以拒洪水、涝水于站外，严守生命线设施。

2）供电要求

对于加压泵站和水厂、污水厂内部泵站应配备备用电源、柴油发电机等，保障暴雨期间不停电，保障城镇居民基本生活用水。生命线工程设施都应配备双电源系统，电源的防涝能力建设应以主动防淹为主、被动防淹为辅，主动防淹措施的防涝标准不低于 100 年一遇，以增强系统的应急与恢复重建能力。

3）应急物资准备

在地块出入口处配备沙袋、挡水板、大功率抽水泵等临时设施，降低路面积水倒灌的风险。汛期配备防汛物资、防汛挡板，防汛挡板单个高度不得低于 0.6m，可采用铝型材、不锈钢材料，内部增设檩条，确保结构强度，所配备挡板在出入口就近摆放。为提升防汛效果，还可以在出入口设置防汛挡板卡槽。

除沙袋、雨布、雨衣、雨鞋、手电等常规防汛防涝抢险物资，还应结合管理建筑区划的大小与规模，将与应对极端天气相关的新技术、新装备纳入储备范围。如在无人值守的低洼区域设置"智能报警桩""移动式排水设备"等。

在地下室出入口增设活动防涝挡板，提升通风、排烟口结构井的防范高度，并配备好大功率抽水泵。

4）应急预案保障

①供排水设施

灾害期间应保障瓶装、桶装清洁饮用水的供应工作，组织消防或环卫部门的储水车辆运输生活用水。

当强降雨导致污水管网出现多处溢冒点时，及时启动管网应急处置预案，全体员工连夜对各辖区范围内的污水管网进行应急处置。

实时监测管网内部水位，根据液位，实时操作启闭机，合理泄压分流，科学调度，防止因水量过大对下游管网及污水厂造成过大冲击。

雨量小时排水公司积极配合雨水抢排工作，尽快将积水排出，避免路面雨水过量进入污水管网。同时对溢流点周围环境进行清理，及时将被水冲开的窨井复原并对破损窨井盖进行更换与修复，最大限度地降低暴雨对市民出行的影响。

②供电设施

地下空间出入口配备必要物资，摸排地下电力设备位置，做好地下空间通风口、排水管道围挡等防倒灌措施，对地下空间配电房、开闭所等公共电力设施及相关电缆通道进出口进行封堵。对存在中高风险水淹的地下空间电力设备，有条件的应全部改到地面，不具备改造条件的应采取防水淹专项改造措施。

对处在内涝风险区域的变电站，应当在配电房外面设置挡水墙，并在挡水墙上预留防洪挡板插槽，在遭遇超标降雨时可以进行加高，挡水墙的顶部标高按照所在区域100年一遇涝水位+0.5m安全超高进行控制。

③通信设施

灾害期间应及时抢修通信设施，保障防汛防台抗旱信息及时传递、防汛抢险救灾工作通信畅通；在紧急情况下，应通过地面指挥中心和应急通信车分别配备独立的调度系统，由应急通信车辆承担现场通信、视频回传等任务，实现现场与指挥中心通信设备的语音、视频通信，实现调度任务的上传和下达。

④燃气设施

科学预判、提前调度。多角度加强应急防范准备措施。一是提前对各场站设备开展检查维保；二是科学调整储气、制气时间，有效规避暴雨天气开展生产作业所带来的安全风险；三是提前谋划，暂停高空安装作业，调配人手集中开展预制管件、户内打孔等户内作业，并针对各在建燃气项目，组织排查深基坑、材料堆放、路面恢复等安全隐患，确保降雨期间行人安全。加强巡查、防范到位。对强降雨天气可能造成隐患的关键区域实施逐一排查，重点预防内涝积水对地势较低小区调压柜的影响。

（3）交通系统

1）地面交通设施

交通局应监督和指导其他水毁公路、桥梁等的修复，着力保障交通干线和抢险救灾重要线路应急通行；协助抢险救灾人员和物资设备紧急运输，组织落实抢险救灾车辆、船舶和大型施工机械；配合公安部门实施公路交通管制；调查、核实、上报交通运输系统因灾受损情况。提前准备好大功率抽水泵、沙袋、应急照明灯具、移动油机及油料等防汛物资，清扫道路雨水口，防止落叶、杂物堵塞。

2）地铁

作为地下空间，地铁发生内涝灾害后存在疏散线路有限、灾害发生迅速、反应时间短、浸水停电导致各种设备停运的可能性高等特点。因此，科学合理地提升基础设施防御性，是加强地铁防涝能力、提高居民出行效率，保障乘客特大暴雨袭击下通行安全的必要工作；在地铁应对特大暴雨事件时，可坚持预防为主的原则，根据城市降雨特点完善地铁站口基础设施配套，优化地铁站口选址设计，提升地铁特大暴雨内涝灾害抵御能力，打造地铁坚实的防御体系。

①优化地铁建设方案

在条件有限的情况下，应合理规划资金使用和优化建设方案，加强地铁暴雨内涝灾害风险评估，结合历史降雨数据和地理信息数据，分析地铁后期运营过程中面临的主要内涝风险源和自身存在的隐患；根据评估结果，合理设计地铁站口坡度，优先建设地铁车站出入口、通风亭门洞下沿高程等配套基础设施。做好地铁线路给排水管线与市政管线接驳配套建设，充分考虑出入口、通风亭周边的雨水排放；在没有市政排水管网时，应设置排水沟、做好雨水引流。

②提升地铁工程和设施的防涝能力

地铁站出入口、通风亭、停车场等设施的防涝能力建设应以主动防淹为主、被动防淹为辅，主动防淹措施应具备不低于100年一遇的防涝能力。被动防淹将设置防淹门、防淹挡板作为主要措施，通常在过江、过河段区间设置防淹门，以及在出入口防淹平台上设置挡水墙等；作为地铁防淹的重要手段，被动防淹措施可以有效防止汛期或内涝时雨水倒灌。

一是根据地铁线路所处位置环境设计不同性能的挡水墙，满足现场应对复杂危机的防御能力，并定期检查挡水墙的损坏情况，避免挡水功能失效。二是完善挡水墙冗余性配置，配备可移动的挡水墙加固装置，在应对超出挡水墙设计标准的降雨事件时，便于快速加固现有挡水墙，临时提高挡水墙挡水能力，减轻突发事件造成的破坏，切实保障人民群众生命财产安全。

③改善线路周边蓄排水能力

随着水系河流沿线地块的开发建设，一方面存在部分河道被侵占严重，甚至被填埋隔断，留存的河湖水面也大幅缩减的情况，导致水系连通性较差，严重影响河流排涝的高效性以及水系自身的调蓄能力，也加重了这类区域日常治涝排涝的压力；另一方面当前部分城市排雨管渠是采用合流制管渠系统，使排雨管渠环境恶化，加大排雨管渠的管理疏通难度。为提高城市河流的蓄水能力，保障排水效率，避免河流水位快速上涨导致地铁线路排水不畅甚至引发倒灌。一是定期开展排水设施安全检查，加强对河流沿线附近排水设备设施的检修和保养，对存在功能受限的设备设施要及时更换；特别是在雨季来临前两个月，应加强排雨管渠巡查的频率，及时了解排雨管渠维护和疏通情况，确保汛期地铁排水通畅高效。二是加强河流淤泥治理，定期清理周边堆积物，保证河流外围沟渠排水畅通，确保地铁线路周围场区内降雨径流顺利排出，有效提高地铁线路周边蓄排水能力，避免场区内雨水汇集造成的倒灌事故。

（4）公共服务系统

对于积水深度超过 1m 的公共服务设施，应对地块内的人员进行疏散。

5.6.2 全过程闭环

全过程闭环是韧性防涝体系的重要保障，涵盖预防、准备、应对、恢复以及提升等各环节。通过源头预防、充分准备、有效应对和灾后提升，不仅能在灾后迅速恢复生产、生活秩序，也能不断完善和提升城市的防涝韧性。

5.6.2.1 预防准备

（1）强化"四预"措施

强化"四预"（预报、预警、预演、预案）措施，以超前的情报预报、精准的数字模拟、科学的调度指挥，坚决守住水旱灾害防御底线。

1）提高预报精度

加强实时雨水情信息的监测报送和分析研判，利用以新一代天气雷达为主要手段的强降雨监测预报技术、水文气象耦合、大数据、人工智能等技术，努力提高预报精准度、延长预见期。

2）完善预警发布机制

做好江河洪水、山洪灾害等的预警发布，水库、堤防一旦出现险情，及时向可能受影响的地区发布预警，提前做好避险防范。依托该市城市内涝模型建设精准的城市内涝监测预报、预警与调度系统，实现内涝实时预警。

3）做好内涝预演工作

运用数字化、智慧化手段，根据雨水情预报情况，对水库、河道蓄泄情况进行模拟预演，为工程调度提供科学决策支持，通过预演检验预案的可操作性与科学性。深化开展极端降雨事件在城区发生的预演分析，利用分析的结果细化提高超标洪水应急预案的可操作性。

4）切实发挥预案指导作用

细化完善江河洪水调度方案，编制流域、区域水工程联合调度方案，完善超标洪水防御预案，提高指导性和可操作性。针对重点防洪区域制订防汛规划预案。重要地区或设施包括重要行政办公区、重要公共服务区、历史文化保护区、重要市政基础设施（如自来水厂、电厂、变电站等）、重要交通设施（如火车站、飞机场、城市轻轨、交通换乘枢纽等）、重要道路积水路段（如下凹式立交桥）、危旧房屋、风险隐患高发区（如低洼地区）、地下空间（地下室、地下车库、地下商场、地下市政设施、地下通道、地下人防工程等）、未出地面的在建工程、河道漫溢淹没区等。这些重要地区或设施设防标准要高于一般地区，要单独制订防洪防涝规划方案、预案及应急方案。

进一步提升各类防汛预案的科技含量和操作便捷性。建立可视化、电子化的预案编制体系，基于情景分析推演模拟不同暴雨情景下的灾害发展过程，实现灾害场景的重现，最优化地调配应急救助资源与合理化防洪调度，精准有效地制定抢险措施，为应急决策提供可视化的决策环境，提高应急抢险决策方案的可行性和精准性。

（2）建立快速反应、协同应对的内涝灾害应急体系

建立快速反应、协同应对的内涝灾害应急体系，将气象、水务等部门的"测、防、报"与应急管理等部门的"抗、救、援"有机衔接。改进相关应急处置程序，及时采取有效措施防御极端天气灾害，如弹性工作、停课、停工、断路、停止交通运输等，让非防汛保障人员在安全的地方就地躲避，并在出现险情前转移风险区人员。优化完善中心城区抢险基点布局，以便抢险单元能快速到达救援目标。加强城市轻轨等生命线工程和积水内涝风险较大区域的应急避险避难设施建设与管理。建立应急抢险装备更新机制，加强防汛抢险和救援物资的储备，优化防汛抢险物资仓库的布局。加强应急抢险通行保障，将物流管理纳入防汛抢险应急管理体系，确保灾害发生时抢险救援物资运输不中断。加强专业化排水防涝应急队伍建设，提高抢险救灾人员队伍与城市人口的比例，分片区建立专业化队伍、后备队伍（包括民兵和志愿者等）和社会力量相结合的排水防涝应急队伍体系，按照服务面积、服务强度等配备人员和装备。

足量配备排涝抢险专用设备，各级应急排涝管理部门和单位要按防涝应急设施配置标准配置防涝应急设施，包括储备水泵、编织袋、柴油机、柴油、雨衣、雨伞、靴子、铁锹、车辆、手电等抗洪排涝抢险物资，保证抢险需要。

按照城市建成区每平方公里应急排涝能力不低于 $100m^3/h$ 的标准（高风险地区每平方公里应急排涝能力不低于 $150m^3/h$ 的标准），足量配备抽水车、抽水泵等，并配套相应的自主发电设备。因此，可以按照至少需要配备 $11457m^3/h$ 排涝抢险专用设备的标准来提升应急抢险能力。

5.6.2.2 灾中应对

事发地指挥部应立即启动应急响应，对内涝区域采取管控措施，组织抢险救援、转移群众和调集抢险物资。利用 5G、大数据、物联网等信息化手段，实现市、区两级相关专业运行单位之间的汛情、灾情数据共享。救援力量应迅速出动，携带冲锋舟、铁锹、救生衣等装备，分组展开转移群众、运送物资、清理淤泥等工作。同时，消防救援人员也应投入积水点排涝工作，指挥过往车辆及时避险，确保群众出行安全。

在发生积水内涝的下凹桥和低洼地点安装积水深度监测与警示装置，超过设定的积水深度时通过声、光提示行人注意安全，并将数据上报管理部门，及时采取断路等管控措施。及时与相关部门沟通解决涉及重要交通设施（如火车站、飞机场、城市轻轨、交通换乘枢纽等）的积水内涝问题。

5.6.2.3 灾后恢复

组建灾后恢复重建工作专班，主动对接相关部门，开通绿色通道，即收即审、即审即办，优先保障灾后重建项目的用地计划指标。重点恢复城镇道路、桥梁和公共交通系统，改善路网结构，并与供排水、电力、通信等市政管线同步进行。

快速修复交通、水利、气象、电力、通信、市政等基础设施及医院、学校等公共服务设施，确保基本功能全面恢复。

完善灾后恢复重建工作机制，发挥防灾救灾减灾体制改革优势，加强统筹协调，强化协同配合，精心谋划和组织实施灾后恢复重建项目。

5.6.3 多维度协同

为落实"数字改革、总体提升"的工作要求，加强气象和水利监测预警能力建设；灾害性天气监测率在 90% 以上，短时强降雨、雷雨大风等突发强天气有效预警时间平均提高到 60min 左右，灾害预警覆盖率 95% 以上；推进地下管网数字化建设，通过远程监控等技术手段，提升城市排水管网科学化、自动化运行管理水平；加快防涝监测预警平台迭代升级，提升内涝气象风险监测预警能力，加强综合降水、洪水影响的城市内涝水灾害精细化监测监控和预报预警系统建设，积极应用地理信息、全球定位、遥感应用等技术系统，提升对隐蔽工程风险隐患、易涝区域风险等级评估和应急救援指挥功能，推进技术创新、完善法规标准，全面提高汛前、汛期内涝风险研判预警、应急抢险、灾后救援能力，不断提升城市内涝治理智能管控水平。

该市城市防涝数字管控体系建设内容包括以下几个方面：城市防涝综合管理信息平台、城市防涝智慧水利体系、城市防涝智能应用场景。

5.6.3.1 城市防涝综合管理信息平台

建立完善城市综合管理信息平台，完善平台运维管理制度，落实网络安全保护要求，加强安全认证、安全审计和巡检维护，确保平台安全稳定运行。整合各部门相关信息，实现排水管渠信息化、账册化管理，并进行动态更新，逐步建立长效保障机制。在排水设施关键节点、易涝积水点布设必要的智能化感知终端设备，运用数字模拟、水力模型、在线监测和无线通信等先进技术，按照不同用户端设定不同权限，满足不同层次的在线监测、巡查养护、运行维护、规划评估、灾情研判、预警预报、防汛调度、应急抢险等功能需要；从长远来看，城市排水防涝信息系统要与城市信息模型（CIM）基础平台深度融合，与国土空间基础信息平台充分衔接。

5.6.3.2 城市防涝智慧水利体系

《中华人民共和国国民经济和社会发展第十四个五年规划和 2035 年远景目标纲要》明确提出，构建智慧水利体系，以流域为单元提升水情测报和智能调度能力。水利部高度重视智慧水利建设，提出智慧水利是新阶段水利高质量发展的最显著标志和六条实施路径之一，要加快构建具有"四预"（预警、预报、预演、预案）功能的智慧水利体系。近期，水利部先后出台《关于大力推进智慧水利建设的指导意见》《智慧水利建设顶层设计》《"十四五"智慧水利建设规划》《"十四五"期间推进智慧水利建设实施方案》等系列重要文件，全面部署智慧水利建设，并将数字孪生流域建设作为构建智慧水利体系、实现"四预"的核心和关键。

数字孪生流域是以物理流域为单元、时空数据为底座、数学模型为核心、水利知识为驱动，对物理流域全要素和水利治理管理活动全过程的数字化映射、智能化模拟，实现与物理流域同步仿真运行、虚实交互、迭代优化。

目前，该市城市防涝数字孪生流域主要存在算据基础不完善，算力、算法亟须加强，业务应用信息化急需提升，保障体系仍显不足，数据共享规范不明等问题，主要从构建数字孪生流域、开展智慧化模拟、支撑精准化决策三个方面加大投入、深入研究、积极建设。要参照数字孪生流域的要求建设数字城市的城市内涝防治模块，数字孪生流域与物理流域要实现动态实时信息交互和深度融合，保持两者的同步性和孪生性。要在数据支撑的基础上，建立多维多尺度高保真的防洪排涝数学模型，支撑防洪排涝预报、预警、预演、预案的模拟分析。要在智慧化模拟能力建设的基础上，形成精准化决策系统，提高决策能力。

（1）数字孪生流域

数字孪生流域主要由数字孪生平台和信息基础设施两个部分构成，数字孪生平台为数字孪生流域提供"算据"和"算法"支撑与服务，主要由数据底板、模型平台、知识平台等构成；信息基础设施主要为数字孪生流域提供"算力"支撑，主要由水利感知网、水利信息网、水利云等构成。数字孪生流域框架如图 5-13 所示。

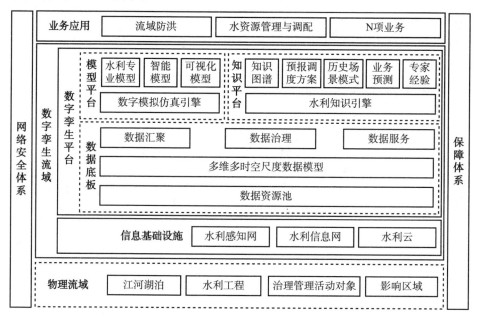

图 5-13　数字孪生流域框架

（2）智慧化模拟

包括洪水仿真及城市内涝模拟，接入洪水预报模型、城市管网模型等计算数据，基于三维地形对洪水区域进行渲染，输出淹没时间、淹没格栅、淹没水深、最大水深、排水管网充满度等信息。数字模拟仿真引擎主要实现以下四类功能。

1）监测数据可视化

监测数据可视化将实时监测数据在数字流域底座基础上进行呈现，清晰直观地反映河道、水库、管网、泵站的实时运行状况，辅助人们对水利工程运行状况及区域整体防汛形势进行评估和分析。

2）功能数据可视化

将相关的可视化技术运用到数字孪生流域的淹没分析、洪水演进等功能模型中，基于洪水预报、城区河网预报等模型完成模型功能验证的同时实现可视化呈现。可进一步直观体现未来一段时间的内涝演进过程及影响范围。

3）可视化动态交互

数字孪生流域模型需要尽可能提供动态交互功能，让用户更好地参与对数据和模型的理解和分析，帮助用户探索数据、提高视觉认知。常用的网络可视化动态交互方法有直接交互、焦点和上下文交互、关联性交互和沉浸式模拟等。

4）支撑精准化决策

在信息获取方面，除了及时掌握当前的水雨情、工情、应急准备等信息，还应该有尽可能长的、较高精度的降雨预测能力。为了提高洪水预测预警能力，还应及时掌握上游东阳市的水雨情。

加快推进覆盖全域的内涝风险监测预警平台建设，开展城市内涝气象风险预警工作，做好短临预报，结合城市易淹易涝风险隐患清单，梳理形成城市易涝风险"一张图"，整体提升内涝气象风险监测预警能力和极端天气应对水平；统筹利用各类远程监控资源，实时监测排水防涝设施和易涝区域水位，进一步强化智能管控和应急救援指挥功能，全面提高汛前、汛期内涝风险研判预警、应急抢险、灾后救援能力，不断提升城市内涝治理智能化水平。

建设完善城市内涝预警监测系统，为决策机构的领导提供道路积水的实时信息，也为市政排水调度管理机构提供支持，还通过广播、电视等媒体为广大老百姓提供出行指南。城市内涝预警监测系统综合运用 GIS、物联网、移动互联、在线监测、模型分析等先进技术和软件技术从宏观、微观相结合的全方位角度，来监测影响道路积水通行安全的各种关键技术指标；记录历史数据和现有的数据，分析未来的走势，形成防涝预警调度数字化、智慧化运营管理模式，实现"事前—事中—事后"防涝工作全流程、精细化和标准化的管理，建设在线监测、数据分析、防涝预警、排涝管理、指挥调度、领导驾驶舱等功能模块，提高应急处置能力，切实提高城市防涝应急管理水平和科学决策水平，提升安全管理保障水平，有效防范和遏制重特大事故发生，保障人民群众的生命与财产安全。

5.6.3.3 城市防涝智能应用场景

（1）系统概述

通过城市智慧排水管网监测系统的建设，实现对管网上窨井盖状态、管网液位、管网流量、管网有害气体、管网水质等数据采集，实时掌握排水管网运行状况，为排水管网的运行调度、养护管理、快速响应提供有效的数据支持，以便管理者掌握管网实际状况，能正确部署紧急情况下的应急措施，不断提高排水管网的运行管理水平（见图5-14）。

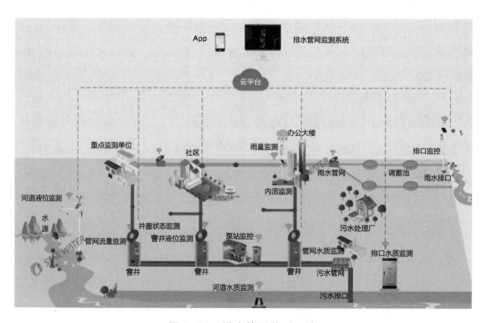

图5-14　排水管网监测系统

（2）物联设施规划布局

迭代升级该市城市内涝监测预警系统，整合各部门防涝管理相关信息，按照信息动态化、数据集成化、预报精准化、决策科学化和业务协同化要求，以数字孪生流域为基础，耦合水文、水动力学模型，运用云计算、移动互联网、人工智能等新一代信息技术，建设监测、分析、研判、预警、调度、抢险等全链条一体化城市防涝智能应用场景，实现该市城市雨洪风险动态研判和管控。

规划以排水分区为单位，在内涝高风险、易涝点、雨水泵站等重点区域的排水管网节点处，设置流量、液位等在线监测设备，对管道的全流程液位、流速和流量进行监测，掌握雨水管网运行情况，为管网分析和运行调度提供数据基础。

5.7 实施效果

采用 DHI MIKE 系列软件构建排水防涝数学模型，对现状和规划方案进行模型评估。模型结果显示，管道采用推荐方案提标改造，骨干河道整治、排涝泵站等措施增加后，30 年一遇降雨下中心城区高风险区共计有 64.53ha，中风险区共计有 70.39ha，低风险区共计有 65.16ha，内涝风险区总面积为 200.08ha。

与现状条件下的情况相比，内涝风险区域面积减少了 84%，高风险区域面积减少了 89%，规划实施中心城区的内涝防治整体达标率为 98.2%：

$$(111.11-2)/111.11×100\% = 98.2\%$$

6

实践篇三：山地城市内涝防治规划

山地城市地形高程相差较大，地形坡度大，斜坡、堡坎等地形在城区中较为普遍，由于高程相差较大，一般情况下自流排水的条件较好，但是城市集中建设区易受外围山洪影响，部分区域存在山洪过境、山洪入城问题[56]。

本章以四川省某山区县为案例项目，介绍了山地城市内涝规划方案，以期为类似地区的内涝防治规划设计提供参考。

6.1 城市本底要素详查

6.1.1 城市概况

6.1.1.1 人口规模

该县共有 23 个乡镇（街道），其中 3 个街道办事处、17 个镇、3 个少数民族乡。截至 2022 年 12 月底，全县行政区域面积 3185km²。

在户籍人口统计年度内，全县公安户籍登记户数 22.50 万户，户籍总人口 87.75 万人，其中乡村人口 70.62 万人，城镇人口 17.13 万人，户籍人口城镇化率 19.52%。迁入人口 1589 人，迁出人口 4510 人。按户籍人口计算人口密度为 275 人/平方公里。按户籍口径计算，全年出生率 8.98‰，死亡率 8.0‰，人口自然增长率 0.98‰。

根据地区生产总值统一核算初步结果，2022 年该县实现地区生产总值（GDP）222.1 亿元，按可比价格计算，同比增长 5.3%，比全国（3.0%）、全省（2.9%）、全市（4.1%）分别高 2.3 个、2.4 个、1.2 个百分点。分产业看，第一产业增加值 36.6 亿元，同比增长 4.6%；第二产业增加值 95.7 亿元，同比增长 6.1%；第三产业增加值 89.7 亿元，同比增长 4.8%。一二三产业对经济贡献率为 16.2%、44.6%、39.2%，分别拉动经济增长 0.9 个、2.3 个、2.1 个百分点。三次产业结构由上年的 17.3∶40.1∶42.6 调整为 16.5∶43.1∶40.4。

第一产业：农林牧渔业实现总产值 65.5 亿元，同比增长 4.9%；粮食产量 34.8 万吨，同比下降 2.5%；生猪出栏 66.5 万头，同比增长 5.4%。

第二产业：全县实现工业增加值 89.3 亿元，同比增长 5.9%；规模以上工业企业数 54 户，同比增长 1.89%；规模以上工业企业主营业务收入 183.0 亿元，同比增长 6.0%；规模以上工业企业利润总额 34.9 亿元，同比增长 4.1%；年末具有资质等级的总承包和专业承包建筑企业 36 家。全年总承包和专业承包建筑业企业实现总产值 21.6 亿元，同比增长 10.5%，其中省内实现产值 21.1 亿元，同比增长 19.4%。

第三产业：商品零售额 69.5 亿元，同比增长 3.7%；餐饮收入 9.8 亿元，同比增长 2.0%。

6.1.1.2　水文气象

该县属中纬度亚热带季风气候，冬半年少雨，夏半年有暴雨和伏旱天气。总特点是四季分明、雨热同季，夏季炎热，冬季不太寒冷。无霜期长，日照充足，热量丰富，降雨量小，立体气候显著。全县平均气温 12.4~18.6℃；不同季节日照变化差异大，夏季最多，冬季最少，夏季日照 564h，占年日照时数的 43%，冬季日照 123h，占年日照时数的 9.6%；全县无霜期长，年平均在 260d 以上。由于地形的影响，全县降雨量偏少，且时空分布和地区分布都不均匀。降雨量的总趋势为随着海拔的增高而增多。该县县城多年平均降雨量 754.7mm；海拔 1300m 的某雨量站多年平均降雨量 1011.2mm。两地海拔相差 690m，年降雨量相差 256.5mm。

6.1.1.3　地形地貌

该县属盆周山地地貌，境内山脊线自西向东呈"S"形横贯县境中部，峰峦渐次降低，整个地势西高东低，南陡北缓，最高处海拔 1843m，最低处海拔 300m，相对高差 1543m。

境内灰岩出露广泛，岩溶（喀斯特）地貌普遍发育，峰丛、峰林、漏斗、盆地、槽谷、落水洞、穴泉等分布广泛。河流两岸石壁峭立，陡崖重叠，峡谷幽深，呈"一线天"景观。分布于山顶山脊地带的山原地貌，亦较为明显。

其地貌可分为四种类型。

● 低山河谷地貌：海拔 300~800m，面积 78 万亩（量算面积，下同），占辖区面积的 16.4%。出露岩层主要为侏罗系紫色砂、页岩和部分新冲积、区内顺坡面长而缓，多分布层层梯田，逆坡面坡度较大，旱土较多，土壤肥力好，光照充足，水源丰富，是县内粮、油主产区。

● 低山岭谷地貌：海拔 800~1000m，面积 112.41 万亩，占辖区面积的 23.5%，出露岩层以三叠系、二叠系、志留系的砂、页岩和灰岩为主，岩层倾角较大。本区内，砂、页岩多形成山岭，顺岩层走向对峙延伸，上部为林地，下部多为农耕地。多槽湾、窄谷。岩层含水丰富，植被较好，农业垦植率高，但水土流失严重，是县内油菜、玉米、烤烟、红粮和经济林木茶叶及用材林木松、杉主产区。区内无烟煤、铁矿石分布广泛。

● 中山缓脊地貌：海拔 1000~1200m，面积 230.08 万亩，占辖区面积的 48.2%，出露岩层主要为寒武系、奥陶系、志留系和二叠系的灰岩及少数砂、页岩。地形多出现"漏斗状""葫芦状""V"形景观和洼地，溶洞和落水孔随处可见。二叠系岩层区域内，淋溶作用强，裂隙较多，地表水缺乏，多有暗流，溶洞随处可见。区内农耕地多为旱地，水田较少。区域内，水源丰富，有较大田坝分布。志留系、奥陶系岩层区域内，山高脊缓，含水丰富，植被较好，上部为林地，下部多有浸水流出汇成小溪，水田较多。本区主产水稻、玉米、烤烟。

● 中山峡谷地貌：海拔 1200~1800m，面积 56.68 万亩，占总幅员面积的 11.9%，出露岩层以白垩系厚砂岩为主，岩层倾角小，但切角深，多呈"V"形，有较大的方山地貌。由于岩层砂粗，透水性强，含水丰富，植被良好，是县内林木主产区，农耕地极少。

6.1.1.4 河流水系

该县属长江水系，全县河流、小溪众多，大部分汇入赤水河后流入长江。除赤水河外，流域面积 500km² 以上河流 1 条为古蔺河，100~500km² 河流 5 条，50~100km² 河流 5 条，10~50km² 河流 8 条。

古蔺河流域总面积 966km²，主河道长度 70.7km，河道平均比降约 18.4‰。区域内多年平均降雨量 774.5mm，多年平均径流深 419.4mm，年径流总量 4.05 亿 m³，河口平均流量 12.88m³/s。河道落差 880m，该流域水能理论蕴藏量 2.07 万 kW。

6.1.2 流域防洪系统现状

6.1.2.1 河流沟渠情况

（1）主干河

该县城范围内承担流域防洪功能的河流为古蔺河，由西向东横穿县城。河长 70.7km。河床平均比降 18.4‰，多年平均降雨量 774.5mm，多年平均径流深 419.4mm，年径流总量 4.05 亿 m^3，流域面积 966km^2，古蔺河流域呈树枝状，地势由西向东倾斜，西高东低，水系发育。

1）历史水文情况

古蔺河流域属山区河流，径流主要由降雨补给。洪水由暴雨形成，大暴雨形成大洪水。5—10 月为暴雨多发季节，每遇暴雨，各支流山洪汇集，使得干流洪水集中，峰高量大，一次洪水过程历时一般 1~2 天。据古蔺水文站实测资料记载，自 1958 年 6 月建站观测至 2003 年的 45 年间，县城河段遭受大于 500m^3/s 洪水有 7 次。其中 1995 年 5 月 30 日全流域普降大暴雨并伴有 7~8 级大风，部分地区间有冰雹，降雨强度大，雨量集中在后半夜几小时，山洪暴发，县境内大小河流溪沟洪水暴涨。为古蔺河流域发生的近百年一遇的大洪水。

2）河道过流断面情况

①桥梁及拦水坝阻水情况

目前古蔺河（县城段）共计有桥梁 17 座，桥梁的设计和结构可能会对河道行洪产生影响。其中一处桥梁在 20 年一遇设计洪水位下存在阻水情况，需对县城桥梁进行进一步评估和改进，以减少其对行洪的影响。

现状主河槽内存在 3 处拦水坝，对河道行洪有一定阻水作用，但影响较小。

②建筑阻水情况

部分建筑直接建在河槽上，缩小了河道行洪面积。

现状河槽中建有 1 条管径为 D500~D800、长度为 13.15km 的截污管道，缩小了河道过水断面，影响行洪。

（2）山洪沟

古蔺河有较多不对称的树枝状山洪沟，县城共有 19 条山洪沟。流域集雨面积共计 274.89km^2。

6.1.2.2 现状防洪情况

现状建成区古蔺河及其支流防洪标准按 20 年一遇洪水标高设防。部分河段防洪堤尚未建设，加之近几年河床淤积影响，现状防洪能力不足 10 年一遇洪水标准。

6.1.2.3 流域水库情况

县城上游现状共涉及 7 个水库，分别为石梁子水库、棉竹沟水库、尾坝井水库、三岔河水库、毛家岩水库、光辉水库和龙洞水库。

6.1.3 降雨与下垫面分析

6.1.3.1 降雨特征

（1）历史降雨特征

该县属于亚热带湿润季风气候，具有四川盆地和贵州高原气候特征，境内地势西高东低，南陡北缓，高差悬殊大，立体气候明显。年降雨量 517.1 ~ 1066.7mm，全年 70% 降水集中在 5—9 月，年平均区域性暴雨 2 ~ 4 次，降水时空分布不均。

历史上最大日降雨量为 163.7mm，出现在 2019 年 9 月 8 日。最大 3h 降雨量为 77.9mm，出现在 2020 年 6 月 26 日 22：00—27 日 1：00。最大 1h 降雨量为 55.8mm，出现在 2020 年 6 月 11 日 22：00—23：00。

（2）"7·27" 特大暴雨降雨强度

①最大 24h 降雨

本次大暴雨在 26 日 20：00—27 日 8：00 最大 24h 降雨 205.6mm，突破历史极值。

②最大 3h 降雨

本次大暴雨最大 3h 降雨出现在 27 日凌晨 3：00—6：00，3h 累计降水达 168.5mm，雨强超过 45mm/h，突破历史极值的 2 倍。

③最大 1h 降雨

本次过程最强降雨时段出现在 27 日凌晨 3：00—4：00，城区最大雨强达 73.0mm/h，为有气象观测记录以来最大值。

6.1.3.2　下垫面调查

（1）城市发展变化

通过对比城区部分区域历年的下垫面用地变化情况可知，整个城市的现状布局，工业用地、商业用地与其他建设用地均有扩张，尤其是新城区围绕古蔺河向四周扩张。城市化的推进对城市下垫面影响较大，原先的可渗透地表转变为建成区后，径流系数发生较大变化，城区开发建设区域内建筑密度高，建筑、路面等不透水地面占比较大。

（2）下垫面情况

不同地表类型雨水排放径流系数不同，而径流系数是影响排涝的最重要因素之一，对该县主城区地表按建筑屋面、道路、绿化、水体进行分类整理，在开发边界内，建筑屋面面积为 6.63km²，占总用地的 62%；道路面积为 1.43km²，占总用地的 13%；绿化面积为 2.32km²，占总用地的 22%；水体面积为 0.33km²，占总用地的 3%，综合径流系数为 0.75（见表 6-1 和图 6-1）。

表 6-1　该县主城区规划范围内下垫面分布及径流系数

范围	类别	建筑屋面	道路	绿化	水体
主城区 （10.71km²）	面积（km²）	6.63	1.43	2.32	0.33
	占比（%）	62	13	22	3
	径流系数取值	0.9	0.95	0.15	1
	综合径流系数	0.75			

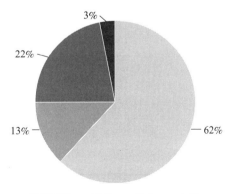

图 6-1　开发边界内不同下垫面占比

6.1.3.3 低洼区域

（1）绝对低洼区域

地势较低的低洼地，其排水往往受排放水体水位的影响。为了呈现该县上述受影响区域的整体情况，本方案将该县的地面高程与20年一遇古蔺河河道洪水位进行了对比，高程低于河道模拟水位的区域，在暴雨期间，面临洪水倒灌无法排出的较大风险，高程低于洪水位且差值在0.5m以上的区域会面临涝水排泄不畅的风险。

通过将各排水分区内的地面标高与排水分区雨水排出口20年一遇洪水位标高对比，识别出部分绝对低洼地，主要有10处。

（2）相对低洼区域

在城市开发建设过程中，各主体忽视了竖向系统网络标高控制的合理性，造成部分地区道路与地块建设衔接不合理，形成相对低洼地，尤其是在地下车库出入口未设置挡水设施的情况下，暴雨期间地下车库内部容易产生内涝灾害。将各地块的地面标高与地块周边道路标高对比，识别出8处相对低洼地。

6.1.4 排水防涝设施现状

6.1.4.1 排水体制

近年来城市基础设施不断完善，逐步形成了若干独立的排水系统，但仍然存在雨污合流的现象。该县于2012年沿河建设了一条截污干管，之后大部分难以改造地区的雨污合流管均接入截污干管，但在老城区还分布有部分雨污合流管道，合流污水经道路边沟汇流后，未经任何处理即排放进入古蔺河。目前正在进行县城的雨污分流改造。

6.1.4.2 排水分区

结合城市开发边界范围和流域汇水范围，将县城划分为25个大排水分区。再根据排水分区所处位置、城市开发建设程度的不同，将其归纳为4个大片区。

6.1.4.3 排水管渠

根据该县排水管线项目普查数据，目前该县城建成区的市政道路雨水管渠总长88.36km，其中合流管17.06km。

（1）现状管道问题梳理

对该县既有市政道路管线资料进行梳理，共识别出有影响管道过流能力缺陷的问题管道16处，主要问题包括逆坡、大接小、低接高等。问题管道纵断面如图6-2所示。

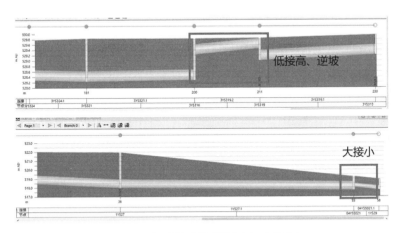

图6-2 问题管道纵断面示意（部分）

（2）坡降分析

选取排至古蔺河的31条路径较长雨水管道为研究对象，对其管道比降、水力坡降进行分析比较。

①管道比降

从分析比较结果来看，31条雨水管道整体比降相对较大，其中管道比降最大为10.95%，最小为0.75%，平均比降为4.41%，反映出管道敷设坡度符合设计要求。

②水力坡降

从分析比较结果来看，31条雨水管道整体水力坡降相对较大，其中水力坡降最大为14.65%，最小为0.85%，平均坡降为4.65%，反映出管道排水效能较好。

（3）排出口高程分析

通过对比排出口管道底高程与古蔺河20年一遇洪水位，共识别出有20个排出口属于淹没出流，占比约为65%，其中最大淹没深度约为5.95m。尽管该县整体地形有利于雨水排放，但在遭遇较大暴雨洪水时，部分排出口仍然位于洪水位以下，因此还是受到了顶托影响。通过分析发现各个管道的水力坡降均大于3‰，因此可以得出结论：该县城区雨水排放在遭遇20年一遇洪水时会受到一定的顶托影响，但随着古蔺河河道水位下降，城区还是可以实现快速退水的。

为进一步研究受顶托影响的范围，统计整理淹没出流排出口所在的排水子分区面积，共计241.7ha，占总排水子分区的16.3%。

6.1.5 防洪防涝管理现状

6.1.5.1 日常管理体系

在城市建设管理涉水职责分工方面。县住房城乡建设局负责城市供排水设施、城市防洪设施和排涝设施规划建设工作；县水务局负责指导、参与城市供排水设施、城市防洪设施和排涝设施规划建设工作；县综合执法局负责城市供排水设施、城市防洪设施和排涝设施运行维护和管理工作。

6.1.5.2 应急管理体系

（1）应急组织体系

2022年，县应急局发布《县防汛抗旱应急预案》（2022年修订），适用于全县范围内突发性水旱灾害的预防和应急处置。预案中明确工作机制、灾害及响应分级、组织体系及职责、预防和监测预警、应急响应、应急保障及后期处置。

根据《县防汛抗旱应急预案》（2022年修订），建立该县防汛抗旱与救援专项工作指挥部，在县委、县政府和县应急委领导下负责组织、协调、指导全县防汛抗旱工作。有防汛抗旱任务的乡镇（街道）均成立防汛抗旱指挥部，由主要负责人担任指挥长，并明确与防汛抗旱工作任务相适应的工作人员，在上级防汛救援指挥部的领导下，负责本区域防汛抗旱工作。有防汛抗旱任务的行政村（社区）设防汛抗旱工作小组，由行政村（社区）主要负责人担任责任人，兼任山洪灾害防御责任人，在上级防汛救援指挥部的领导下，负责本区域防汛抗旱工作。有关水利工程管理单位、在建涉水工程建设单位、有防汛抗旱任务的大中型企业，应组建专门机构，负责本单位的防汛抗旱工作。

（2）应急响应体系

县防汛与救援专项工作指挥部适时启动、终止对应级别应急响应。防汛抗旱应急响应流程如图6-3所示。

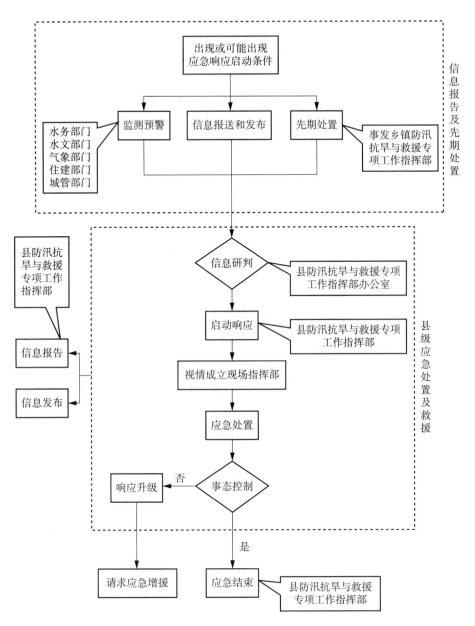

图6-3 防汛抗旱应急响应流程

（3）应急措施与手段

1）受灾前

①预防监测，落实防汛保障

健全组织体系；做好堤防、水库水电站、泵站等各类水工程运行准备；

完善监测与预警发布机制，保证预警发布渠道畅通；适时组织针对各类险情、灾情应对演练；建立健全培训制度；明确防汛抗旱物资，确保急需时可调可用。

②排查隐患，强化应对能力

对存在病险的防洪工程等实行应急除险加固，对在建的涉水工程设施和病险工程，落实安全度汛方案和工作措施。聚焦水旱灾害易发的重点区域、重点部位和重要设施，全面开展辖区内水旱灾害风险隐患排查。坚持开展"雨前排查、雨中巡查、雨后核查"，健全各级各部门、基层干部群众联防联动和隐患动态监管机制。县防汛抗旱与救援专项工作指挥部应汛前查找防汛抗旱工作存在的薄弱环节，明确责任，限时整改。

③预警发布，保障信息覆盖

抓紧畅通信息传递"最后一公里"，提高信息覆盖面和时效性。预警信息的发布和调整要及时通过广播、电视、手机、报刊、通信与信息网络、警报器、宣传车、大喇叭或组织人员逐户通知等方式进行通告。对学校、医院、旅游景区、在建工地、移民安置点、山洪灾害危险区、水库水电站、堤防等特殊场所以及老、幼、病、残、孕等特殊人群应当进行针对性预警。

预警信息发布后，有关部门（单位）要根据预警级别和实际情况，按照分级负责、属地为主、层级响应、协调联动的原则，采取相应防范应对措施。

2）受灾时

灾害发生时，发生地乡镇（街道）防汛救援指挥部及时启动应急响应，视情成立现场指挥部，摸排掌握险情灾情，迅速调集应急队伍，科学开展现场处置，组织干部群众开展自救互救工作，做好信息传播、传递和舆情引导，按规定向县防汛抗旱与救援专项工作指挥部报告。

3）受灾后

灾后应对工作进行复盘，总结经验教训，制定改进措施。及时补充防汛抗旱抢险物资；突击施工修复影响当年防洪安全和城乡供水安全的水毁工程；组织修复交通、电力、通信、水文以及防汛专用通信等基础设施，使其能够快速投入正常使用。

6.1.5.3 防灾设施配建情况

（1）应急避难场所

根据应急局统计数据，城区目前已建应急避难场所 6 处，平均每 2.05 平方千米有一处应急避难场所。从现状应急避难场所点位分布来看，部分区域暂缺应急避难场所。

（2）应急物资储备

根据县应急局的统计数据，全县共有各类应急救援车辆 129 辆，防汛救援舟艇 13 艘，其他应急救援装备 20424 件（台、套）。县级救灾物资储备仓库 1 个，片区中心乡镇前置救灾物资储备库 6 个（分别是黄荆镇、永乐街道、观文镇、双沙镇、皇华镇、大村镇），储备有帐篷、折叠床、棉被、大衣、凉被、救生衣等各类应急救灾物资。

城市西区及城市东区共有 1 个县级物资仓库、1 个乡镇街道级物资仓库；东创园片区有 1 个乡镇街道级物资仓库；永乐片区有 1 个乡镇街道级物资仓库。

（3）地下空间防汛物资配备情况

根据现场调研，绝大部分地下室暂未配备防汛挡板、防汛沙袋等应急防汛物资。

（4）应急救援能力情况

根据消防大队提供的数据，全县消防救援队伍共计 6 支，救援人员 140 人；企业专职消防队 2 支，救援人员 43 人；县级相关部门应急救援队伍 10 支，救援人员 234 人；"一主两辅"乡镇（街道）应急队伍 23 支，救援人员 4233 人。

目前县城西区有 1 个专职综合应急救援队伍、2 个行业应急救援队伍、1 个消防乡镇救援队伍；县城东区有 1 个专职综合应急救援队伍，5 个行业应急救援队伍；东创园片区及永乐片区各有 1 个乡镇应急救援队伍。

6.2 问题与成灾初步分析

6.2.1 防涝面临的问题

6.2.1.1 流域防洪系统

（1）水土流失现象普遍

该县城现状山洪沟沿岸水土流失情况普遍，且建筑渣土堆放量大，在降雨期间容易造成垮塌、堵塞等问题。

（2）水库滞蓄不足，下游直面山洪风险

该县城上游现状共涉及 6 个水库，其中仅 3 个水库具有防洪功能。暴雨期间，水库滞蓄不足，下游直面山洪风险。

（3）堤防工程建设有待提高

现状古蔺河部分河段防洪堤标准不足 20 年一遇；部分河段防洪堤年久失修，出现溃堤现象；部分河段建筑退让距离不够。

（4）古蔺河行洪不畅

现状古蔺河内存在多道拦水坝以及截污管等构筑物，对河道有一定阻水作用，影响古蔺河行洪能力。

6.2.1.2　降雨及下垫面

（1）降雨时空分布不均，极端降雨频现

全年 70% 降水集中在 5—9 月，年平均区域性暴雨 2~4 次，降水时空分布不均。通过对 1988—2023 年最大单日、最大三日降雨量分析，发现极端降雨频率增高，降雨强度也在不断升高，相应极端降雨带来内涝灾害的致灾性也不断增强。且最大单日降雨量、最大 3h 降雨量、最大 1h 降雨量均出现在2019—2020 年。

（2）下垫面渗透不足，阻水点影响山洪行泄

开发边界内现状综合径流系数为 0.75，与规划标准中老城区需达到 0.7、新城区需达到 0.65 的要求还有一定差距，且随着城市的发展，部分地块建设以及渣土堆放阻断洪水通道，严重影响山洪行泄。

（3）竖向存在低洼区域

整体竖向坡度较大，局部存在低洼区域。

6.2.1.3　排水防涝设施

（1）存在雨污合流情况

该县排水系统较为复杂，现状仍存在不少雨污合流管道，在强降雨时有合流制溢流风险。

（2）管道存在缺陷

根据对普查资料的梳理，目前该县雨水排水管道还存在逆坡、大接小等影响排水能力正常发挥的结构性问题，共识别市政道路上具有影响管道过流能力缺陷的问题管道 12 处，主要包括逆坡、大接小、低接高等问题。

（3）洪水位顶托排出口

通过对比排出口管道底高程与 20 年一遇洪水位，共识别出有 20 个排出口属于淹没出流，占比约为 65%，其中最大淹没深度约为 5.95m，受古蔺河顶托影响的汇水面积达到 241.7ha。

（4）缺乏强排措施

城区暂无强排泵站。

（5）路面雨水无法有效管控

在城市开发建设过程中，部分区域竖向系统标高控制不合理，加之路面收水系统还存在缺陷，导致路面地表径流暂未有效管控，流入地块，造成内涝灾害。

6.2.1.4 防洪防涝管理

（1）地下空间防汛物资配备不足

绝大部分地下空间出入口未做反坡处理，未配备防汛沙袋、防汛挡板等应急防汛物资，洪水未经阻拦涌入地下室。

（2）救灾物资调度体系有待完善

处置预案未能明确物资储备、调用、保障等方面规定，在洪涝巨灾发生时，没有相应的救灾物资支撑抢险救援工作，仅靠人力救援抢险远远不够。

（3）生命线应急防御亟待重视

部分生命线设施建设标准过低，如污水处理厂地坪标高建设标准仅为 20 年一遇古蔺河流洪水位，导致污水处理厂在某洪涝灾害中受灾严重，处理设施完全瘫痪。

6.2.2 成因分析

6.2.2.1 罕遇极端暴雨灾害，时间短、总量大

本次降雨具有持续时间短但累计雨量大、极端性强等特点，从气象监测数据上看，单站降雨量破历史极值，是该县有仪器测量记录以来的最大降雨量。

（1）24h 雨量特征

2023 年 7 月 26 日 20 时至 27 日 20 时，该县遭遇极端强降雨，最大降雨量为县城酒街站 205.6mm，已超 50 年一遇长历时降雨量（193mm），突破历史极值（163.7mm）。彰德、金兰、永乐、黄荆、大寨、德耀、德耀福来、德耀龙美等 13 个雨量站监测降雨量超过 100mm，强降雨时段主要集中在 27 日

03 时至 27 日 06 时（见图 6-4）。

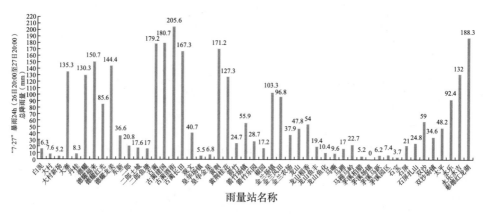

图 6-4　"7·27"各雨量站 24h 降雨量（mm）

（2）最大 1h 降雨特征

全县 49 个雨量站中，共 11 个雨量站监测最大小时降雨量超过 50mm，城区最大小时降雨量为 73mm，突破历史极值（55.8mm）。

6.2.2.2　山区洪水峰高流急，城市遭遇冲击

历史罕遇的特大暴雨导致县城主要河沟洪水来势快、量级大、峰值高，现有防洪设施不足以抵御此类级别的特大暴雨，致使巨量山洪冲出山谷，直泄城区。

根据水务局统计数据，7 月 27 日暴雨古蔺河水文站实测最大洪峰流量 1910m³/s，为 1958 年水文建站以来实测最大流量，已超过 100 年一遇洪峰流量，同时古蔺河 16 条支流最大洪峰流量也均超过 100 年一遇洪峰流量（见表 6-2）。

表 6-2　"7·27"古蔺河及山洪沟支流流量统计

序号	河流名称	集雨面积（km²）	各频率计算洪峰流量（m³/s）					本次洪峰流量（m³/s）	流量级别
			P=1%	P=2%	P=3.3%	P=5%	P=10%		
1	小水沟	13.8	165.60	140.27	122.58	107.96	84.10	330.46	超百年一遇
2	大脚沟	8.5	102.00	86.40	75.50	66.50	51.80	239.23	超百年一遇
3	荒田沟	3.04	36.48	30.90	27.00	23.78	18.53	120.54	超百年一遇
4	邓家沟	1.14	13.68	11.59	10.13	8.92	6.95	62.68	超百年一遇
5	大沟	1.44	17.28	14.64	12.79	11.27	8.78	73.25	超百年一遇

序号	河流名称	集雨面积（km²）	各频率计算洪峰流量（m³/s）					本次洪峰流量（m³/s）	流量级别
			P＝1%	P＝2%	P＝3.3%	P＝5%	P＝10%		
6	五同沟	1.8	21.60	18.30	15.99	14.08	10.97	84.99	超百年一遇
7	椒坪河	45.3	534.60	460.46	402.37	354.41	276.06	729.91	超百年一遇
8	头道河	97.2	1166.40	988.01	863.36	760.45	592.35	1214.27	超百年一遇
9	汪家沟	3.33	39.96	33.85	29.58	26.05	20.29	128.09	超百年一遇
10	4#沟	1.15	13.80	11.69	10.21	9.00	7.01	63.05	超百年一遇
11	烂田沟	3.06	36.72	31.10	27.18	23.94	18.65	121.06	超百年一遇
12	岩峰沟	1.58	18.96	16.06	14.03	12.36	9.63	77.92	超百年一遇
13	梧桐沟	1.04	12.48	10.57	9.24	8.14	6.34	58.96	超百年一遇
14	飞龙沟	25.53	306.36	259.50	226.77	199.73	155.58	498.01	超百年一遇
15	5#沟	1.03	12.36	10.47	9.15	8.06	6.28	58.58	超百年一遇
16	6#沟	1.36	16.32	13.82	12.08	10.64	8.29	70.51	超百年一遇
17	古蔺河	379	1720	1380	1150	958	665	1910	超百年一遇

6.2.2.3 防洪体系短板凸显，行洪能力受阻

"7·27"极端强降雨下形成超标山洪，对城市造成了严重冲击，超标激化了短板，城市韧性不足问题凸显。

（1）水库滞蓄设施不足

水库工程防御在山洪灾害防治中发挥重要的防洪保安作用。通过水库工程防洪库容的优化与合理调度，可以充分发挥水库的滞洪削峰作用，降低下游河道的行洪压力，是提高山区防洪能力的最有效措施。

在"7·27"洪涝灾害中，上游石梁子水库发挥了一定的蓄洪功能，下泄最大流量为146m³/s，未超过5年一遇洪峰流量（215m³/s）。山洪沟上游缺乏水库等控制工程，导致石梁子水库以下的山洪沟下泄流量均超百年一遇，洪水未经滞蓄进入城区，再加上古蔺河部分断面过窄，促使洪水进一步形成急流，漫溢至城区。

（2）渣土堆放阻断山洪行洪通道

该县建筑渣土缺乏专业的管理，导致渣土大多临时堆放，现状共有7处渣土堆放点位于山洪沟内。大量渣土在山洪沟内临时堆放，使得山洪沟局部段

出现堵塞的情况，严重影响了山洪沟行洪能力。

（3）古蔺河防洪能力不足

现状古蔺河防洪能力不足，主要体现在部分河段防洪堤标准不足 20 年一遇、部分河段防洪堤年久失修，出现溃堤现象、部分河段建筑退让距离不足。除此之外，河内的多道拦水坝、截污管主干管等构筑物也有一定阻水作用，影响行洪。

6.2.2.4 城市排水系统不畅，局部存在低洼

（1）部分管道排水不畅

1）管道存在缺陷，影响排水能力

根据对普查资料的梳理，目前该县雨水排水管道还存在逆坡、大接小等影响排水能力正常发挥的结构性问题，共识别市政道路上具有影响管道过流能力缺陷的问题管道 16 处，主要包括逆坡、大接小、低接高等问题。

2）管道排水受洪水顶托影响，排水不畅

通过排出口管道底高程与"7·27"洪水位对比，共识别出有 21 个排出口属于淹没出流，占比约为 68%，其中最大淹没深度约为 5.47m。

（2）竖向存在局部低洼区域

1）低洼区域分析

通过将"7·27"洪水位与县城地块竖向标高对比，识别出部分低洼地，主要为县职高、碧水兰庭、肝苏药业、奢香广场、老商业街、县中学南侧居民区、川酒集团酱酒有限公司和永乐道班公交站北侧等区域。此类低洼区在"7·27"洪涝灾害发生时，不仅受到洪水的威胁，也存在内涝的问题。

2）"7·27"涉水区域与低洼区域叠加分析

通过将各排水分区内的地面标高与排水分区雨水排出口"7·27"洪水位进行对比，识别出低于洪水位的部分绝对低洼地，而后再将识别出的局部低洼地与"7·27"洪水涉水区域进行叠加分析，共有三种情况：

• 低洼地受灾区域：此区域在"7·27"中既有"洪"的问题，也有"涝"的问题；

• 非低洼地受灾区域：此区域在"7·27"中可能主要是存在"洪"的问题；

• 低洼地未受灾区域：此部分可能排水能力较好，但也是存在风险的区域，需要重点关注。

6.2.2.5　设施竖向标准不足，基础功能失效

根据竖向分析发现存在部分重要生命线工程设施地坪高程仅参考城镇防洪标准设置，例如，污水处理厂地坪高程与 20 年一遇洪水位基本持平，一旦遭遇超过 20 年一遇水位的洪水，将面临设施被淹、基础功能失效的风险。城市燃气、供水、排水、电力、通信、轨道交通、综合管廊、输油管线等，作为城市公共安全的重要组成部分，担负着城市的信息传递、能源输送、排涝减灾等重要任务，是维系城市正常运行、满足群众生产生活需要的重要基础设施和"生命线"。生命线设施竖向不满足防洪标准，就无法保证能在超标灾害来临时实现"超标降雨可应对"这一目标。

6.3　规划标准制定

6.3.1　防洪标准

6.3.1.1　古蔺河防洪标准

根据《防洪标准》（GB 50201—2014），考虑各防护对象的规模和重要性，拟定各防护对象的防洪标准为：城区达到 20 年一遇防洪标准。

6.3.1.2　山洪沟防洪标准

按国家水利行业标准《山洪灾害调查与评价技术规范》（SL 767—2018）相关规定，山洪灾害危险区等级划分采用频率法，具体划分标准见表 6-3。

表 6-3　山洪灾害危险区等级划分

危险区等级	洪水重现期（年）	说明
极高危险区	≤5	属较高发生频次
高危险区	5~20	属中等发生频次
危险区	≥20	属稀遇发生频次

该规范 6.4 节中，关于防洪现状能力评价的规定：根据成灾水位对应的洪峰流量频率确定现状防洪能力，依据成灾水位及其对应的洪峰流量和频率以及各频率洪水位以下的累计人数、房屋数等制定防洪现状评价图。

防洪现状评价图制定中规定：房屋防洪能力小于等于 5 年一遇为极高危险区，房屋防洪能力 5~20 年一遇为高危险区，房屋防洪能力 20~50 年一遇仍为危险区，房屋防洪能力大于 50 年一遇为其他。

鉴于该县城区山洪灾害危险区人口和房屋密集，且若暴雨山洪漫溢出溪沟将沿陡坡城市道路流动进入城区（尤其是城市地下空间），山洪灾害危险区人口、房屋等也将大幅增加，甚至停放在公路两侧的汽车也会被冲走。因此，山洪防御标准采用洪水重现期 100 年。

6.3.2　雨水管渠设计标准

城市管渠和泵站的设计标准、径流系数等设计参数根据《室外排水设计标准》（GB 50014—2021）的要求确定。其中，径流系数应按照不考虑雨水控制设施情况下的规范规定取值，以保障系统运行安全。《室外排水设计标准》雨水管渠设计重现期如表 6-4 所示。

表 6-4　《室外排水设计标准》雨水管渠设计重现期　　单位：年

城镇类型	城区类型			
	中心城区	非中心城区	中心城区的重要地区	中心城区地下通道和下沉式广场等
超大城市和特大城市	3~5	2~3	5~10	30~50
大城市	2~5	2~3	5~10	20~30
中等城市和小城市	2~3	2~3	3~5	10~20

注：1. 表中所列设计重现期适用于采用年最大值法确定的暴雨强度公式。
　　2. 雨水管渠按重力流、满管流计算。
　　3. 超大城市指城区常住人口在 1000 万人以上的城市；特大城市指城区常住人口在 500 万人以上 1000 万人以下的城市；大城市指城区常住人口在 100 万人以上 500 万人以下的城市；中等城市指城区常住人口在 50 万人以上 100 万人以下的城市；小城市指城区常住人口在 50 万人以下的城市（以上包括本数，以下不包括本数）。

6.3.3　内涝防治设计重现期

利用模型构建的管网与河网耦合模型，得出不同情景下的积水深度和积水时间，并结合地块类型的区别，综合评估存在风险的区域。

根据《室外排水设计标准》相关规定，城镇内涝防治标准如下。

6.3.3.1　内涝防治的设计重现期

《城镇内涝防治技术规范》内涝防治设计重现期如表 6-5 所示。

表6-5 《城镇内涝防治技术规范》内涝防治设计重现期

城镇类型	重现期（年）	地面积水设计标准
超大城市	100	
特大城市	50~100	1. 居民住宅和工商业建筑物的底层不进水；
大城市	30~50	2. 道路中一条车道的积水深度不超过15cm
中等城市和小城市	20~30	

该县属于小城市，本项目内涝防治设计重现期取20年。

6.3.3.2 最大允许退水时间规定

《室外排水设计标准》最大允许退水时间如表6-6所示。

表6-6 《室外排水设计标准》最大允许退水时间

城区类型	中心城区	非中心城区	中心城区的重要地区
最大允许退水时间（h）	1.0~3.0	1.5~4.0	0.5~2.0

考虑该县为山区型城市，本项目最大允许退水时间中心城区取1h，非中心城区取1.5h，中心城区的重要地区取0.5h。

6.4 模型构建与风险评估

6.4.1 模型构建

6.4.1.1 基础资料整理

基础资料包括现状、规划资料。本次建模过程中所用资料主要包括管渠系统资料（包括雨水管道、渠道）、水系资料（包括河道、暗涵）、下垫面资料、降雨数据、高程数据等，主要资料内容如表6-7所示。

表6-7 现状资料内容统计

编号	文件内容	详细内容	格式
1	排水管网和检查井	管网数据：管径、管底高程、管材、管网拓扑关系等；检查井数据：位置、地面高程、井深、连接关系等	Shp
2	水系数据	水系布局、水系宽度、水系长度、河道水位、河道断面等	Shp、Excel、CAD
3	下垫面资料	城市建设基础图层，包括建筑屋面、道路、水体、绿地等	Shp

编号	文件内容	详细内容	格式
4	高程数据	2021年地形	CAD
5	降雨数据	暴雨强度公式、"7·27"雨量站数据	文本、Excel

6.4.1.2 产汇流模式

（1）产流计算

每一个子流域表面被处理为一个非线性蓄水池，其流入项有降水和来自上游子流域的流出；流出项包括入渗、蒸发和地表产流。蓄水池的容量为最大洼地储水量。蓄水池中的水深由子流域的水量平衡计算得出，并且随着时间不断更新。只有当蓄水池水深超过最大洼地储水量时，地表产流才会发生，其大小通过曼宁公式计算得出。

对不透水地表净雨量，只需从降雨过程中扣除初损（主要是填洼量）即可。在未满足初损前，地表不产流，一旦初损满足，便全面产流。对透水地表，除填洼损失外，还有下渗的损失。来自透水子区域，下渗到不饱和土壤层的水量可以用三种不同的方法来描述：Horton下渗、Green-Ampt下渗及SCS曲线数下渗。

评估管网排水能力时，按照雨水分区，采用综合径流系数确定产水。综合径流系数通过地面种类加权平均计算得到，并考虑雨水径流控制情况调查分析成果、各分区的地面高程以及蓄、滞、渗的成效。

评估防涝体系能力时，按照雨水分区，采用初损扣损法确定产水。山丘区土壤最大含水量 I_{max} 为100mm，土壤前期含水量为75mm，则初损为25mm，后损为0.5mm/h。平原区不同地类采用以下扣损方案：水面按水量平衡方程由降雨扣除水面蒸发推求产水量；水田由降雨扣除水稻蒸腾系数及水田下渗并考虑水田最大持水深度推求产水量；旱地由降雨扣除旱地下渗并考虑旱地最大持水深度推求产水量；其他则采用径流系数法由降雨推求产流过程，具体扣损方案如下。

水面：初损为0mm，后损为0.2mm/h；

水田：田间起始水深40mm，降雨利用最大水深60mm，初损为20mm，后损为0.2mm/h；

旱地：最大持水深240mm，土壤前期含水量200mm，初损为40mm，后损为0.133mm/h；

建成区：按照雨水分区，采用综合径流系数确定产水。综合径流系数通过地面种类加权平均计算得到，并考虑雨水径流控制情况调查分析成果、各分区的地面高程以及蓄、滞、渗的成效，涝标工况下采用中、高降雨重现期，对各雨水分区的径流系数进行修正。

（2）汇流计算

InfoWorks ICM 模型系统能够精确模拟雨污水收集系统，预测雨污水管道和河道系统的工作状态，或降雨后对环境的影响。其中管流模块中的水力计算引擎采用完全求解的圣·维南方程模拟管道明渠流，对于明渠超负荷的模拟采用 Preissmann Slot 方法，能够仿真各种复杂的水力状况。利用贮存容量合理补偿反映管网储量，避免对管道超负荷、洪灾错误预计。各水力设施真实反映水泵、孔口、堰流、闸门、调蓄池等排水构筑物的水力状况。

一般有三种方法用于连接管道的汇流计算，即恒定流法、运动波法和动力波法，本次研究采用动力波法。

动力波法通过求解完整的圣·维南方程组来进行汇流计算，是最准确、最复杂的方法。模型建立时，对于连接渠管写出连续和动量平衡方程，对于节点写出水量平衡方程。动力波法可以考虑管渠的蓄变、汇水、入口及出口损失、逆流和有压流动。

$$\begin{cases} B\dfrac{\partial Z}{\partial t}+\dfrac{\partial Q}{\partial s}=q \quad (1) \\[3mm] \dfrac{1}{g}\dfrac{\partial y}{\partial t}+\dfrac{\partial}{\partial s}\left(Z+\dfrac{v^2}{2g}\right)+\dfrac{Q\,|\,Q\,|}{F^2K^2}=0 \quad (2) \end{cases}$$

（1）式为连接性方程；（2）式为动力方程。

式中：B——水面宽（m）；

Z——水位（m）；

Q——流量（m^3/s）；

q——旁侧流量（m^3/s）；

v——断面平均流速（m/s）；

g——重力加速度（m/s^2）；

F——过水断面面积（m^2）；

K——单位过水断面面积的流量模数。

6.4.1.3 管网模型构建

此次根据现状雨水管网资料，将县内的相关雨水管线和检查井导入模型，得到原始的现状雨水管网网络模型，再将雨水管网数据录入管道上下游标高、管径、材质等属性，检查井数据录入地面高程、井深及节点编号等属性。本次模型方案现状雨水管网及雨污合流管网长度为 86.55km，检查井个数为 3573 个。通过问询相关建设主体、现场补测等多种方法，收集梳理资料后对管线进行补充，并在模型中进行管线连接性检查，完善了管网拓扑，保障所有检查井和管线最终连接到合理的下游终端。管网模型概化如图 6-5 所示。

图 6-5　管网模型概化示意

6.4.1.4　汇水模型构建

本次考虑到水系的整体连通和河网的水流方向，充分结合现状地块排水出路，并结合本项目最新收集的道路雨水管线资料和该县山区地形坡面汇流所形成的汇水范围，划定排水子分区 103 个。再为每一个检查井或者河道设置汇水区范围，将模型排水分区按照空间位置，结合收集的管道汇水范围，合理分配到每个检查井，进一步优化排水管线的排水分区。InfoWorks 集水区细分如图 6-6 所示。

6.4.1.5　河沟模型构建

本次模型概化骨干排水河沟 18 条，计算河道断面 93 个。概化河道之间根据实际情况采用沟渠形式连接，河道糙率系数取 0.02。河沟概化细分如图 6-7 所示。

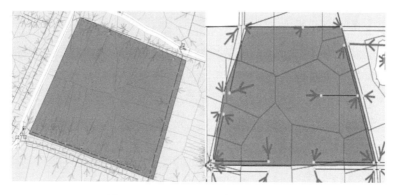

图 6-6　InfoWorks 集水区细分示意

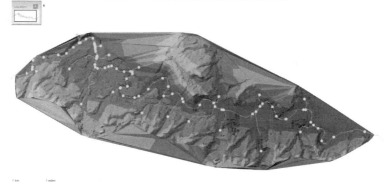

图 6-7　河沟概化细分示意

6.4.1.6　二维地表漫流模型构建

二维地表漫流模型可以准确模拟雨水在溢出检查井之后在地面上的行径，获得地面水流的流速、流向、深度及时间等指标。水流在地面上的行径主要依赖于地形的变化，即地面高程数据是建立二维地表漫流模型的关键数据。为避免边界地形分割产生误差，地表漫流模型建立范围略大于城区范围。综合考虑模型数据运算高效性和合理性，本项目模型采用的高程数据主要来自 2021 年该县地形测绘图（CAD）。提取 CAD 高程点数据建立县城地面 TIN 模型。

TIN 模型建立完成后，利用 InfoWorks ICM 模型进行 2D 区间的网格划分，每个网格从 TIN 模型中读取一个高程数据，考虑到模型计算精度和计算速度等方面的问题，网格划分时需要针对实际需求对网格的密度进行调整。总体遵循的原则为：地形起伏较大的地区，网格面积设置小，网格密度大；而平坦地区的网格面积较大，网格密度小。同时，网格划分考虑区分建成区地块及道路侧石，最终单元网格的大小分布在 $25 \sim 100\mathrm{m}^2$。

6.4.1.7 模型耦合

将各子模型进行耦合以实现子模型之间的水量交换，耦合工作包括地表产汇流模型与管网模型耦合、管网模型与二维地表漫流模型耦合、管网模型与河道模型耦合。耦合内涝模型原理如图 6-8 所示。

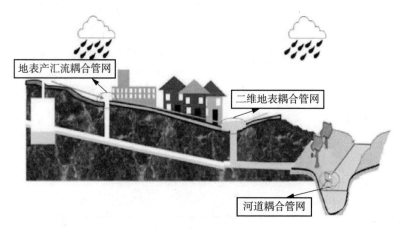

图 6-8　耦合内涝模型原理示意

地表产生径流由雨水口汇入排水管网中实现地表产汇流与管网模型的水量交互。在 InfoWorks ICM 模型中，通过设定子集水区与检查井的指向关系实现二维地表漫流模型与管网模型的耦合，每一个子集水区只能连接一个雨水口，而一个雨水口可以有多个子集水区汇入。

当管网中的水量超过管网的排水能力时，雨水会通过管网的雨水口溢流到地面上，然后顺着地面流动，在低洼处形成积水或重新排入排水管网中，因此，雨水口作为排水管网和地面的连接实现管网汇流和二维地表漫流的耦合。在 InfoWorks ICM 模型中，通过将 2D 区间覆盖的雨水口的洪水类型设定为 2D 来实现二维地表漫流模型与管网模型的耦合。

管网中的水通过排水口排入河道，河道的水位上升可能会通过排水口倒灌回管网，排水管网和河道通过排水口实现水量的交互。在 InfoWorks ICM 模型中，通过在排水口与河道断面之间新建孔口实现管网模型与河道模型的耦合。

子模型耦合完成后，该县内涝耦合模型基本构建完成。

6.4.1.8 设计雨型

（1）短历时降雨

1）雨型推导方法选择

降雨雨型反映雨量在降雨历时中的时程分布规律，对降雨产流、径流的模拟计算具有重要的影响，因此建立降雨雨型与编制暴雨强度公式同等重要，是现代城市暴雨管理的基础。

国内外学者提出了多种建立短历时降雨雨型的方法，如 Yen&Chow 法、Huff 法、Keifer&Chu 法、Pilgrim&Cordery 法等。Yen&Chow 法和 Huff 法受降雨历时影响显著，若降雨历时选取不当，会造成较大误差。Pilgrim&Cordery 法更接近实际降雨过程，但需要充分翔实的当地降雨资料。

1957 年 Keifer&Chu 根据雨强—历时关系提出了一种雨型，即芝加哥雨型。芝加哥雨型确定雨峰位置系数 r，即可建立降雨雨型，不受降雨历时影响，所需资料较少，使用方便，得到广泛应用，因此本次规划依据芝加哥雨型来推导该县短历时降雨雨型。

2）短历时降雨雨型成果

本次规划评估管网排水能力时，短历时设计雨型（120min）采用基于芝加哥雨型推导的模式雨型，该雨型中任何历时内的雨量等于设计雨量，若暴雨公式为 $a = \dfrac{S_p}{(t+b)^n}$，则雨强过程为

$$峰前\ i = \frac{S_p}{\left(\dfrac{t}{r}+b\right)^n}\left(1-\frac{nt_1}{t_1+rb}\right)$$

$$峰后\ i = \frac{S_p}{\left(\dfrac{t}{1-r}+b\right)^n}\left[1-\frac{nt_2}{t_2+(1-r)\,b}\right]$$

式中：a——历时 t 内的平均雨强（mm/min）；

　　　i——瞬时雨强（mm/min）；

　　　t_1——峰前降雨历时（min）；

　　　t_2——峰后降雨历时（min）；

　　　r——雨峰相对位置；

S_p、b、n——暴雨公式的参数。

《城镇内涝防治技术规范》（GB 51222—2017）推荐雨峰系数取 0.3~0.4，北京一般取 0.5，上海取 0.375，合肥取 0.4，杭州取 0.4，重庆取 0.32，依据国标及附近城市雨峰系数取值，本次推荐雨峰系数为 0.32。

根据芝加哥雨型暴雨公式及上述参考取值，步长取 5min，分别推导出 1 年、2 年、3 年、5 年一遇降雨雨型，如图 6-9 所示。

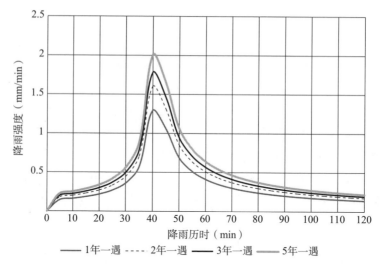

图 6-9　短历时设计雨型汇总（1 年、2 年、3 年、5 年一遇）

（2）长历时降雨

1）各历时平均点雨量均值、变差系数 Cv 值查算

设计流域及附近流域缺乏实测暴雨资料，本次设计拟通过《四川省暴雨统计参数图集》（四川省水文水资源勘测局编制，2010 年 11 月）中各历时暴雨等值线图查算出设计流域各暴雨统计参数及平均点暴雨量及 Cv 值。

2）区域设计面雨量计算

设计面暴雨采用《四川省中小流域暴雨洪水手册》中分区综合暴雨时面深关系表中的 IV_1 区（江北以上）面积折减系数进行计算。由于本次规划范围面积为 14.28km^2，因此面深折减系数、时深折减系数均取 1。Cv 值不变（即点面系数为 1.0），根据各历时面雨量均值，Cv 值和 Cs/Cv＝3.5 查皮尔逊Ⅲ型曲线的 Kp 值，通过 Hp＝Kp×H$_平$ 计算 24h 历时 2 年一遇、3 年一遇、5 年一遇、10 年一遇、20 年一遇、30 年一遇、50 年一遇、100 年一遇、200 年一遇的设计面雨量，具体如表 6-8 所示。

表 6-8　城区设计面雨量计算

时段	均值（mm）	Cv	Cs/Cv	各频率设计面雨量（mm）								
				P＝0.5%	P＝1%	P＝2%	P＝3.33%	P＝5%	P＝10%	P＝20%	P＝33.3%	P＝50%
10min	17	0.39	3.5	42.2	38.6	34.9	32.6	29.8	25.8	21.8	19.0	15.6
1h	39	0.44	3.5	106.5	96.7	86.2	80.1	72.5	62.0	50.7	43.6	34.7

时段	均值（mm）	Cv	Cs/Cv	各频率设计面雨量（mm）								
				P=0.5%	P=1%	P=2%	P=3.33%	P=5%	P=10%	P=20%	P=33.3%	P=50%
6h	63	0.55	3.5	210.4	186.5	162.5	149.1	132.3	108.4	84.4	70.5	52.9
24h	78	0.52	3.5	246.5	220.7	193.4	177.9	158.3	131.8	103.7	87.1	66.3

3）长历时设计雨型

根据《四川省中小流域暴雨洪水手册》附表 2-4 四川省分区 24h 设计雨型逐时（ΔT=1h）分配比值表进行雨量分配。

24h 设计暴雨逐时（ΔT=1h）雨型是根据全省气象部门 50 个台站的自记雨量资料共 1147 站年统计分析和概化综合的。所用资料年限在 20 年以上的有 39 站，占总站数的 78%；16~20 年的有 3 站，占 6%；10~15 年的有 5 站，占 10%；10 年以下的有 3 站，占 6%。资料统计时期，有 42 站截至 1981 年、4 站截至 1982 年、4 站截至 1979 年或 1980 年。各站每年资料按逐时滑动连续 24h 最大雨量选取样本。所选样本基本上属于一次降雨过程或一次降雨过程中的主要部分。对所选样本都统计分析了降雨过程的各种特征，包括主雨峰出现位置、最大 6h 和 12h 占 24h 雨量的比重，单峰双峰出现次数、主峰与次峰的关系以及降雨时数等。个别的 24h 明显跨两场雨或属阵性降雨过程者，在综合分析中未采用。

设计暴雨雨型的概化和综合，是按《水利水电工程设计洪水计算规范》SDJ22—79（试行）分区进行的。单站综合用了两种雨型：

按不利雨型即造峰恶劣，用主雨峰靠后、24h 暴雨量大，6h 和 12h 雨量占 24h 雨量的比重接近平均状况的降雨过程进行综合。

按平均雨型，即采用多年中发生次数较多的类型而且 24h 暴雨量较大的降雨过程进行综合。单站综合方法都是用主雨峰对齐平均计算各时段的分配比，并给出 6h、24h 两种同频率控制时段内的分配比。

从分析综合的结果看，发生次数较多的是主雨峰靠前，按平均雨型综合属于这种类型。而主雨峰靠后的发生次数虽然较少，但是有这种情况实际发生，并非不存在这种降雨过程。在同量级暴雨，尤其是特大量级暴雨的情况下，主雨峰靠后的雨型比主雨峰靠前的雨型对工程安全的威胁要大得多。经比较研究，认为从工程设计的安全出发，设计暴雨雨型一般宜采用按不利雨型综合的成果。20 年一遇、50 年一遇、100 年一遇长历时设计雨型如

图6-10~图6-12所示。

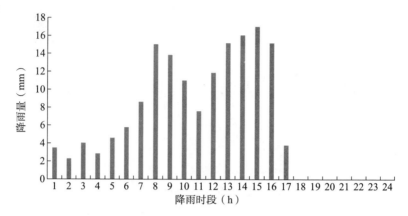

图6-10　20年一遇（158.3mm）长历时设计雨型

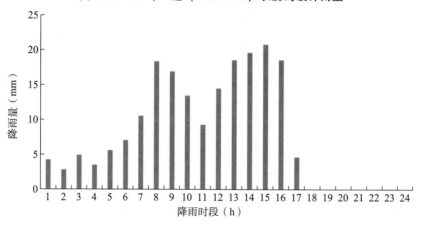

图6-11　50年一遇（193.4mm）长历时设计雨型

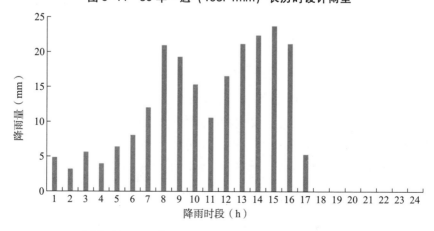

图6-12　100年一遇（220.7mm）长历时设计雨型

6.4.2 模型参数选取

6.4.2.1 管网参数

水力计算包括沿途水头损失和局部水头损失两部分。

（1）沿途水头损失

沿途水头损失主要由管材、管长、管径和糙率决定，其中管材、管长和管径为已知属性，根据《室外排水设计标准》（GB 50014—2021），管道糙率取值 n 混凝土管为 0.013、PVC 管为 0.009、砖石管渠为 0.02。

（2）局部水头损失

局部水头损失是管道进出检查井导致的水头损失，本次采用了 InfoWorks ICM 基于物理实验和理论研究得到的局部水头损失模型。

$$\Delta h = K_{\mu} \cdot K_{s} \cdot K_{\vartheta} \cdot \frac{\vartheta^2}{2g}$$

式中：K_s——管道当前充满度系数；

K_{ϑ}——管道当前流速系数；

K_{μ}——用户自定义系数。

其中，K_s 和 K_{ϑ} 模拟在实时计算时，根据当前模拟进行时管道的水力状态转化而来；而 K_{μ} 则是模型预设好的水头损失参数，其值取决于管道间的折角大小。最终根据实际管线间折角和主次关系，确定并输入管道局部水头损失。

6.4.2.2 河沟参数

本模型选用了 19 个边界：其中古蔺河（石梁子水库排口）、小水沟、黄金山小河、大脚沟、荒田沟、邓家沟、大沟、五同沟、椒坪河、头道河、汪家沟、4#沟、烂田沟、岩峰沟、梧桐沟、飞龙河、5#沟、6#沟设 18 个流量边界；古蔺河（古蔺二站）处设 1 个水位边界。

6.4.3 模型率定与验证

为验证模型各参数的合理性，在建模完成之后，对模型所得模拟结果进行率定与验证。本次采用 20 年一遇设计降雨（158.3mm）与古蔺河 20 年一遇最高水位耦合工况进行率定与验证，模型降雨流量过程根据《四川省中小流域暴雨洪水手册》附表 2-4 四川省分区 24h 设计雨型逐时（ΔT = 1h）分配比值表进行雨量分配，河道水位边界根据设计最不利水位取值。根据模型范围内实际调查积水点与模拟淹没图对照进行模型的率定与验证，进而使模拟结果具有较高的可信度。

在本次建模范围内，除去桥面积水点外，历史内涝点共有 9 个，20 年一遇设计降雨（158.3mm）与古蔺河 20 年一遇最高水位耦合工况下与实际易涝点有 5 处拟合。

考虑到本次模型仍为概化模型，无法完全反映实际运行状况，从积涝点率定情况来看，率定结果相对较好，认为模型可行，可用于下阶段工作。

6.4.4 风险评估

6.4.4.1 管网排水能力评估

借助分析软件，根据其汇水范围划分子集水区，采用芝加哥设计雨型，分别模拟管道在承压条件情况下遭遇 1 年一遇设计降雨（41.8mm）、2 年一遇设计降雨（53.9mm）、3 年一遇设计降雨（60.0mm）、5 年一遇设计降雨（67.8mm）时管道的情况，设计降雨历时采用 2h，模拟时间采用 2h。

采用管道在设计降雨下最不利时刻的超负荷状态，来评价管道的设计能力达到多少年一遇，负荷状态按照小于 1 年重现期、大于等于 1 年小于 2 年重现期、大于等于 2 年小于 3 年重现期、大于等于 3 年小于 5 年重现期以及大于 5 年重现期来划分。

得出在真实状态下，3 年一遇及以上未超负荷的管网长度约为 74.85km，占比 84.7%；3 年一遇以下超负荷满管长度为 13.52km，占比 15.3%。由此可见该县雨水管网整体排水能力较强。

管道能力评估如表 6-9 所示。管道排水能力占比如图 6-13 所示。

表 6-9 管道能力评估

类别	1 年一遇以下	1~2 年一遇	2~3 年一遇	3~5 年一遇	5 年一遇以上	合计管道长度
长度（m）	10590.2	1748.2	1179.3	874.2	73972	88364
占比	11.98%	1.98%	1.33%	0.99%	83.71%	100.00%

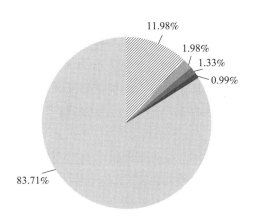

11.98%

1.98%

1.33%

0.99%

83.71%

▨ 1年一遇以下　▨ 1~2年一遇　■ 2~3年一遇　■ 3~5年一遇　▨ 5年一遇以上

图 6-13　管道排水能力占比

6.4.4.2 洪涝风险评估

利用水文水力学模型与仿真模型，基于水文水力学模型对规划研究范围进行洪涝灾害风险评估。

（1）山洪进城洪涝风险评估

当"洪"的问题未解决时，即在该县同时遭遇 20 年一遇降雨与 20 年一遇洪水时，暴雨与山洪并重遭遇，未截住的山洪进入城区，造成古蔺河河水满溢，同时对市政管网系统进一步造成影响，城区受灾面积约为 124.22ha，风险区占比＝风险区面积/开发边界面积＝124.22ha/1036.21ha＝11.9%（本次开发边界面积按照该县主城区开发边界面积计算）。

（2）山洪不进城内涝风险评估

当通过流域防洪措施消除因"洪"致灾的区域风险时，即在"山洪不进城""河水不漫溢"的前提条件下，城区内涝风险即仅因"涝"产生的内涝风险。

在 20 年一遇（158.3mm）内涝标准下该县城整体风险区面积合计31.26ha，风险区占比＝风险区面积/开发边界面积＝31.26ha/1036.21ha＝3.01%（本次开发边界面积按照该县主城区开发边界面积计算），较山洪入城的情况减少了 92.96ha，下降了 74.8%。

6.5 防治目标

到 2035 年，科学统筹山洪防治和城市内涝治理，结合国土空间规划和流域防洪、城市基础设施建设等规划，逐步建立完善的防洪排涝体系，形成流域、区域、城市协同匹配，防洪防涝、应急管理、物资储备系统完整的防灾减灾体系。

建成完善的城市防涝治理体系和智能化预报预警机制，按照"管标降雨畅快排、涝标降雨不成灾、超标降雨可应对"的目标要求，总体消除城市易涝区域和防治标准内降雨条件下的城市洪涝灾害现象。

6.6 实施策略

第一，"两水共治"——兼顾洪涝治理与水资源开发利用，打造高质量水韧性系统。

洪水的突出特征是资源和灾害两重性。洪水一方面是可供生产、生活所用的水资源，另一方面因集中性强而具有极强破坏性。学界普遍认为洪水资源利用一般是指采取以"空间"换"时间"的做法，通过调控、疏导或回补工程将洪水存蓄或引导输送至其他流域，降低洪水灾害属性，提升其资源利用属性的过程。故可将流域洪水资源利用定义为：依托各类水利工程和洪水管理措施，在保障防洪安全、河流健康和适度承担风险的前提下，对洪水期河道内集中性径流采取调控、疏导和回补等措施，使之转化为适宜利用的经济社会和生态环境用水的过程。

结合"7·27"灾情，城区受淹最主要的原因是山洪入城以及古蔺河水漫溢，势必应该着重解决一河十九沟的问题，本着山洪不进城、河水不漫溢的原则，通过上蓄、中疏、下排、固堤等多层面的措施，让洪水"少且顺"。在治理洪涝灾害的同时，也要明确流域洪水资源利用的约束机制，即以保障流域防洪安全与河流健康运行为前提，考虑水资源开发利用，研究该流域洪水资源利用问题，探索安全有效的洪水资源利用模式，协调好防洪与兴利矛盾、优化好水资源统一配置，提高水资源综合利用效益，打造高质量水韧性系统。

第二，"洪涝分治"——科学统筹"防洪"与"防涝"，加强城市基础设施韧性建设。

一是防洪"防得住"，如何解决"洪"的问题是洪涝治理的主要矛盾体，该县地形决定了其防洪的复杂性，城区水系上蓄不足，山区性河流源短流急、洪水量小峰大、历时短，遇大范围持久降雨或局部大暴雨时，山区洪水汇入城区，洪水出路不足，造成区域洪涝灾害。要使标准内的"山洪不入城"，超标准的山洪削减至标准内，考虑增设截洪沟、山塘水库、抽水泵站等设施，减少山洪入城的洪峰和洪量，重点排查梳理影响行洪的各种障碍物，解决山洪出路问题；科学规划建设河流护岸，合理确定护岸结构，预防坍塌；通过山洪沟整治、贯通，采取工程措施增加城市整体外排能力，形成时空统一、上下游统一的防洪体系。

二是排涝"排得出"，建成完善的城市内涝治理体系和智慧化预报预警机制，按照"管标降雨畅快排、涝标降雨不成灾、超标降雨可应对"的目标要求，总体消除城市易涝区域和防治标准内降雨条件下的城市内涝灾害现象。尤其在遇到罕见的极端天气事件时，能通过较细化的应急预案和高效有序的备灾和应急响应体系等方式，及时撤离、转移和安置民众，尽可能减轻灾害带来的后果，即使电力、通信等基础设施受损，也能有很好的抢修能力，应急电力、通信设备充足，生命线系统恢复速度快，同时不断"自我适应"，这也是韧性城市最重要的内核。

第三，"平急共建"——推进城市平急两用设施建设，提升应急救援水平。

首先是推进"平急两用"基础设施建设。

积极稳步推进"平急两用"公共基础设施建设，"平时"用作旅游、康养、休闲、教育等，"急时"可转换为应急场所，满足应急避难、临时安置、物资保障等需求，实现城市更高质量、更可持续、更加安全发展。提升城乡整体应急保障能力，提高该县高质量发展的安全韧性。

坚持因地制宜、因城施策，综合考虑该县地理区位、交通条件等因素，在充分尊重民众意愿的前提下，盘活利用率不高的集中连片住宅等存量资源、农村集体经营性建设用地、有条件的旅游景区、高速沿线服务区周边等空间资源，打造一批具有避难隔离功能的旅游居住设施。

其次是加强应急救援力量建设。

一是加强应急救援队伍建设。加强消防救援队伍建设，建设消防救援训练基地设施、战勤保障中心、装备物资储备库以及专业救援中心，建设专业救援队伍，加强工程抢险攻坚克难能力。

二是完善装备配置。加强应急救援队伍装备能力建设，可通过配备先进的水域救援设备、空中立体救援系统、一体化物资投送设施、高风险场景无人智能装备等现代装备，提升应对重特大自然灾害的能力。推动骨干专业救援队伍装备更新换代，抓紧增配一批技术先进、性能可靠、机动灵活、适应性强的专业救援装备。

三是补强应急物资保障。完善提升应急物资储备，推进应急物资储备库和乡镇存储点建设，建立应急救灾物资储备体系。加强交通紧急运输管理协调联动，建设应急物资运输调度平台，完善应急状态下的交通运输快速投运和免费、优先通行机制。

四是建设应急避难场所。将应急疏散通道和应急避难场所建设纳入城市相关规划，利用现有公共设施建设功能齐全、类型适宜的避难场所。对蓄滞洪区、山区、低洼易涝等地区，就近规划建设撤离线路和避难场所，配备必需的应急设施，储备必要的生活物资。完善应急避难场所综合信息管理服务系统和数据库。

6.7　韧性提升措施

6.7.1　多要素集成

6.7.1.1　多因子治理

（1）河道防洪治理

采用"上蓄""分流""中疏""固堤"相结合的治理措施。

"上蓄"：河道或山洪沟上游修建和加固水库，开展水土保持工作，以拦蓄洪水，减少入城洪量，并结合水资源利用供水，发挥综合效益。

"分流"：以山洪沟治理为主，现有沟道过水能力不足时，新开通道，保证山洪顺利行泄。

"中疏"：包括河道及山洪沟拓宽疏浚，增加行洪过水面积，确保排水通畅，提高区域水面率及雨洪滞蓄能力；阻水建筑物改造，增加过流能力；沿线堤防型式调整优化，减少行洪影响；局部河段清淤疏浚，恢复过流能力。

"固堤"：堤防加固改造，结合现状岸段情况及治理需求，进行城区堤防修建、老堤防的固脚防冲和加固加高，以及堤防生态化改造等。

1）总体布局

通过"三库联调"工程及"古蔺河综合整治"，系统应对全流域发生 100 年一遇降雨形成的山洪灾害，以及古蔺河发生 100 年一遇的洪水灾害，避免或减轻县城洪水灾害。

"三库联调"：通过石梁子水库、毛家岩水库及庙包包水库三库联调，将 100 年一遇洪水的洪峰流量在进入城区前，削减至 20 年一遇以下。

"古蔺河综合整治"：通过综合治理，将古蔺河防洪能力提升至 20 年一遇以上，实现系统应对目标。

2）规划方案

①三库联调工程

水文站 100 年一遇洪水流量 $1720m^3/s$，20 年一遇洪水流量 $958m^3/s$，相差 $762m^3/s$。毛家岩水库 100 年一遇设计洪水通过水库调节后出库最大流量为 $184m^3/s$（控泄流量），削减洪峰流量 $200m^3/s$；庙包包水库 100 年一遇设计洪水通过水库调节后出库最大流量为 $335m^3/s$（控泄流量），削减洪峰流量 $400m^3/s$；石梁子水库可将 500 年一遇入库设计洪峰流量从 $1370m^3/s$ 削减至 $1100m^3/s$；100 年一遇设计洪水通过水库调节后出库最大流量为 $924m^3/s$（控泄流量），削减洪峰流量 $444m^3/s$；50 年一遇入库设计洪峰流量从 $745m^3/s$ 削减至 $580m^3/s$（消减 $165m^3/s$）。

由此可见，在古蔺河流域暴雨洪水水情监测预测预报前提下，通过毛家岩水库、庙包包水库和石梁子水库防洪协同调度运行，可削减洪峰流量 1044（200+400+444）m^3/s，可将石梁子水库下游至古蔺水文站河段 100 年一遇设计洪水降至 20 年一遇，即通过毛家岩水库、庙包包水库和石梁子水库防洪协同调度运行，可将该县城区的防洪能力从 20 年一遇提升至 $50\sim100$ 年一遇。

②堤防提升工程

根据模型计算，在实施"三库联调"工程后，古蔺河局部段还不能抵御洪水灾害，因此规划通过古蔺河堤防建设，减轻主城区洪水灾害风险。

根据城市总体规划，合理布置河道平面导线，达到河道设计防洪标准；合理利用土地资源，提高土地的开发利用价值；创造河道良好水力条件，适当截弯取直，远近期结合，降低工程费用。根据区域经济发展状况及保护对象分布情况，古蔺县城河段防洪标准为 20 年一遇。

A. 堤线布置原则

该县主要河道一般均属于比降较陡的山区型河流，河道导线规划总体顺应河势，随弯就弯，对两侧河岸陡峻河段仅进行适当的抗冲防护，对于深切河曲发育的畸湾河段，根据河岸组成物质情况确定防护工程。

总体上河道中线以现状河道中线为参考，全线原则上以现状中线定线，在开挖量较小的情况下局部河段裁弯取直，减少水流阻力，提高行洪能力。各河段分别采用不同的行洪断面满足行洪要求。

● 河堤堤线应与河势流向相适应，并与洪水的主流大致平行，以利行洪。一个河段的两岸堤距不宜突然放大或缩小。

● 堤线应力求平顺，各堤段平缓连接，不得采用折线或急弯。

● 堤防原则上靠岸修建，以减少工程量和不侵占河道行洪断面，维持自然河岸。城市堤防应与城市规划建设相吻合，力求少拆迁、少占地。堤后防洪抢险通道应尽量与城市道路相结合，堤后生态建设与绿化相结合。

● 对有支沟汇入的河段，应考虑河道洪水对支沟回水的顶托影响，确保支沟洪水排泄及两岸防护。

● 应采取工程措施妥善解决防洪保护区内低洼地带的排涝。

B. 堤型选择原则

城镇区域河道断面以生态断面为主，对河道宽阔段，以复式生态断面为主，底部主槽可采用坞工护岸工程，上部接观景平台或人行步道，外接斜坡绿化带和河边通道。对断面狭窄河段，在满足过洪、抗冲要求的前提下，尽量采用生态材料进行护岸工程建设。在满足防洪要求的同时，提升河道生态景观效果。

堤型初选的基本原则为尽量利用原有地形地质条件以减少工程量：

● 原地面线高出设计洪水水位，堤后开挖深度较大，而填筑量较小，采用护坡式挡墙；

● 建筑场地受限及不能挤占河道的地段，堤后开挖深度较小，而填筑量较大，采用衡重式挡墙；

● 有足够场地，不涉及大量占地和房屋搬迁，就近有保证数量和质量的填筑料场，采用生态防洪堤和生态护岸工程；

● 已建衡重式挡墙，其墙高超出设计水位，但低于设计挡墙高程，采用加高加固处理方案。

C. 纵剖面设计原则

河道纵剖面上以顺应河道现状比降为主，在陡比降城区河段，可考虑筑坝壅水，对局部河段比降进行调整，形成阶梯深潭河流生态系统，集中消能，减小河岸基础冲刷的同时，增加河道景观效果，顺应城市发展需要。

D. 工程等级和设计标准

堤防工程的级别按《堤防工程设计规范》（GB 50286—2013）规定，根据区域经济发展状况及保护对象分布情况，县城河段防洪标准为 20 年一遇，为四级堤防；堤防工程的安全加高应根据堤防工程的级别和防浪要求确定，其中县城区防洪堤，不允许越浪，安全加高取 1.0m。

E. 防洪河道保留区范围规划

按照《中华人民共和国防洪法》要求，应设置防洪规划保留区。结合城市总体规划要求，两岸分别规划了一定距离的保留区，保留区内可建设堤路和绿化，不得建设与防洪无关的工程设施。

结合区域内各种河流水库的水文条件与水务部门的管理要求，针对各种景观型和功能型地表水体划定城市水域控制线范围（蓝线），蓝线范围内的水体必须保持其完整性。在水域控制线范围内进行各项建设及非建设活动，必须符合经批准的城市规划并满足水系保护的要求。在主要河道两侧控制一定宽度的绿化带，有条件的地段可以增加绿化带的宽度，形成滨河公园绿化带。

F. 工程内容

规划对现状古蔺河防洪堤不达标或有缺陷的河段进行提升改造，共建设防洪堤长度 20.1km，防洪堤工程建设后，古蔺河防洪能力达到 20 年一遇。

● 建国村九组桥至县水泥厂新建堤防项目沿建国村九组桥至县水泥厂新建防洪堤 3520m

其中：左岸新建堤防 1 段，总长度 420m；右岸新建堤防 3 段，总长度 3100m。

● 碧水兰庭小区段堤防加高加固

该段河长 923m，平均河面宽 30m，最大河面宽 75m，常年洪水时的平均水面宽为 50m，两岸合计加高加固堤防 1002m。

● 酒街河段堤防加高加固

该段河长 1055m，平均河面宽 25m，最大河面宽 85m，常年洪水时的平均水面宽为 50m，右岸加高加固堤防 963m。

● 飞龙河口至头道河口段堤防加高防浪墙

规划对飞龙河口至头道河口老城区堤防加高加固，可采用移动式防洪墙形式建设，其中左岸建设长度约为 1360m、右岸建设长度约为 324m。

● 头道河口至水中坝新建堤防

该河段位于县城下游（头道河河口以下），河谷相对宽阔，河流宽窄不一，天然水面宽 60~120m，主流较弯曲摇摆，两岸凹凸相错，河漫滩和阶地发育，具有很大的保护和开发利用价值。一般在凸岸建堤，凹岸维持自然河岸，设计堤距为60~70m，采用斜坡式堤型结构。

左岸长沙村河堤长度698m，堤顶高程477.48~479.48m。右岸污水处理厂河段河长1500m，平均河面宽35m，最大河面宽230m，常年洪水时的平均水面宽为130m，右岸新建堤1371m，堤顶高程477.30~478.54m。

- 金兰、永乐段防洪工程

规划对金兰段沿杨柳湾新大桥至驾校河段右岸新建防洪堤，建设长度约为730m；永乐段沿得胜坝至新街支沟两岸新建防洪堤，其中左岸长度约为3936m、右岸长度约为6219m。

（2）山洪沟整治

山洪沟是城市防洪减灾的重要屏障，规划以水安全保障为底线，在遭遇全流域100年一遇降雨时，保证山洪沟收集的流域洪水顺利归槽并排至古蔺河，再经过优化整治，能够减少流域山洪入城的洪峰和洪量，守住城市防洪安全通道，并兼顾水资源综合开发利用，打造"水韧性系统"。

为保障防洪安全，发挥江河的综合效益，对江河、人工水道、行洪区、蓄洪区和滞洪区的管理，主要包括河道工程管理和社会管理。国家对河道实行按河流水系一管理和分级管理相结合的原则。《中华人民共和国河道管理条例》第二十条规定，有堤防的河道，其管理范围为两岸堤防之间的水域、沙洲、滩地（包括可耕地）、行洪区，两岸堤防及护堤地。无堤防的河道，其管理范围根据历史最高洪水位或者设计洪水位确定。河道的具体管理范围，由县级以上地方人民政府负责划定。在河道管理范围内，禁止修建围堤、阻水渠道、阻水道路；弃置矿渣、石渣、煤灰、泥土、垃圾等。在河道管理范围内采砂、取土、淘金、弃置砂石或者淤泥、爆破、钻探、挖筑鱼塘等，必须报经河道主管机关批准。对河道管理范围内的阻水障碍物，按照"谁设障，谁清除"的原则，由河道主管机关提出清障计划和实施方案，由防汛指挥部责令设障者在规定的期限内清除。

《中华人民共和国河道管理条例》对河道管理范围河道两侧具体的距离未明确。参考部分地方条例，结合古蔺河干支流防洪减灾实际情况，古蔺河河道管理范围按以下划定：（一）规划有堤防的河道（溪沟），为堤顶两侧外延5m至8m范围内，堤距则按百年一遇洪水稳定河宽计算确定；（二）无堤防的河道（溪沟），为百年一遇洪水稳定河宽或河道（溪沟）两侧上口线外延5m至8m范围内。

堤防或桥梁工程的堤距是否造成河道水流不稳定和对河势改变较大，从而造成河道再造床过程，与河道的稳定河宽有密切的联系。若堤防工程的堤距过小，会造成水流坡陡流急，加大河道主流的不稳定性，威胁两岸堤防工程的安全。反之，若堤防工程的堤距太大，虽然对行洪有利，但是，由于河道过宽，水流主流容易摆动，形成弯曲、分汊或漫滩（复式河槽）等不同河型；在不同洪水下，河型的转化将对两岸堤防工程产生不确定的冲刷部位，给堤防工程防冲带来不利和不确定因素。因而，堤防工程的堤距应根据稳定河宽进行合理选择，稳定河宽计算采用水流与河相四个基本方程联解确定。

$$Q = BhU$$

$$U = \frac{1}{n} h^{2/3} \sqrt{J}$$

$$\frac{\sqrt{B}\, n^{5/3}}{h} = \alpha$$

$$B = k \frac{Q^{6/11}}{n^{32/33} J^{3/11}}$$

式中：B——稳定河宽（m）；

h——水深（m）；

n——糙率；

J——河道或沟道比坡，参数 $k = \alpha 30/33$ 是与河岸、河道或沟道比降等有关的参数；

Q——造床流量或设计洪水流量。

在县城区河段中取平滩流量或 2 年一遇洪水流量作为造床流量，用 CRS-1 河流数学模型加上述方程计算县城区支流（支沟）稳定河槽宽度；按 20 年一遇设计洪水流量计算稳定河道（含漫滩、边滩等）宽度，按 100 年一遇设计洪水流量计算河道管护范围内行洪宽度。

1）行洪通道恢复规划

岩峰沟、大脚沟、梧桐沟既有山洪沟因行洪通道被侵占、淤积堵塞等，导致山洪水无出路，满溢至道路，影响周边，本项目恢复或新建行洪通道。行洪通道恢复规划如表 6-10 所示。

表 6-10　行洪通道恢复规划

序号	山洪沟名称	规划内容
1	岩峰沟	保留疏通现状暗渠；上游建设分洪通道分别截流东西两侧山洪，采用消能池和阶梯式明渠形式汇入暗渠；暗渠出口处新建消能池；下游明渠段拓宽行洪断面至 10m×4m

序号	山洪沟名称	规划内容
2	大脚沟	规划新开北排、东排双通道。其中，在郎酒大道桥涵下新建大脚沟调蓄水池，北排方案沿郎酒大道西侧新建暗渠和阶梯式排水明渠相结合的通道，汇入大脚沟下游；东排方案沿蔺州大道南侧地块新建暗渠汇入荒田沟
3	梧桐沟	规划利用现状渣土，重新恢复梧桐沟行洪通道

2）行洪通道畅通规划

针对五同沟、邓家沟、大沟、黄金山小河、荒田沟、烂田沟行洪通道不畅的问题，本项目疏通山洪沟行洪通道，达到百年一遇过流能力。行洪通道畅通规划如表6-11所示。

表6-11　行洪通道畅通规划

序号	山洪沟名称	规划内容
1	五同沟	优化现状暗渠线型走向，规划沿蔺州大道南侧布局；疏通现状暗渠
2	邓家沟	规划蔺州大道南侧暗渠复明，规模 6m×4m；蔺州大道北侧接入现状5m×5m 的暗渠
3	大沟	疏通现状暗渠；整治下游明渠段阻水建筑；暗渠进水口处新建调蓄水池，增大排水能力至百年一遇
4	黄金山小河	在暗渠段北侧新建明渠，宽度 18m；拓宽上游行洪通道至 18m
5	荒田沟	保留并疏通现状暗渠
6	烂田沟	入河口段暗渠复明，控制行洪宽度 16m

3）行洪通道拓宽规划

其他山洪沟按照规划行洪宽度拓宽、保护，以保障山洪沟行洪能力。其他类型山洪沟治理思路如表6-12所示。

表6-12　其他类型山洪沟治理思路

序号	山洪沟名称	存在问题	治理思路
1	4#沟	开发边界外，下游泥沙淤积，行洪宽度不足	划定山洪沟行洪宽度、管理范围，规范城市开发建设
2	飞龙河	堤距不足（建筑侵占）、行洪宽度不足	加强河口段建设管理，划定保护范围

序号	山洪沟名称	存在问题	治理思路
3	5#沟	山洪沟行洪宽度不足，河口处建筑侵占	划定山洪沟行洪宽度、管理范围，规范城市开发建设
4	6#沟	开发边界外，山洪沟行洪宽度不足，存在建筑阻水	划定山洪沟行洪宽度、管理范围，规范城市开发建设
5	小水沟	山洪沟行洪宽度不足，河口处建筑侵占	划定山洪沟行洪宽度、管理范围，规范城市开发建设
6	椒坪河	堤距不足；防洪堤段以外，河道行洪宽度不足	划定山洪沟行洪宽度、管理范围，规范城市开发建设
7	头道河	部分河段行洪宽度不足	划定山洪沟行洪宽度、管理范围，规范城市开发建设
8	汪家沟	山洪沟行洪宽度不足，存在建筑阻水	划定河道行洪宽度、管理范围，规范城市开发建设
9	杨柳河	山洪沟行洪宽度不足	划定山洪沟行洪宽度、管理范围，规范城市开发建设
10	龙井沟	缺少现状地形，实地调研山洪沟行洪不足，两岸建筑距离较近	划定山洪沟行洪宽度、管理范围，规范城市开发建设

（3）排水系统治理

排水系统治理规划主要包括对排水系统的现状分析、问题识别、目标制定和方案设计。通过对排水系统的技术选项评估，确定合适的设施改进计划，确保排水设施的优化和效率提升。同时，结合土地利用规划，确保城市的土地利用与排水系统的容量匹配，减轻排水系统负担。

1）排水管渠规划

本项目结合内涝防治系统的设计要求，对 20 年一遇设计降雨下产生积水的道路进行梳理，通过局部积水区域管网改造、局部消除病患管道以及整体提标改造三部分对排水管渠项目进行梳理。

总体来看，在流域性的防洪工程实施之后，系统性的内涝风险已经降低，排水管渠提升改造工程分成三个部分：一是提升改造造成内涝积水的管网；二是消除病患管网；三是提升改造排水能力不足的管网。

①提升改造造成内涝积水的管网

根据城市内涝风险点分布，近期需要提升改造的管网如表 6-13 所示。

表 6-13　风险点管网提升改造一览

序号	位置	管径（mm）	备注	改造方案
1	古蔺国际城南侧蔺阳大道区域	D700	部分管道管径不足、存在逆坡问题、雨水收水不及	改造郎酒大道西侧地块支管，扩大管径至D500，消除逆坡；扩建郎酒大道金兰大道交叉口处管道至D1000；同步改造区域内道路雨水收集系统
2	政务中心区域	D400	上游管道管径不足	新建一路D1000管道至古蔺河，扩建金兰大道现状D400下游段至D1000；在金兰大道道路南侧增加临时围挡
3	兰都大酒店区域	—	雨污合流	结合雨污分流改造，新建雨水管道压力排放
4	公安局车管所前方区域	D500	管径不足、管道进入暗涵存在卡口	扩大金兰大道法院侧管道至D1000，凤凰城侧管道至D1000～D1500，同时调整进入暗涵口埋深
5	仁和家园及南侧蔺州大道	D600～D800	管道存在大接小问题、管径不足	扩大蔺州大道管径至D1000，消除大接小；沿BH400×500末端新建D500管道至路南侧主管
6	加油站及新世界大酒店	D300	管道倒坡、管径不足、雨水系统收水不及	扩大金兰大道北侧D300管道至D600，新建D800通道，末端配备应急泵站；扩大环城路至金兰大道D400管道至D600；改造雨水收集系统
7	环城路与椒坪路交叉口东南侧	D400	雨污合流	结合雨污分流改造雨水就近排放至椒坪河
8	老商业街	D600	管径不足	改造胜蔺街逆坡管道；配备强排泵站
9	古蔺二小区域	D400	管径不足	扩大东健环路D400管道至D800，从地块内横穿健环路新建一路D600管道至古蔺河，配备应急泵站
10	县中医院区域	D200	存在大接小、逆坡等问题	沿古蔺河新建封闭防浪墙；改造大接小、逆坡管道；配备应急泵站

②消除病患管网

根据排水管网普查数据，有部分病患管网需要整改，详见表 6-14。

表 6-14　病患管网提升改造一览表

序号	位置	管径（mm）	备注
1	健郎路（顺通碧水华庭段）	D400	低接高、逆坡
2	蔺阳大道西侧排水渠	D500	大接小（D1000接D500）

序号	位置	管径（mm）	备注
3	天立锦华城南侧道路	D300	逆坡
4	凤凰路酒街桥交叉口西侧	D200	逆坡
5	红龙湖专道	BH600×300	逆坡、大接小（D600×700 接 D600×300）
6	高小路西侧道路	D600	逆坡
7	椒坪河东侧道路（县第一幼儿园段）	D300	逆坡
8	光明路环城路交叉口	D400	逆坡
9	滨河街建设桥交叉口	BH600×700	逆坡
10	文笔路	D500	逆坡
11	东新街南侧管道	BH500×800	逆坡
12	东新街北侧管道	D1000	逆坡、错接
13	郎酒大道西侧地块支管	BH300×300	逆坡
14	御溪苑广电大楼之间道路管道	D400	逆坡、大接小
15	蔺州大道至凤凰路管网	D500～D1000	大接小
16	胜蔺街（生产路—建鸿路）	D600	逆坡

③提升改造排水能力不足的管网

基于模型评估结果，在提升改造造成内涝风险的管网及消除病患管网之外，还有部分管网排水能力需要提升，详见表6-15。

表6-15　排水能力不足管网提升改造一览表

序号	位置	管径（mm）	长度（m）	备注
1	县实验学校内部管网	D300～D500	687	管道能力不足 3 年一遇
2	迎宾大道（大脚沟以西）	D800～D1000	301	管道能力不足 3 年一遇
3	西蔺阳大道（迎宾大道至古蔺河）	D600～D700	213	管道能力不足 3 年一遇；"7·27"积水区域；20 年一遇风险区域
4	东蔺阳大道（迎宾大道至古蔺河）	D400	207	管道能力不足 3 年一遇
5	迎宾大道（雅兰路至环城路）	D300～D500	531	管道能力不足 3 年一遇；"7·27"积水区域
6	均吾大道	D300～D600	479	管道能力不足 3 年一遇
7	建鸿路（环城路以西）	D400	194	管道能力不足 3 年一遇

2）雨水口优化

雨水口是雨水进入城市地下管网的入口，收集地面雨水的重要设施，既是城市排水管系汇集雨水径流的"瓶颈"，又是城市非点源污染物进入水环境的首要通道。若雨水口排水能力不足，在路表会形成积水，间接影响了道路交通安全及道路面层、基层的结构稳定。因此，雨水口的泄水量是城市道路路面排水设计的关键，同时也将对路面结构安全产生重要影响。现状不达标雨水箅子如图 6-14 所示。

图 6-14　现状不达标雨水箅子

①新建雨水口布置要求

雨水口的高程位置和数量应根据现有道路宽度和规划道路状况确定；

道路交叉口、人行横道上游、沿街单位出入口上游、地面径流的街坊或庭院的出水口等处均应设置雨水口，路段的雨水不得流入交叉口；

雨水口间距宜为 25~50m，重要路段地势低洼等区域距离可适当缩小；

道路两侧建筑物或小区的标高低于路面时，应在路面雨水汇入处设置雨水拦截设施，并通过雨水连接管接入雨水管道。

②雨水口流量设计

雨水口和雨水连接管设计流量应为雨水管渠设计重现期计算流量的 1.5~3 倍，并应按 20 年一遇内涝防治设计重现期进行校核。如不能满足设计要求，可通过调整雨水口设置数量达到设计标准。

A. 道路具有单一横坡断面，应按下列公式计算

$$T=\left(\frac{n_0Q_0}{0.376S_x^{1.67}S_L^{0.5}}\right)^{3/8}$$

$$Q_s=\frac{0.376}{n_0}S_x^{1.67}S_L^{0.5}T^{2.67}$$

式中：T——路面积水宽度（m）；

$\quad\quad Q_0$——道路表面流量（m^3/s）；

$\quad\quad S_x$——道路横向坡度；

$\quad\quad S_L$——边沟纵向坡度；

$\quad\quad Q_s$——雨水口宽度范围外纵向流量（m^3/s）。

B. 道路具有复合过水断面，应按下列公式计算

$$Q_0=Q_w+Q_s$$

$$E_0=\frac{Q_w}{Q_0}=\frac{1}{\left(1+\dfrac{S_w/S_x}{T/W-1}\right)^{2.67}-1}$$

$$Q_s=\frac{0.376}{n_0}S_x^{1.67}S_w^{0.5}(T-W)^{2.67}$$

式中：Q_w——雨水口宽度范围内纵向流量（m^3/s）；

$\quad\quad E_0$——雨水口正面截流分数（%）；

$\quad\quad W$——雨水口宽度（m）；

$\quad\quad S_w$——边沟横向坡度。

③雨水口泄水能力保障

雨水口的泄水能力，应根据其构造形式、所在位置的道路纵向和横向坡度以及设计道路积水深度等因素综合考虑确定。根据《城镇内涝防治技术规范》，在一定水利条件下（道路纵坡 3‰~3.5‰，横坡 1.5%，算前水深 40mm）以 1∶1 的水工模型经过试验确定雨水口泄水能力，如表 6-16 所示。

表 6-16　雨水口泄水能力

雨水口形式		泄水能力（L/s）
平算式雨水口	单算	20
偏沟式雨水口	双算	35
立算式雨水口	多算	15（每算）

雨水口形式		泄水能力（L/s）
联合式雨水口	单箅	30
	双箅	50
	多箅	20（每箅）

对于易积水路段，需要根据具体情况调整雨水口、调高立箅的安装高度或增加平箅数量，增大雨水口的泄水能力。

对于道路纵坡较大路段，应采用平箅式雨水口收水，且在上游就开始布置雨水口，在下游段相应设连续多箅雨水口，形成线形收水井，让径流雨水从上游开始就收进管道，避免汇到下游造成积水。

采用立箅雨水口时，应根据道路路牙高度，保证有足够收水断面，路牙高度不足时，立箅与路面衔接处应做成三面坡。

对于景区、落叶树木较多的雨水口，宜在雨水井内设置可定期拆卸清洗的拦截装置，减少落叶、石子、固体废物。

④现有雨水口改造

根据洪涝风险评估及竖向分析结果，对关键风险区域及低洼区市政道路雨水口进行评估，提出雨水口改造方案。道路雨水口改造工程如表6-17所示。

表6-17　道路雨水口改造工程　　　　　　　　　　　　　　单位：m

序号	道路名称	现状分布间距	道路长度	改造原因
1	郎酒大道	约33	164	纵坡较大、周边区域积涝、局部低洼
2	金兰大道（政务中心段）	35~60	218	纵坡较大、周边区域积涝、局部低洼、雨水口分布间距较大
3	金兰大道（酒街段）	约40	351	地势低洼、周边区域积涝、雨水口分布间距较大
4	落鸿路（御溪苑）	约40	165	地势低洼、周边区域积涝、雨水口分布间距较大且单侧布置
5	建环路	约40	764	地势低洼、周边区域积涝
6	郎酒大道（碧水华庭）	较大	212	地势低洼

规划近期对以上积水道路的雨水口开展改造和清淤工作，在局部低洼点增设雨水口及拦蓄设施，提高雨水收集能力，并加强日常监管和维护，及时清扫落叶、树枝等，禁止将油污直接倾倒到街道旁的雨水窨井内，造成管道

局部堵塞。

除上述区域外，全县其他区域也要逐步开展雨水口清淤、复查工作，对不满足规范要求的雨水口进行提标改造，以最大限度地发挥雨水口的排水作用。

3）排水泵站规划

地势较低的低洼地，其排水往往受排放水体水位的影响。在暴雨期间，面临洪水倒灌无法排出的较大风险。通过模型分析，部分排水不畅的低洼区域在管网提升改造后排涝效果提升并不理想。因此，规划通过增加泵站强排的方法，降低低洼区域内涝风险，提高防涝能力。规划新建雨水泵站汇总如表 6-18 所示。

表 6-18　规划新建雨水泵站汇总

序号	名称	收水面积（ha）	数量（座）	单泵规模（m^3/s）	建设形式
1	政务中心排水泵站	30.76	1 用 1 备	2.5	地下式
2	县职高排水泵站	2.56	1 用 1 备	0.7	地面式
3	碧水兰庭排水泵站	5.34	1 用 1 备	1.5	地面式
4	酒街排水泵站	3.97	1 用 1 备	1.4	地面式
5	老商业街排水泵站	3.42	1 用 1 备	1.2	地下式
6	中医院、御溪苑及国土还房小区排水泵站	2.8	1 用 1 备	1	地下式
7	水岸名宅排水泵站	4.76	1 用 1 备	1.3	地面式

①政务中心排水泵站

政务中心属于历史易涝点，且在本次"7·27"灾害中受灾严重，考虑其为相对低洼地，当遭遇强降雨时，除了本身积水难以排出外，还有大量外水汇入，汇水面积约为 30.76ha。本项目通过模型模拟在防涝标准的工况下（20 年一遇）政务中心泵站的排水情况，根据运行结果显示当泵站规模为 2.5m^3/s 时，地块内涝水可顺畅排出。

规划政务中心泵站设于负一层警务室旁，建议采用地下式雨水泵站。根据模拟结果并考虑一定安全冗余度，泵站设置为 1 用 1 备，单泵设计流量为 2.5m^3/s。政务中心排水泵站前池水位变化如图 6-15 所示。

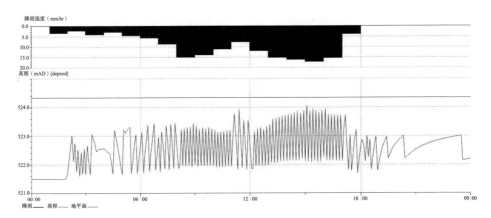

图 6-15　政务中心排水泵站前池水位变化

②县职高排水泵站

县职高属于绝对低洼地，当遭遇强降雨时积水难以排出，排水泵站汇水面积约为 2.56ha，规划取 5 年一遇重现期，降雨历时 t 取 10min，径流系数取 0.9。

雨水泵站设计流量为

$$Q = q\varphi F = 304.9 \times 0.9 \times 2.56 = 702 \text{L/s} \approx 0.7 \text{m}^3/\text{s}$$

规划县职高排水泵站位于古蔺河沿岸，县职高与县第三幼儿园交界处空地。建议采用地面式雨水泵站。根据模拟结果并考虑一定安全冗余度，此处泵站设置为 1 用 1 备，单泵设计流量为 0.7m³/s。

③碧水兰庭排水泵站

碧水兰庭属于绝对低洼地，当遭遇强降雨时积水难以排出，排水泵站汇水面积约为 5.34ha，规划取 5 年一遇重现期，降雨历时 t 取 10min，径流系数取 0.9。

雨水泵站设计流量为

$$Q = q\varphi F = 304.9 \times 0.9 \times 5.34 = 1465 \text{L/s} \approx 1.5 \text{m}^3/\text{s}$$

规划泵站位于碧水兰庭小区外围东南角绿地，建议采用地面式雨水泵站。根据模拟结果并考虑一定安全冗余度，此处泵站设置为 1 用 1 备，单泵设计流量为 1.5m³/s。

④酒街排水泵站

酒街属于历史易涝点，且在本次"7·27"灾害中受灾严重，考虑其为绝对低洼地，当遭遇强降雨时，除了本身积水难以排出外，还有大量外水汇入，汇水面积约为 3.97ha。本项目通过模型模拟涝标工况下（20 年一遇）酒街泵站的排水情况，根据运行结果显示当泵站规模为 1.4m³/s 时，地块内涝水可顺畅排出。

规划酒街排水泵站位于酒街北侧，古蔺河沿岸绿地，建议采用地面式雨水泵站。根据模拟结果并考虑一定安全冗余度，此处泵站设置为 1 用 1 备，单泵设计流量为 1.4m³/s。酒街排水泵站前池水位变化如图 6-16 所示。

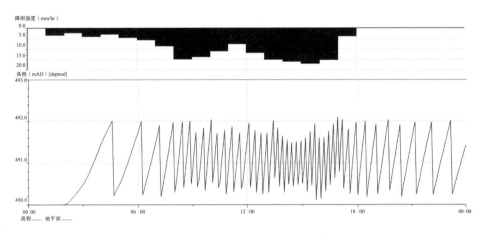

图 6-16　酒街排水泵站前池水位变化

⑤老商业街排水泵站

老商业街在本次"7·27"灾害中受灾严重，考虑其为相对低洼地，当遭遇强降雨时，除了本身积水难以排出外，还有大量外水汇入，汇水面积约为 3.42ha。本项目通过模型模拟涝标工况下（20 年一遇）老商业街泵站的排水情况，根据运行结果显示当泵站规模为 1.2m³/s 时，地块内涝水可顺畅排出。

规划老商业街泵站位于建鸿路与胜蔺街交叉口附近，建议采用全地下式雨水泵站。根据模拟结果并考虑一定安全冗余度，此处泵站设置为 1 用 1 备，单泵设计流量为 1.2m³/s。老商业街排水泵站前池水位变化如图 6-17 所示。

⑥中医院、御溪苑及国土还房小区排水泵站

国土还房小区在本次"7·27"灾害中受灾严重，考虑其为相对低洼地，当遭遇强降雨时，本身积水难以排出，汇水面积约为 2.8ha。本项目通过模型模拟涝标工况下（20 年一遇）中医院、御溪苑及国土还房小区泵站的排水情况，根据运行结果显示当泵站规模为 1.0m³/s 时，地块内涝水可顺畅排出。

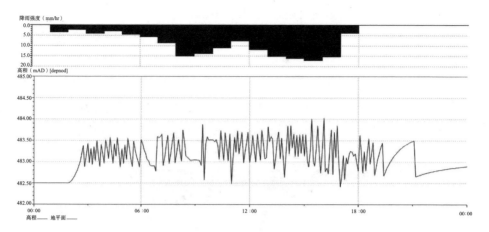

图 6-17　老商业街排水泵站前池水位变化

规划此处泵站设于国土还房小区东南角，内部道路转角处，建议采用全地下式雨水泵站。根据模拟结果并考虑一定安全冗余度，此处泵站设置为 1 用 1 备，单泵设计流量为 $1.0m^3/s$。国土还房小区排水泵站前池水位变化如图 6-18 所示。

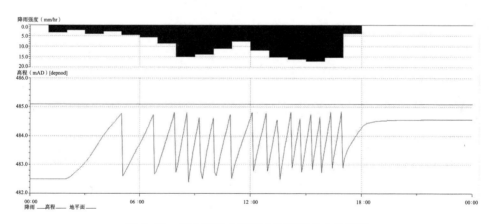

图 6-18　国土还房小区排水泵站前池水位变化

⑦水岸名宅排水泵站

水岸名宅在本次"7·27"灾害中受灾严重，考虑其为相对低洼地，当遭遇强降雨时，本身积水难以排出，汇水面积约为 4.76ha。本项目通过模型模拟，在防涝标准工况下（20 年一遇）水岸名宅泵站的排水情况，根据运行结果显示当泵站规模为 $1.3m^3/s$ 时，地块内涝水可顺畅排出。

规划泵站位于小区内部花园处，建议采用地面式雨水泵站。根据模拟结果并考虑一定安全冗余度，此处泵站设置为 1 用 1 备，单泵设计流量为 1.3m³/s。水岸名宅排水泵站前池水位变化如图 6-19 所示。

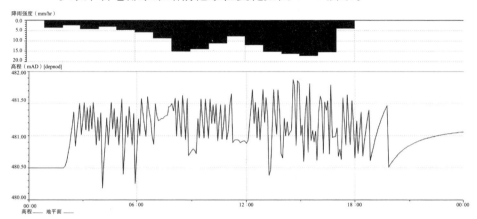

图 6-19　水岸名宅排水泵站前池水位变化

按照《城市排水工程规划规范》（GB 50318—2017），雨水泵站规划用地指标下限约为 560m²，考虑到城区部分区域用地紧张，对于规划提出的上述 7 处泵站，应按照集约式布局原则，尽量减小建设泵站对周边区域的影响。泵站可采用地下式和地面式两种形式建设，其中地面式建设形式便于后期维护管理，但占地面积一般较大，且对进水管道的匹配性要求较高；地下式建设形式虽然对用地空间要求较小，但对于后期维护管理的要求较高。因此，在用地紧张区域，包括政务中心，老商业街，中医院、御溪苑及国土还房小区建设的排水泵站可采用全地下式形式建设，县职高、碧水兰庭、酒街、水岸名宅等区域建设的排水泵站可采用地面式建设形式。

4）路面洪水治理规划

根据实际情况以及模型模拟路面水行泄路径的结果，结合内涝积水点分布情况，本项目对郎酒大道、金兰大道、凤凰路、古习路、健环路路面水进行治理。

当发生较大降雨时，截水引流是快速消除路面水最有效的方法之一。规划通过新建横向道路雨水收集系统的方法，将路面水引流至较大排水干管或山洪沟进行排泄，解决城区路面收水难的问题。

按照管道设计标准，本项目通过模型方法，模拟城区遭遇短历时 5 年一遇降雨时，路面雨水行泄情况以及最大汇流量，并依此初步规划了 7 处横向收水系统工程，具体建设位置分别是郎酒大道（蔺州大道北）、郎酒大道（金兰大道南）、金兰大道（政务中心西）、凤凰路（金兰大道南）、金兰大道（落鸿路西）、健环路（麻湾桥头）和古习路（金兰大道东）（见表6-19）。

表6-19　路面雨水流量计算

序号	位置	最大径流量（m^3/s）
1	郎酒大道（蔺州大道北）	1.3
2	郎酒大道（金兰大道南）	0.5
3	金兰大道（政务中心西）	5.3
4	凤凰路（金兰大道南）	1.2
5	金兰大道（落鸿路西）	0.7
6	健环路（麻湾桥头）	0.1
7	古习路（金兰大道东）	1.4

①郎酒大道（蔺州大道北）

根据模型模拟（见图6-20），在遭遇短历时5年一遇降雨时，郎酒大道出现较为严重的地表径流情况，其在与蔺州大道交叉口北侧的最大雨水径流量为1.3m^3/s。为防止地面雨水沿郎酒大道不断流向低洼区域，造成内涝灾害，规划在郎酒大道与蔺州大道交叉口北侧，设置一条BH500×400mm的横向截水沟，将地表径流拦截并引至西侧新建大脚沟。

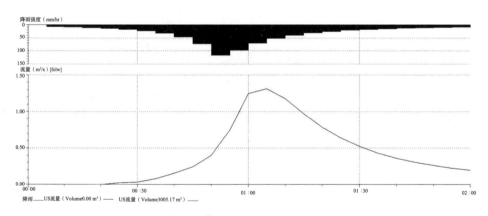

图6-20　郎酒大道（蔺州大道北）路面雨水径流量模拟过程

②郎酒大道（金兰大道南）

根据模型模拟（见图6-21），在遭遇短历时5年一遇降雨时，郎酒大道出现较为严重的地表径流情况，其在与金兰大道交叉口南侧的最大雨水径流量为0.5m^3/s。为防止地面雨水沿金兰大道不断流向政务中心，造成内涝灾害，规划在郎酒大道与金兰大道交叉口南侧，设置一条BH500×400mm的横向截水沟，将地表径流拦截并引至郎酒大道规划扩建的D1000雨水管道中。

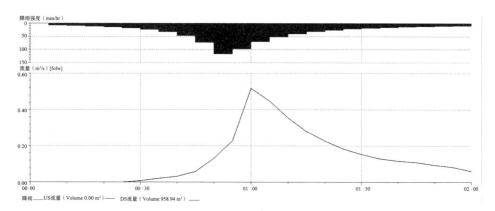

图6-21　郎酒大道（金兰大道南）路面雨水径流量模拟过程

③金兰大道（政务中心西）

根据模型模拟（见图6-22），在遭遇短历时5年一遇降雨时，金兰大道出现较为严重的地表径流情况，并流入了较为低洼的政务中心。除金兰大道自身雨水，还有大量雨水由南侧人民医院涌入，其在政务中心西侧的最大雨水径流量为5.3m³/s。为减轻政务中心排涝压力，规划在金兰大道（政务中心西侧），设置一条BH=500×400mm的横向截水沟，将地表径流拦截并引至新建D1000雨水管道中，尽量降低政务中心雨水汇流量。

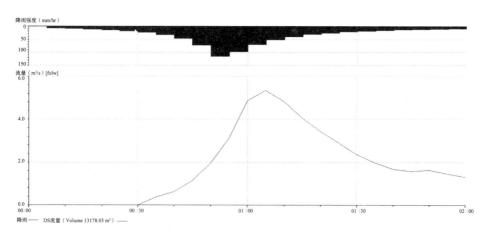

图6-22　金兰大道（政务中心西）路面雨水径流量模拟过程

④凤凰路（金兰大道南）

根据模型模拟（见图6-23），在遭遇短历时5年一遇降雨时，凤凰路出现较为严重的地表径流情况，其在与金兰大道交叉口南侧的最大雨水径流量为 1.2m³/s。为防止地面雨水沿凤凰路不断流向车管所前方金兰大道低洼点，造成内涝灾害。规划一是在凤凰路与金兰大道交叉口南侧，设置一条 BH500×400mm 的横向截水沟，考虑凤凰路坡度大，收水难度较大，可在凤凰路沿线适当位置再增加横向截水沟。二是在凤凰路新开一条 BH500×500mm 的排水边沟，收集凤凰路沿线路面径流，并最终接入大沟。

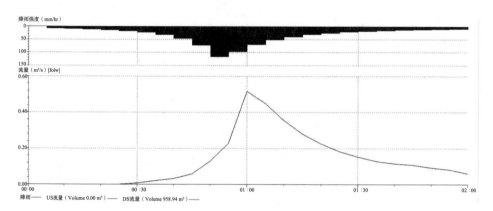

图 6-23　凤凰路（金兰大道南）路面雨水径流量模拟过程

⑤金兰大道（落鸿路西）

根据模型模拟（见图 6-24），在遭遇短历时 5 年一遇降雨时，金兰大道出现较为严重的地表径流情况，其在与落鸿路交叉口西侧的最大雨水径流量为 0.7m³/s。为防止地面雨水沿凤凰路不断流向中医院及国土还房小区，造成内涝灾害，规划在金兰大道与落鸿路交叉口西侧，设置一条 BH500×400mm 的横向截水沟，将地表径流拦截并通过金兰大道现状 D1000 管道排入古蔺河。

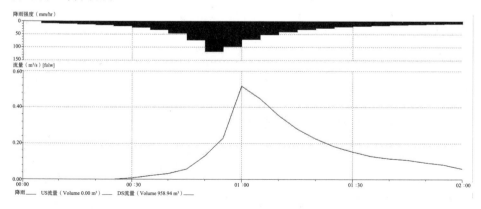

图 6-24　金兰大道（落鸿路西）路面雨水径流量模拟过程

⑥健环路（麻湾桥头）

根据模型模拟（见图6-25），在遭遇短历时5年一遇降雨时，麻湾桥出现较为严重的桥面径流情况，其在与健环路交叉口的最大雨水径流量为0.1m³/s。为防止地面雨水不断流入麻湾桥，造成桥面积水，规划在麻湾桥头设置一条BH500×400mm的横向截水沟，将地表径流拦截并排入古蔺河。

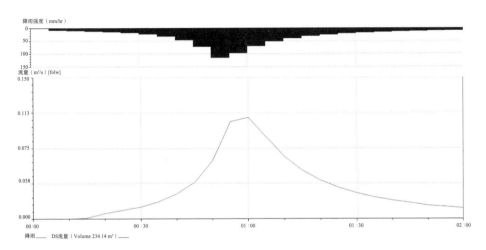

图6-25　健环路（麻湾桥头）路面雨水径流量模拟过程

⑦古习路（金兰大道东）

根据模型模拟（见图6-26），在遭遇短历时5年一遇降雨时，古习路出现较为严重的地表径流情况，其在与金兰大道交叉口东侧的最大雨水径流量为1.4m³/s。为防止地面雨水沿古习路不断流向水岸名宅等低洼区域，造成内涝灾害，规划在古习路与金兰大道交叉口东侧，设置一条BH500×400mm的横向截水沟，将地表径流拦截并通过健环路扩建D800管道排入古蔺河。

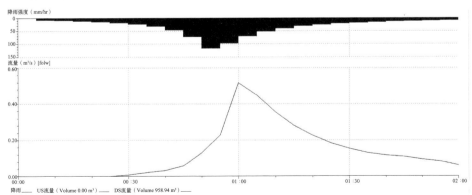

图6-26　古习路（金兰大道东）路面雨水径流量模拟过程

5）低洼区域防治规划

根据地面高程与排水分区内排出口处 20 年一遇洪水位对比，分析出县城绝对低洼地主要包括古蔺职高、碧水兰庭、肝苏药业、新世界大酒店、奢香广场、天立三期、老商业街、麻湾桥统帅仓库、污水处理厂等 10 处区域。

①整治原则

在不造成新的低洼区域或内涝风险点的前提下，低洼区域防涝措施应优先考虑优化竖向标高的措施，从源头消除内涝风险点；其次以监测预警、泵站强排、外防客水、临时封闭等措施为主。

②整治措施

A. 泵站强排

对于地势低洼、雨水容易倒灌造成积水的区域，整治时采用"小包围"强排的方式，在雨水管道外排管处设置闸门，汛期将闸门关闭，同时启动临时泵站将积水外排。

B. 外防客水

对于低洼易涝区域，除了本身涝水难以排出外，不属于排水设施收集范围的周边道路客水也更容易汇聚，造成排水不及。因此，可采取改造周边区域雨水收集系统、新建拦蓄设施等方式及时将客水拦截外排，避免外水进入。

C. 监测预警

对于低洼易涝区域，应在易积水的区域设置水位标尺和监控摄像头，对积水情况采取实时监控，并配备临时提升泵，必要时可采取人员撤离的办法避险。

6.7.1.2 多情景应对

（1）超标模拟

超标应急管理所对应的情形，是超出该县 20 年一遇内涝防治标准的降雨，本次规划将 100 年一遇降雨作为超标降雨开展应对能力的分析。

超标情景模拟评估采用现状地形及管道测绘资料、河道断面测绘资料，分别构建现状条件下的雨水管道和河道模型，通过耦合模型模拟超标工况［100 年—遇（220.7mm）设计降雨雨型耦合 100 年一遇古蔺河洪水位工况］，并根据相关标准，评估存在风险的区域。

在 100 年一遇（220.7mm）降雨耦合古蔺河 100 年一遇洪水位顶托超标工况下，原有风险点积水时间与积水深度都进一步加重，对比标准内新增的

风险点有环城路（椒坪路口西侧）、晨宇双水岸、蔺州国际等区域。古蔺县内
涝风险区总面积合计 35.02ha（见表 6-20）。

表 6-20 100 年一遇的超标降雨下的风险区面积变化

模拟工况	风险总面积（ha）
标准内	31.26
超标	35.02
变化情况	+3.76

（2）超标应对

超标降雨已经超过了内涝防治系统的排涝能力，出现城市内涝是必然的，
因此本次超标降雨应对目标主要是加强预报预警、及时应急响应、有序抢险
救灾、减少灾害损失、避免人员伤亡。

通过规划情景模拟，在标准内涝防治工程实施后，当遭遇 100 年一遇降
雨时，部分已消除的风险重新出现。在面对这种超标降雨的情况下，需要考
虑工程实施代价与可行性，可采取适当的应急措施以最大限度地减轻可能的
灾害影响。

本次超标治理主要关注规划情景下，遭遇 100 年一遇超标降雨时出现风
险的 8 处区域，为应对此种超标降雨风险，提出以下具体的应急治理方案。

1）政务中心

①特征及风险

政务中心地势低洼，金兰大道路面洪水流入的风险较大。该区域地下一
层设有停车场和机关单位办公场所，属于重点保障区域。

在遭遇 100 年一遇降雨时，规划情景下政务中心风险点积水深度为
1.3m，积水时间为 12.1h。

②应急治理方案

一是增加临时围挡。采用临时围挡设施将金兰大道的入口临时封闭，减
少涝水汇入。

二是启动强排泵站。在标准内治理时，已规划 2 用 1 备共 3 台泵站，单泵
排水能力为 1.44m³/s，此时应视情况启动，强排能力最大可达到 4.32m³/s。
除此之外，应调动临时抽水泵车以作备用。

三是有效应对灾害。发挥"沟长制"机制效能，在发现超标降雨威胁时，
由大脚沟沟长组织协调疏散，及时撤离人员到安全地点，确保各部门与民众

能够迅速而有效地应对灾害。

2）新世界大酒店

①特征及风险

新世界大酒店地势低洼，且低于 20 年一遇洪水位，并且配有地下停车场，有较大的洪涝风险。

在遭遇 100 年一遇降雨时，规划情景下新世界大酒店风险点积水深度为 0.19m，积水时间为 21.1h。

②应急治理方案

一是增加临时围挡。采用临时围挡设施将此区域在金兰大道的入口临时封闭，减少涝水汇入。

二是保障地下室安全。可采用沙袋、防汛挡板等封闭地下室出入口，防止涝水进入。并应安排专人值守电梯及安全通道，防止人员从电梯或安全通道进入地下室。

三是启动强排泵站。在标准内治理时，已规划 1 用 1 备共 2 台泵站，单泵排水能力为 1.42m³/s，此时应视情况启泵，强排能力最大可至 2.84m³/s。

四是有效应对灾害。发挥"沟长制"机制效能，在发现超标降雨威胁时，由五同沟沟长组织协调，确保各部门与民众能够迅速而有效地应对灾害。

3）老商业街

①特征及风险

老商业街地势较洪水位低，属于低洼地，容易发生内涝灾害。而且是重要的商业街，沿街商铺经济价值较大，需要重点保障。

在遭遇 100 年一遇降雨时，规划情景下老商业街风险点积水深度为 0.16m，积水时间为 22h。

②应急治理方案

一是增加临时围挡。老商业街沿线较长，可在此处适当位置建设物资仓库点，有灾害风险时，可迅速响应，关闭商铺，增加临时围挡，避免涝水直接进入商铺。

二是装配移动式防洪墙。在风险较大时，需立即装配移动式防洪墙，避免古蔺河洪水侵袭。

三是启动强排泵站。在标准内治理时，已规划 1 用 1 备共 2 台泵站，单泵排水能力为 1.23m³/s，此时应视情况启泵，强排能力最大可达到 2.46m³/s。

四是做好监测预报。老商业街既是低于古蔺河洪水位的绝对低洼地，又是两边高、中间低的相对低洼地，发生灾害的风险较大。因此，既要做好古蔺河的洪水位监测预警，还要做好头道河以及椒坪河的山洪监测预警，一旦发生风险，应及时预警预报，以快速反应。

五是有效应对灾害。发挥"沟长制"机制效能，在发现超标降雨威胁时，由头道河沟沟长组织协调，及时撤离人员到安全地点，确保各部门与民众能够迅速而有效地应对灾害。

4）国土还房小区

①特征及风险

首先，国土还房小区及周边区域高程远低于周边道路高程，属于相对低洼地。虽然整体略高于 20 年一遇洪水位，但在超标降雨下，水位很有可能上涨，致使其处于绝对低洼的状态，进而导致排水系统能力降低。其次，此区域以居住为主，人员密集，疏散难度大，并且地下室出入口的高程也相对较低，洪水倒灌风险较大。

在遭遇 100 年一遇降雨时，规划情景下国土还房小区风险点积水深度为 0.2m，积水时间为 10.5h。

②应急治理方案

一是封闭出入口。使用沙袋、防汛挡板等应急设施将小区在金兰大道的入口临时封闭，避免路面水进入小区。

二是启动强排泵站。在标准内治理时，已规划 1 用 1 备共 2 台泵站，单泵排水能力为 1.0m³/s，此时应视情况启泵，强排能力最大可至 2.0m³/s。除此之外，应调动临时抽水泵车以作备用。

三是保障地下室安全。可使用沙袋、防汛挡板等应急设施封闭地下室出入口，防止涝水进入。并安排专人值守电梯及安全通道，防止人员从电梯或安全通道进入地下室。

四是有效应对灾害。发挥"沟长制"机制效能，在发现超标降雨威胁时，由 5#沟沟长组织协调疏散，及时撤离人员到安全地点，确保各部门与民众能够迅速而有效地应对灾害。

5）晨宇双水岸居住小区

①特征及风险

晨宇双水岸属于局部相对低洼地，此区域以居住为主，人员密集，疏散难度大。

在遭遇 100 年一遇降雨时，规划情景下晨宇双水岸风险点积水深度为

235

0.42m，积水时间为 9.3h。

②应急治理方案

一是封闭出入口。使用沙袋、防汛挡板等应急设施将小区在金兰大道的入口临时封闭，避免路面水进入小区。

二是调用临时泵站排水。在局部积水区域，可采用临时抽水泵站将涝水排出。

三是有效应对灾害。发挥"沟长制"机制效能，在发现超标降雨威胁时，由 5#沟沟长组织协调疏散，及时撤离人员到安全地点，确保各部门与民众能够迅速而有效地应对灾害。

6）水岸名宅居住小区

①特征及风险

水岸名宅地势相对低洼，小区内部地势远低于健环路高程，路面水进入小区的风险较大。并且此区域以居住为主，人员密集，疏散难度大。

在遭遇 100 年一遇降雨时，规划情景下水岸名宅小区风险点积水深度为 0.26m，积水时间为 13.9h。

②应急治理方案

一是增加临时围挡。使用临时围挡设施将小区在健环路的入口临时封闭，减少涝水汇入。

二是启动强排泵站。在标准内治理时，已规划 1 用 1 备共 2 台泵站，单泵排水能力为 1.71m³/s，此时应视情况启动，强排能力最大可达到 3.42m³/s。除此之外，应调动临时抽水泵车以作备用。

三是有效应对灾害。发挥"沟长制"机制效能，在发现超标降雨威胁时，由 5#沟沟长组织协调疏散，及时撤离人员到安全地点，确保各部门与民众能够迅速而有效地应对灾害。

7）麻湾桥统帅仓库

①特征及风险

麻湾桥统帅仓库位于古蔺河左岸，地势整体较低，目前防洪堤还未建成，有洪水风险。

在遭遇 100 年一遇降雨时，规划情景下麻湾桥统帅仓库风险点积水深度为 0.42m，积水时间为 10.2h。

②应急治理方案

一是完善防洪闭合圈，此处区域有较大范围整体高程较低，且当前防洪堤还未建成，要抵御较大降雨形成的洪涝灾害，首先应建设完整的防洪堤，避免古蔺河水漫溢，造成洪水灾害。

二是增加临时围挡。可在此处适当位置建设应急物资仓库点，有灾害风险时，可迅速响应。

三是调用临时泵站排水。在局部积水区域，可采用临时抽水泵站将涝水排出。

四是有效应对灾害。发挥"沟长制"机制效能，在发现超标降雨威胁时，由6#沟沟长组织协调疏散，及时撤离人员到安全地点，确保各部门与民众能够迅速而有效地应对灾害。

8）污水处理厂

①特征及风险

现状污水处理厂紧贴古蔺河右岸建设，地势略高于20年一遇洪水位，且防洪堤暂未建设完成，面临较大的洪水风险。污水处理厂属于重要基础设施，在超标下需要花费一定的代价保证其生产能够正常进行。

在遭遇100年一遇降雨时，规划情景下污水处理厂风险点积水深度为0.48m，积水时间为3h。

②应急治理方案

一是完善防洪闭合圈，此处区域有较大范围整体高程较低，且当前防洪堤还未建成，要抵御较大降雨形成的内涝灾害，首先应建设完整的防洪堤，避免古蔺河水漫溢，造成洪水灾害。

二是调用临时泵站排水。在局部积水区域，可采用临时抽水泵站将涝水排出。

三是着力保障设备安全。污水处理厂属于重要基础设施，首先应在有条件的情况下尽可能抬高设备安装高程，使其能够应对超标降雨，避免因为涝水而损坏无法正常运行。其次，在无法抬高设施本身高程时，应准备好防涝应急物资，尽可能保证设备的安全。

四是有效应对灾害。发挥"沟长制"机制效能，在发现超标降雨威胁时，由汪家沟沟长联合污水厂负责人组织协调污水处理厂抢险工作。

6.7.1.3 多系统提升

（1）交通系统

构建立体通达的交通网络。为保证强降雨等极端气候灾害下的城市生命线系统畅通，基于城区为东西河谷带状城市特点，建议提高蔺州大道/同城大道、金兰大道两条东西向主干路的防涝标准，承担跨线救援疏散主通道功能。同时，优先开展商业商务中心、公共服务中心、重要枢纽地区等地下空间互联互通工程，构建完善快进快出、立体通达的城市交通生命线。

（2）供水设施

1）建设标准

供水是最重要的民生工程之一，供水设施灾后修复重建应按照县总规中明确的供水水平，适当考虑发展因素等，并依据重建规模估算城乡用水需求规模，确定相应的供水设施规模（修复、新增）及管网规模（修复、新增）。

到 2035 年，城区水厂供水能力达到 7 万 m^3/d。

2）建设项目

恢复重建受损二水厂、供水站、供水管道、引水隧洞；选址新建三水厂、场镇供水站、水源保护地保护设施。

结合本次规划，将洪水转化为水资源，开发利用古蔺河南岸降雨资源，规划在古蔺河南岸流域内建设庙包包、毛家岩、观口水库、赤水河提水工程等饮用水水源工程，同时，优化该县应急水源保障体系，缓解应急水资源供应问题（见表 6-21）。

表 6-21　供水设施修复项目一览表

项目名称	建设内容	建设性质	责任单位
县城供水提升工程抢险修复项目	1. 县城周边供水站：对杨柳、董家沟、小水河、长沙 4 个供水站受损设施修复； 2. 红龙水库干渠应急修复工程：恢复重建县城应急供水管道 6.5km、修复红龙水库干渠隧洞 2.5km、维修加固红龙水库干渠隧洞 12km； 3. 新桥大堰水毁修复工程：修复新桥大堰 6km； 4. 枣林大堰水毁修复工程：修复枣林大堰水毁渠道 4km； 5. 龙爪河水毁修复工程：水库枢纽设施及左支渠 2km 水毁渠道修复、恢复重建龙爪河水库干渠隧洞 6.5km、明渠 1.5km； 6. 水库加固：对石梁子、绵竹沟、大烂坝、廖灌岩、新庄、火马等水库进行清理并维修加固	恢复重建	县水务局
场镇供水站水毁修复工程	修复场镇供水站 8 处	融资	县水务局
二水厂应急供水提升工程抢险修复项目	配电柜及配套用房已不可逆全部损毁，3 台取水泵（扬程 130m，流量 520m³/h，功率 315kW）需大型修复后方可使用，集水坑、泵坑淤泥约 2.6m，坑中积水约 4m，箱变可轻微修缮后投入使用，取水坝冲毁，管道暂无损失。此次受灾预估 500 万元（新购置设备 2 台、安装及配件约 110 万元，配电柜及上部附属用房安装约 80 万元，工程抢险约 100 万元，3 台泵机维修约 30 万元，水坝修复及配套设施完善 180 万元）	贷款	县住建局

项目名称	建设内容	建设性质	责任单位
三水厂新建工程	项目位于梅子沟，建设内容包括新建供水能力2万 t/d 水厂一座，进出场道路及供水管网15km 等配套设施工程	争取性资金	县住建局
集中式饮用水水源地环境保护项目	在龙爪河水库、毛家岩水库和龙洞沟水库等10个集中式饮用水水源地保护区范围内设立界标125块、交通警示牌56块、宣传牌36块；新建隔离防护网24688m；安装25处视频监控设施	上争	泸州市生态环境局
毛家岩饮水骨架管修复项目	修复约3km毛家岩受损引水骨架管道	恢复重建	县水务局

（3）供电设施

1）建设标准

供电是最重要的民生工程之一，供电设施灾后修复重建应按照县总规中明确的变电站、电力架空线和电缆等电力设施建设水平开展抢险重建和提升改造工作。

到2035年，中心城区总用电负荷约为17.1万kW，负荷密度约为1.2万 kW/m^2。

2）建设项目

恢复重建受损电缆、架空线路、环网箱、箱变等电力设施；新建茅溪酱酒基地110kV变电站。永乐35kV变电站及配套设施见表6-22。

表6-22　供电设施修复项目一览表

项目名称	建设内容	建设性质	责任单位
电力通信设施恢复项目	恢复受损35kV杆线基础1基，35kV线缆0.6km，高压架空线路52.33km，低压架空线路181.56km，10kV电缆1.5km，0.4kV电缆11.6km，环网箱10台，箱变22台，台变10台等设备设施； 恢复受损电杆1014根、钢线75km、48芯光缆142km、24芯光缆154km、12芯光缆115km、通信设备9台； 恢复受损电杆812根、钢线65km、48芯光缆88km、24芯光缆97km、12芯光缆93km、通信设备6台、通信管道15km； 恢复受损电杆287根、钢线22km、48芯光缆63km、24芯光缆82km、12芯光缆73km、光交箱5个； 维修受损基站1座及相关设备设施	维修加固	县经商科技局

项目名称	建设内容	建设性质	责任单位
35kV变电站建设项目	永乐35kV输变电工程：本工程单回线路长度约12.3km，其中利旧架空线路11.7km，新建电缆0.06km，新建主变2×10MVA； 东新35kV输变电工程：本工程单回线路长度约11.9km，其中新建架空线路11.70km，新建电缆0.20km，新建主变10MVA； 白泥35kV配电化变电站新建工程：新建35kV变电站一座，本期规模1×6.3MVA；新建35kV单回线路长度约3.95km，其中新建架空3.8km，电缆0.15km	新建	县经商科技局
茅溪酱酒基地110kV变电站	新建茅溪酱酒基地110kV变电站，主变容量2×63MVA，新建68.5km110kV线路	新建	县经商科技局
茅溪110kV变电站35kV配套工程	新建35kV等级线路18km	新建	县经商科技局

（4）污水设施

1）建设标准

污水设施灾后修复重建应按照县总规中明确的排水体制、排污水平，适当考虑发展因素等，全面修复城市排水设施，深入开展老城区雨污分流改造，清理管道淤积，提高污水设施洪涝灾害设防标准。

到2035年，中心城区污水处理能力达到4.0万m^3/d。

2）建设项目

疏通和修复受损污水管网及检查井；重建并提升县污水厂及永乐污水厂（见表6-23）。

表6-23 污水设施修复项目一览表

项目名称	建设内容	建设性质	责任单位
市政基础设施修复项目	蔺州大道、兰西大道、金兰大道等县城主要干道及滨河路、小水河路、健郎路等支线道路和沿河截污干管排水设施清淤、疏通和修复；修复损毁井盖约600个、雨箅子320个，清淤一级排污管网约23km、二三级排污管网约50km（含堵塞集污井）；清淤排水管网约102km（含堵塞雨箅子）	维修加固恢复重建	县综合行政执法局
入河排污口规范化建设项目	恢复重建入河排污口标志牌、智能监控系统、手工监测采样点、水质智慧化监管系统等	新建	生态环境局

项目名称	建设内容	建设性质	责任单位
污水厂修复提升工程	修复重建县污水厂受损设施，提高防洪涝标准，增设应急防洪涝设备	维修加固、恢复重建	县水务局
永乐污水厂修复提升工程	修复重建县污水厂受损设施，提高防洪涝标准，增设应急防洪涝设备	维修加固、恢复重建	县水务局

（5）通信设施

1）建设标准

通信设施灾后修复重建应按照县总规中明确的城乡电信支局、邮政支局、移动通信基站、有线电视、宽带等基础设施建设水平和5G通信基站建设要求，恢复受灾区域通信网络，建设应急通信保障技术手段，配备应急指挥通信车辆等应急装备，提升通信系统防灾能力。

2）建设项目

修复重建受损2处通信基站及光电光缆、电杆等通信设施；新建240处5G基站及9处普服基站（见表6-24）。

表6-24　通信设施修复项目一览表

项目名称	建设内容	建设性质	责任单位
5G基站建设项目	新建240处5G基站，并开通使用	新建	县经商科技局
通信普服项目	新建普服基站9处并开通	新建	县经商科技局
公共文化服务设施灾后修复工程	广电基础设施灾后修复：修复广电主干光缆皮长140余km，电杆260余根，采购电动二轮车1辆，电动三轮车3辆，抢险车1辆，轿车1辆，60S熔接机2台，OTDR 2台，1550光发1台，16路光放1台，西区机房20KVA的UPS设备1台，电池30个，中心机房地下车库30KVA的UPS设备1台，电池30个；采购安装中继站8905交换机1台；新建200kW发电机1台，变压器1台，配电系统1套；购置办公场所打印机2台，验钞机1台，笔记本电脑2台，组装电脑2台，路由器、摄像头、电视机等设备	恢复重建	县文旅局
基站恢复工程	修复受损2处通信基站，即华帝熙城通信基站及酒街通信基站	恢复重建	县经商科技局

（6）燃气设施

1）建设标准

燃气设施灾后修复重建应按照县总规中明确的城镇燃气设施水平、适当考虑发展因素等，修复重建受损天然气储配站等燃气设施，提升管网安全运行水平，提高燃气设施洪涝灾害设防标准，提升燃气系统防灾能力。

到 2035 年，城市供气能力达到 22.8 万 m^3/d。

2）建设项目

修复重建受损城西天然气储配站；修复邓家沟周边受损燃气管道、表箱、调压站等设施（见表 6-25）。

表 6-25　燃气设施修复项目一览表

项目名称	建设内容	建设性质	责任单位
城西天然气储配站修复重建工程	修复重建城西天然气储配站受损锅炉、围墙、伸缩门、地磅秤等设施	恢复重建	县综合行政执法局
邓家沟周边区域燃气设施修复重建工程	修复重建邓家沟周边区域受损调压计量柜、埋地燃气管网、入户管道、表箱、调压器	恢复重建	县综合行政执法局

6.7.2　全过程闭环

为了保障城市安全运行，建立城市防洪防涝管理体制和应急措施，应借鉴国内外城市排水设计的先进理念和经验，加强城市雨洪控制利用和科学管理，提高应对汛期突发事件的能力，维护人民群众的生命和财产安全。

针对县城防洪防涝的实际，需健全公共安全风险防控与应急管理机制，构成灾前、灾中、灾后全过程闭环的应急管理体系，防洪防涝管理体制的指导思想是：应贯彻高效、统一和精简的管理方针；应水务一体化管理方向，体现现代管理水平；防洪防涝实行行政首长负责制，统一领导、统一调度。

6.7.2.1　灾前准备

（1）感知设备安装

在现状城镇开发边界与山洪沟交界处安装水位监测设备，内涝风险点安装 LED 水情警示屏、液位仪。一是用以监测山洪水位及内涝积水程度；二是根据不同积水情况提醒周边居民注意洪涝风险；三是及时反馈信息至县防指。

（2）风险区域巡查

在预报降雨前，对单元内经常内涝积水的区域，以及城区段山洪沟，尤其是暗渠进口处，提前开展现场巡查，重点查看是否有雨水箅堵塞影响正常排水的情况以及暗渠入口处是否有树枝等杂物影响正常行洪的情况。

6.7.2.2 灾中应对

（1）山洪沟水位预警

在降雨发生时，以 10 年一遇洪水位为标准，当监测处水位超过标准时，监测设备发出预警，同时，监测设备发送实时水位情况给街道相关负责人，再由街道传达指令至沟长，前往现场第一时间掌握情况。

（2）内涝积水预警

考虑到居民对于积水深度的感受，当监测设备处积水深度超过 5cm 时，位于积水点附近的 LED 水情警示屏首先会发出积水警示，并给出相应的防范建议，提醒周边居民小心出行。同时，智能感知设备发送积水点处实时水位情况给街道相关负责人，再由街道传达指令至韧性单元负责人，前往现场第一时间掌握情况。

（3）积水点基层应急处置

沟长收到水情预警信息后也应赶赴现场，组织现场交通及人员出行引导。

（4）其他单元巡查预警

在抢险过程中，街道应同步将单元情况通知本街道内其他沟长，开始组织对各自管理单元进行现场水势情况巡查，排查正在发生积水的区域点，并及时上报街道，统一安排应急防汛工作。

6.7.2.3 灾后恢复

迅速恢复各种水毁工程，包括供水、供电、通信等设施的修复工作，以保障基本生活需求。相关部门应及时清理和疏通城镇道路雨水口、排水管道和排放口，防止再次发生内涝。

在洪涝灾害处置过程中，强化宣传报道，及时准确、客观全面地通报雨情、汛情、灾情和防汛抗洪、救灾工作开展情况，回应社会关切，强化正面引导，形成良好的舆论氛围。

开展灾后调查分析评估，总结经验、查找问题，提出改进意见，提升抗御洪涝灾害的能力和水平。

6.7.3 多维度协同

通过建立"防涝韧性单元"，可较为有效优化空间布局，充分考虑人的活动、国土空间与防涝体系的协同关系，确保规划措施在实际执行中的有效性。

6.7.3.1 "防涝韧性单元" 总论

（1）成立原因

该县属"两山夹一城"的地理格局，山洪灾害致灾性强。由于信息化监测体系还不完善，汛情信息反馈效率低，尤其是缺少与基层居民之间的信息互动，基层管理部门、居民对于汛情的认识不足，缺乏对洪涝灾害危险的感知，容易造成进一步损失。

因此，为了发挥广大基层工作人员的能力，提高降雨时居民对洪涝灾害的警惕性，在已有应急预案的基础上，有必要建立一项以基层自治为核心的防涝工作体系。

（2）单元内涵

"单元"强调的是相对较小的治理范围，体现了基层治理工作的即时性。以强化洪涝灾害的处置应对为目标，以山洪沟流域边界为基础划定韧性单元，通过对单元内部洪涝灾害影响情况、保障目标分布状况、设施配置条件的整体梳理，明确单元类型与分区施策重点，进行提前谋划与应对处置，整合各类可利用空间资源、统筹韧性措施与韧性设施空间，形成城市洪涝灾害防御最基本的维持与恢复细胞。

（3）构建目标

构建安全可靠、灵活转换、快速恢复、有机组织、适应未来的洪涝韧性单元。

（4）构建原则

保基本，重维持。面对巨大冲击洪涝灾害，保障城市核心功能的正常运转。

强防御，快恢复。面对高冲击洪涝灾害风险，有效满足设防要求，通过各项韧性措施保障城市的基本运转正常。

优运行，自适应。面对中低冲击洪涝灾害风险，城市运行基本不受影响，在不干预的情况下实现恢复。

6.7.3.2 "韧性单元" 划分

本次以县城山洪沟流域为边界，划分25个防涝韧性单元。

6.7.3.3 监测设备与应急物资布局

对积水情况的实时反馈主要依托专业的在线智能感知设备（监测设备），通过建立物联网在线平台，可以实时展示各监测点位积水深度变化。

每个"防涝韧性单元"内均有一些低洼地、模拟风险点位等，在雨天容易造成内涝积水，影响周边甚至整个单元居民的正常出行，造成生产生活损失。通过在"防涝韧性单元"中选择以上雨天有内涝风险的点位安装智能感知设备，并对其进行实时水位监控，将水位、积水情况的信息与县应急管理平台对接，掌握全县实时内涝信息。

为加强山洪及内涝防范，规划于百年一遇内涝风险点、低洼地布置内涝监测设施 25 处，山洪沟通道与城市开发边界处布置洪水监测设施 22 处。

以强化灾害的处置应对为目标，通过对单元内部灾害影响情况、人口分布状况、设施配置条件的整体梳理，确定应急物资点位，进行提前谋划与应对处置，形成重点提升风险治理能力的韧性单元。选取具有较高受灾风险、易涝的较为重要的场所布置应急物资，共计规划 26 处。

6.7.3.4 运行机制体制

（1）工作职责

"防涝韧性单元"依托于《县防汛抗旱应急预案》中的组织指挥体系，是街道、社区层面具体工作的优化。"防涝韧性单元"确保应急措施能系统统筹，也能自主高效运行，避免层层上报审批，影响应急处置效率。

街道应按韧性单元建立并落实防汛责任制，明确责任人和职责，建立应急抢险队伍，组织应急救援突击力量，备足抢险物资、设备机具，指挥协调所辖行政区域范围内洪涝灾害的预防、预警和抵抗工作，按照县防指要求及时统计上报相关信息。

（2）日常工作

日常工作包括水利设施、排水设施的维护管理，内涝积水点的治理，应急演练，公众宣传教育等工作。包括汛前开展隐患排查整治以及设施清疏养护，在易积水路段等设置监控设备、警示标识等；做好物防、技防、人防，强化应急演练；摸查片区易涝点位并及时报送上级主管部门，加强积水点的整治工作。

（3）应急触发机制

"防涝韧性单元"是洪涝灾害防御的基层治理单元，基层单元治理的优势在于信息获取的及时性和应急处置的有效性。

降雨发生时，当特征区域的水位达到风险预警水位，积水点处的现场警示屏首先启动水情预警，及时提醒现场人员及车辆所处内涝风险，并给出相应应对建议；同一时间，水位预警信息通过监测设备反馈给街道防汛指挥机构，由街道防汛指挥机构发布指令至韧性单元负责人，第一时间赶赴现场，根据险情启动相应的抢险工作；同时，街道防汛指挥部对区域内其他内涝风险区同步启动现场巡查工作，及时发现险情并组织抢险工作。

水位预警信息和防汛工作随后同步上报给县防汛指挥部，指挥部根据内涝风险和抢险工作开展情况，制订相应的防汛工作方案。

（4）运行机制

运行机制分为灾前、灾中和灾后三个阶段。灾前，安装水位监测设备和警示屏，以监测山洪和内涝风险，并进行风险区域巡查。灾中，建立水位预警机制，监测积水深度并发出警报，同时指导居民安全出行。遇到严重积水时，组织应急处置和人员引导，确保安全。灾后，记录灾害区域并总结原因，以便进行整改和改进。

6.8　实施效果

6.8.1　山洪不进城情况下

通过模型模拟分析，当流域防洪工程建设完成，即山洪不进城时，内涝治理工程实施后基本能够消除 20 年一遇内涝积水点。城区受灾面积约为 2.19ha，风险区占比 = 风险区面积/开发边界面积 = 2.19ha/1036.21ha = 0.21%。较现状 20 年一遇山洪不进城的情况减少了 29.07ha，下降了 93%，剩余风险点主要分布在古蔺河两岸滨水区域。

6.8.2　山洪进城情况下

考虑"三库联调"工程及河沟综合整治工程建设周期较长的实际问题，本次通过模型模拟流域防洪还未建设完成时，即山洪进城时的风险情况。在以上内涝治理工程实施后，相比现状情景下山洪进城的风险情况，风险点的积水深度和积水时间都有所缩减，但并未消除。城区内涝受灾面积约为 44.57ha，风险区占比 = 风险区面积/开发边界面积 = 44.57ha/1036.21ha = 4.3%。较现状 20 年一遇山洪进城的情况减少了 79.65ha，下降了 64.12%。

结　语

　　内涝灾害给城市安全运行带来了严峻挑战，传统的单一系统和工程设防策略在面对不确定性和超出设防标准的灾害风险时表现出较大的脆弱性。基于此，我们提出，相较于传统的注重于工程防御的城市防涝规划，为促使城市在应对内涝灾害方面更具有韧性，内涝治理的发展思路要从单一要素、单一维度的防涝安全体系，迈向多要素集成、多维度协同、全过程闭环的"人的活动—国土空间—防涝安全"三元耦合的韧性防涝体系，以应对新形势下城市巨系统面临的突发性更高、破坏能力更强的内涝灾害。

　　本书尝试构建多要素耦合下的韧性防涝治理体系框架，从理念构建到方法指引再到具体的实践探索，提出了多要素集成、多维度协同、全过程闭环的韧性防涝实践范式，期望通过理论与实践的结合，为加速迈向韧性国土空间在内涝防治规划领域的研究与探索提供一点支持。

　　尽管本书在城市韧性防涝治理方面作出了诸多努力，但仍存在一定的不足与局限之处，尤其是在实践篇部分，受限于项目地的实际条件和项目的具体内容，未能完全体现方法篇中提到的相关内容，部分案例的实践与理论框架之间存在一定差距，导致方法与实践的衔接不够紧密。具体而言，三个规划案例均在不同程度上进行了韧性防涝体系构建的探索，部分案例仍未完全跳脱出传统内涝防治规划的范畴，聚焦于单一系统和工程的问题，依赖工程类防御措施与常规化管理模式来确保城市在内涝灾害来临时能抵御内涝灾害的冲击，而国土空间与人的活动在城市系统中的重要性与其作用还可以进一步凸显。未来，可结合韧性防涝体系框架，在多要素、多维度、全过程上开展更为全面和系统的内涝防治规划实践，更强调综合管理视角以及跨部门、跨专业和多层次协调。

本书各章的执笔人分别是：前言，桂明；第一章，桂明、王乃玉、任丹；第二章，桂明、王乃玉、李勃；第三章，桂明、任丹、杨文辉；第四章，桂明、王栋涛；第五章，桂明、任丹；第六章，桂明、李勃；结语，桂明。全书由桂明统稿、定稿。感谢出版社编辑姜静老师和王西琨老师为此付出的努力。

桂　明

2024 年 7 月

参 考 文 献

[1] 张新宁，陈悦. 统筹发展和安全：原则、逻辑与路径[J]. 上海经济研究，2023(6)：5-14.

[2] 中华人民共和国国民经济和社会发展第十四个五年规划和 2035 年远景目标纲要[J]. 伦理学研究，2021(2)：2.

[3] 吕悦风，项铭涛，王梦婧，等. 从安全防灾到韧性建设：国土空间治理背景下韧性规划的探索与展望[J]. 自然资源学报，2021，36(9)：2281-2293.

[4] 肖文涛，王鹭. 韧性城市：现代城市安全发展的战略选择[J]. 东南学术，2019(2)：89-99.

[5] 徐宗学，廖如婷，舒心怡. 城市洪涝治理与韧性城市建设：变革、创新与启示[J]. 中国水利，2024(5)：17-23.

[6] 中共中央　国务院关于建立国土空间规划体系并监督实施的若干意见[J]. 中华人民共和国国务院公报，2019(16)：6-9.

[7] 习近平：坚持节约资源和保护环境基本国策　努力走向社会主义生态文明新时代[EB/OL].（2013-05-25）. http://cpc.people.com.cn/n/2013/0525/c64094-21611332.html.

[8] 刘淑珍，张晓瑞，卫辉. 国土空间规划研究进展与展望[J]. 河北地质大学学报，2023，46(6)：93-101.

[9] 曹小曙. 基于人地耦合系统的国土空间重塑[J]. 自然资源学报，2019，34(10)：2051-2059.

[10] 赵民. 国土空间规划体系建构的逻辑及运作策略探讨[J]. 城市规划学刊，2019(4)：8-15.

[11] 鲁仕维，栗斯婷，黄亚平，等. 流域综合治理融入市县国土空间总体规划的编制框架及实施路径：以湖北省实践为例[J]. 城市发展研究，

2023，30(11)：18-25.

[12] 曾源，黄智君，冯舒，等．从蓝图到治理：推动"双碳"目标落地的国土空间规划策略研究[C]．2022/2023 中国城市规划年会，2023.

[13] 靳利飞，孟旭光，刘天科．面向生态文明的国土空间规划关键问题研究[J]．规划师，2021，37(19)：65-71.

[14] 候勃，岳文泽，马仁锋，等．国土空间规划视角下海陆统筹的挑战与路径[J]．自然资源学报，2022，37(4)：880-894.

[15] 严金明，陈昊，夏方舟．"多规合一"与空间规划：认知、导向与路径[J]．中国土地科学，2017，31(1)：21-27.

[16] 张小东，韩昊英．国土空间规划编制过程中的博弈关系研究[J]．城市发展研究，2021，28(7)：21-26.

[17] 董祚继．新时代国土空间规划的十大关系[J]．资源科学，2019，41(9)：1589-1599.

[18] 孙施文．国土空间规划的知识基础及其结构[J]．城市规划学刊，2020(6)：11-18.

[19] 岳文泽，王田雨．资源环境承载力评价与国土空间规划的逻辑问题[J]．中国土地科学，2019，33(3)：1-8.

[20] 刘志敏．城市韧性的理论与实证研究[M]．上海：上海人民出版社，2023.

[21] E A D. Resilience and disaster risk reduction an etymological journey[J]. Natural hazards and earth system sciences, 2013, 11(13): 2707-2716.

[22] S H C. Resilience and stability of ecological systems[J]. Annual review of ecology and systematics, 1973, 4(4): 1-23.

[23] PICKETT S, CADENASSO M L, GROVE J M. Resilient cities: meaning, models, and metaphor for integrating the ecological, socio-economic, and planning realms[J]. Landscape and urban planning, 2004, 69(4): 369-384.

[24] 应急管理部发布 2022 年全国自然灾害基本情况[EB/OL]．(2023-02-01). https：//www. mem. gov. cn/xw/yjglbgzdt/202301/t20230113_440478. shtml.

[25] 深圳市城市规划设计研究院，张亮，梁骞，等．城市内涝防治设施

规划方法创新与实践［M］．北京：中国建筑工业出版社，2020．

［26］张辰，章林伟，莫祖澜，等．新时代我国城镇排水防涝与流域防洪体系衔接研究［J］．给水排水，2020，56（10）：9-13．

［27］李超超，程晓陶，申若竹，等．城市化背景下洪涝灾害新特点及其形成机理［J］．灾害学，2019，34（2）：57-62．

［28］方园，董寒凝，伍洲，等．浙江省城市内涝治理政策分析与建议［J］．中国工程咨询，2022（10）：75-79．

［29］张辰．基于韧性安全的城镇内涝防治技术标准与规划研究［J］．上海建设科技，2022（6）：1-5．

［30］ZHENG J，HUANG G．A novel grid cell-based urban flood resilience metric considering water velocity and duration of system performance being impacted ［J］．Journal of hydrology，2023，617：128911．

［31］JABAREEN Y．Planning the resilient city：Concepts and strategies for coping with climate change and environmental risk［J］．Cities，2013，31（4）：220-229．

［32］王凯丰，张洪斌，力刚，等．城市洪涝韧性的研究进展及关键支撑技术综述［J］．水利水电技术（中英文），2023，54（11）：77-88．

［33］姜仁贵，韩浩，解建仓，等．变化环境下城市暴雨洪涝研究进展［J］．水资源与水工程学报，2016，27（3）：11-17．

［34］毛训义，范书勤．城市雨洪管理及资源化利用［C］．2023（第二届）城市水利与洪涝防治学术研讨会，2023．

［35］李清彬，宋立义，申现杰．国家应急管理体系建设状况与优化建议［J］．改革，2021（8）：12-24．

［36］严登华，王浩，张建云，等．生态海绵智慧流域建设：从状态改变到能力提升［J］．水科学进展，2017，28（2）：302-310．

［37］YIN Q，NTIM-AMO G，RAN R，et al．Flood disaster risk perception and urban households' flood disaster preparedness：the case of accra metropolis in ghana［J］．Water（Basel），2021，13（17）：2328．

［38］高学珑．城市"内涝"与"积水"治理对策的思考与实践：以福州江北城区为例［J］．给水排水，2023，59（7）：37-42．

［39］史培军．再论灾害研究的理论与实践［J］．自然灾害学报，1996（4）：

6-17.

[40] 史培军.四论灾害系统研究的理论与实践[J].自然灾害学报，2005(6)：1-7.

[41] 叶丽梅，周月华，周悦，等.暴雨洪涝灾害链实例分析及断链减灾框架构建[J].灾害学，2018，33(1)：65-70.

[42] 张庆霞.城市洪涝灾害治理的社会韧性研究[D].兰州：兰州大学，2021.

[43] 程晓陶，刘昌军，李昌志，等.变化环境下洪涝风险演变特征与城市韧性提升策略[J].水利学报，2022，53(7)：757-768.

[44] 罗伯特·希斯.危机管理[M].北京：中信出版社，2001.

[45] 黄华兵，王先伟，柳林.城市暴雨内涝综述：特征、机理、数据与方法[J].地理科学进展，2021，40(6)：1048-1059.

[46] 张会，李铖，程炯，等.基于"H-E-V"框架的城市洪涝风险评估研究进展[J].地理科学进展，2019，38(2)：175-190.

[47] RAJPUT A A, LIU C, LIU Z, et al. Human-centric characterization of life activity flood exposure shifts focus from places to people[J]. Nature Cities, 2024, 1(4): 264-274.

[48] 秦静.应对气候变化的国土空间规划洪涝适应性策略研究[J].规划师，2023，39(2)：30-37.

[49] 彭媛漪，张玲玲."多主体-全过程"视角下城市洪涝灾害应急管理框架研究[J].河南科学，2022，40(12)：2023-2030.

[50] 海晓东，刘云舒，赵鹏军，等.基于手机信令数据的特大城市人口时空分布及其社会经济属性估测——以北京市为例[J].北京大学学报(自然科学版)，2020，56(3)：518-530.

[51] 周宏，刘俊，高成，等.我国城市内涝防治现状及问题分析[J].灾害学，2018，33(3)：147-151.

[52] 倪丽丽，梁雨晨.天津城区洪涝风险识别与公共空间韧性承灾[J].城市建筑，2023，20(1)：71-73.

[53] ZHU S, DAI Q, ZHAO B, et al. Assessment of population exposure to urban flood at the building scale[J]. Water(Basel), 2020, 12(11): 3253.

［54］BERNARDINI G，QUAGLIARINI E. How to account for the human motion to improve flood risk assessment in urban areas［J］. Water（Basel），2020，12（5）：1316.

［55］汪辉，任懿璐，卢思琪，等. 以生态智慧引导下的城市韧性应对洪涝灾害的威胁与发生［J］. 生态学报，2016，36（16）：4958-4960.

［56］徐千惠，熊林，朱天琳，等. 适应我国不同自然条件类型城市的内涝治理模式研究［J］. 水利水电技术（中英文），2024，55（1）：11-27.

［57］中国城镇供水排水协会标准，城镇内涝治理系统化实施方案编制技术标准（征求意见稿）［S］，2021.

［58］国家市场监督管理总局国家标准化管理委员会 GB/T 40947-2021，安全韧性城市评价指南［S］.

［59］北京市韧性城市空间专项规划（2022 年—2035 年）［EB/OL］.（2024-03-25）. http：//www. beijing. gov. cn/zhengce/zhengcefagui/202403/W020240325309081232801. pdf.

［60］耿煜周. 基于韧性理念的城市承洪规划与管理策略研究［D］. 天津：天津大学，2022.

［61］崔海波，尹长林，陈光辉，等. 从"数据治理"到"信息化治理"：高质量发展的空间治理方式改革探索——以长沙市工程建设项目审批管理系统为例［J］. 规划师，2020，36（24）：58-63.

［62］鲁钰雯，翟国方. 城市空间韧性理论及实践的研究进展与展望［J］. 上海城市规划，2022（6）：1-7.

［63］顾晴怡. "双碳"目标下我国国土空间治理的理念调适与困境纾解［J］. 中国土地科学，2023，37（10）：12-19.

［64］王化齐，张戈，李林，等. 城市内涝风险识别、预警与韧性评估研究进展［J］. 灾害学，2023，38（1）：136-140.

［65］赵璞，彭敏瑞. 国外城市防洪应急管理基本经验及对中国的启示［J］. 中国防汛抗旱，2016，26（6）：5-7.

［66］潘海霞，赵民. 国土空间规划体系构建历程、基本内涵及主要特点［J］. 城乡规划，2019（5）：4-10.

［67］吴志强. 国土空间规划的五个哲学问题［J］. 城市规划学刊，2020

（6）：7-10.

[68] 黄征学，黄凌翔．国土空间规划演进的逻辑[J]．公共管理与政策评论，2019，8（6）：40-49.

[69] 陶希东．韧性城市：内涵认知、国际经验与中国策略[J]．人民论坛·学术前沿，2022（Z1）：79-89.

[70] 高恩新．防御性、脆弱性与韧性：城市安全管理的三重变奏[J]．中国行政管理，2016（11）：105-110.

[71] 祁丽艳．城市水韧性评价与规划的理论及实践[D]．青岛：青岛理工大学，2023.

[72] 毛训义，范书勤．城市雨洪管理及资源化利用[C]．2023（第二届）城市水利与洪涝防治学术研讨会，2023.

[73] 殷子昭，王成芳．大城市极端暴雨洪涝灾害防灾体系建设的经验与启示——以日本东京为例[J]．防灾科技学院学报，2023，25（4）：63-73.

[74] 蒋硕亮，陈贤胜．洪涝情景下城市韧性评估及障碍因素分析[J]．统计与决策，2022，38（24）：63-67.

[75] 陈碧琳，李颖龙．洪涝韧性导向下高密度沿海城市适应性转型规划评估——以深圳红树湾片区为例[J]．城市规划学刊，2023（4）：77-86.

[76] 杨惜惜．洪涝灾害县域应急协同机制研究[D]．南充：西华师范大学，2022.

[77] 李阳力，陈天．国土空间规划体系下的"标准化"水生态韧性研究模式重构[J]．中国软科学，2024（3）：98-108.

[78] 蒋艳君．滨江沿海山地平原城市排水防涝技术措施[J]．江西建材，2019（4）：119-121.

[79] 方可，张蕾．对完善国土空间规划实施体系的思考[J]．建筑经济，2020，41（S1）：56-60.

[80] 林坚，刘松雪，刘诗毅．区域—要素统筹：构建国土空间开发保护制度的关键[J]．中国土地科学，2018，32（6）：1-7.

[81] 杜明阳．韧性规划融入国土空间规划体系路径与策略初探——基于国际多尺度韧性规划实践经验[C]．2020/2021 中国城市规划年会暨 2021 中国城市规划学术季，2021.

［82］左为，唐燕，陈冰晶．新时期国土空间规划的基础逻辑关系思辨［J］．规划师，2019，35(13)：5-13.

［83］GB 51222—2017，城镇内涝防治技术规范［S］．

［84］高智彬．水文水资源防洪问题及环境保护的研究［J］．水上安全，2023(13)：98-100.

［85］王峤，李含嫣，臧鑫宇．应对暴雨内涝的城市建成环境韧性单元研究——基于多学科研究边界的比较［J］．城市环境设计，2022(6)：258-264.

［86］刘春蓁．中国洪水资源利用的几个问题［C］．中国气象学会2005年年会，2005.

［87］刘海龙，周怀宇，宋洋．温榆河：面向缓解首都洪涝风险的北京绿隔区域韧性规划研究［J］．北京规划建设，2024(1)：46-51.

［88］刘洋，韩雯颖，孙志贤，等．湖泊型流域洪涝灾害经济损失多情景模拟——以南四湖流域为例［J］．生态学报，2024(10).

［89］姜沣珊，傅星峰，赵雷，等．基于洪涝灾害韧性GIS空间量化评价的城市应急避难规划［J］．测绘通报，2024(1)：169-174.

［90］俞茜，李娜，王艳艳．基于韧性理念的洪水管理研究进展［J］．中国防汛抗旱，2021，31(8)：19-25.

［91］江碧峰，陈轶．美国佛蒙特州洪涝韧性提升规划与启示［J］．吉林水利，2023(12)：36-39.